天下文化
BELIEVE IN READING

商業構想變現

Testing Business Ideas

A Field Guide for Rapid Experimentation

大衛・布蘭德 David J. Bland
亞歷山大・奧斯瓦爾德 Alex Osterwalder——著

亞倫・史密斯 Alan Smith
翠西・帕帕達科斯 Trish Papadakos——設計

周怡伶——譯

這本書會幫助你

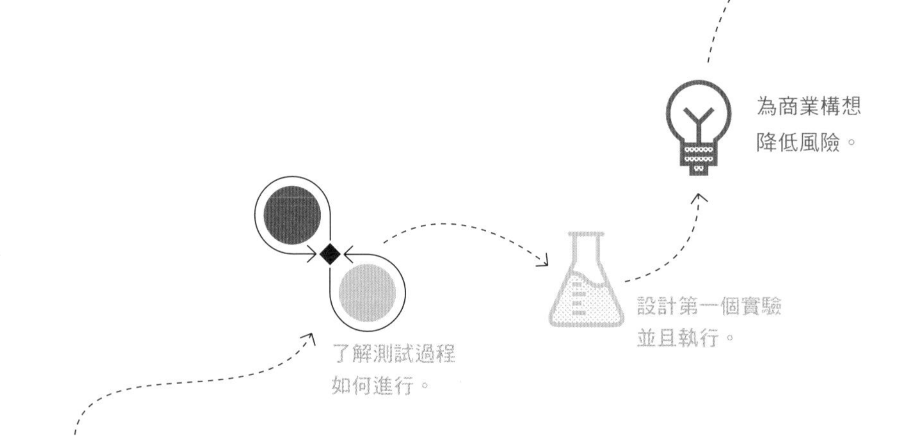

開始測試
商業構想

你才剛開始接觸商業構想測試的概念。也許你已經讀過史蒂夫・布蘭克（Steve Blank）及艾瑞克・萊斯（Eric Ries）的一流著作，就算你還沒有讀過這些書，你也確實知道自己想要開始行動，非常熱切的想測試你的構想。

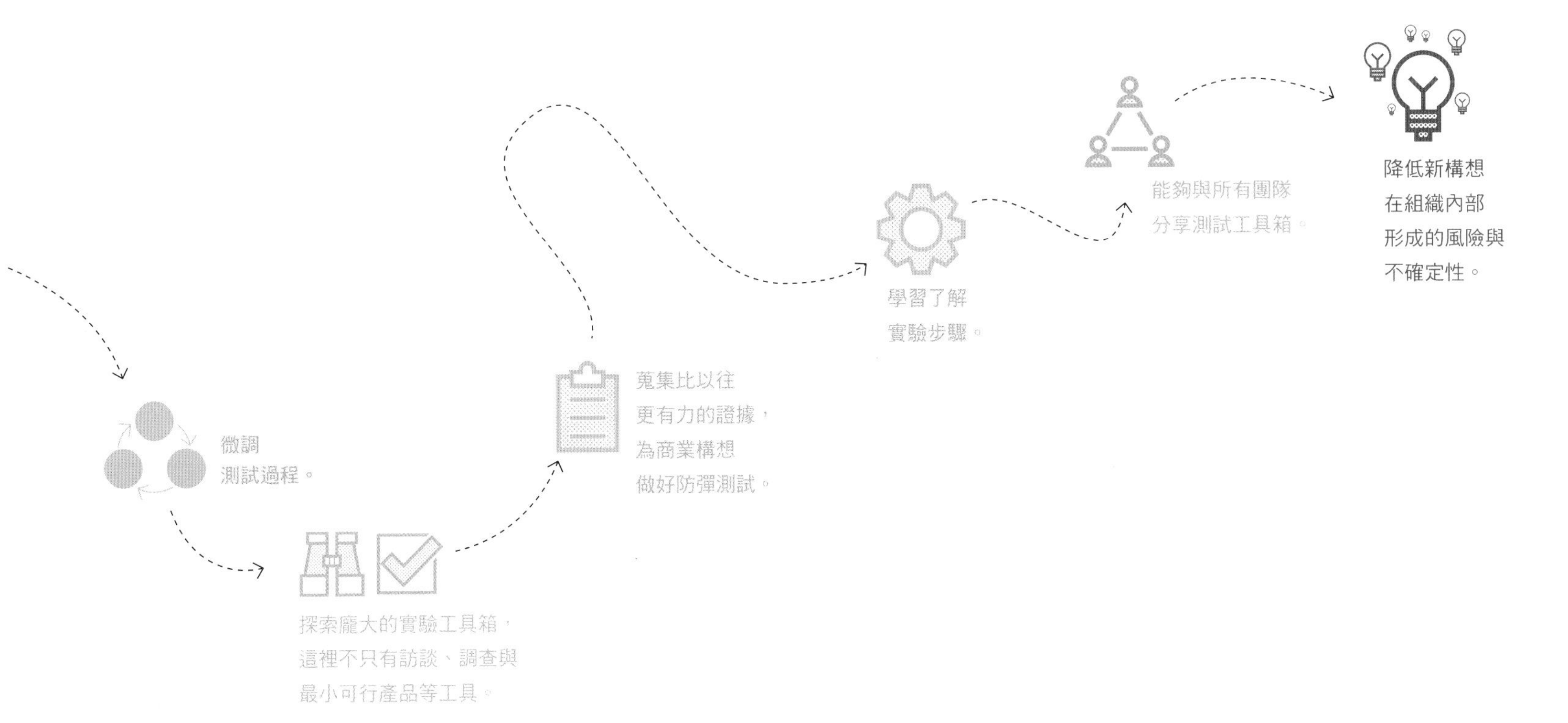

加強
測試技巧

你已經非常熟悉商業構想測試的過程，也讀過所有相關書籍，還執行過好幾項計畫，並且打造出最小可行產品。現在，你想要提升自我、加強測試技巧。

在組織內
拓展測試規模

你被賦予任務，要在組織內將測試行動系統化，並且拓展測試規模。你具備相關的經驗，正在尋求最先進、務實的思維，好傳遞給組織中所有團隊。

本書是為了
創新團隊、新創企業主
與獨立工作者
而設計。

下列哪一項敘述最符合你的狀況？

- [ ] **創新團隊**
  在大型組織的局限之下挑戰現狀，建立創新的事業。

- [ ] **新創企業主**
  想要測試商業模式的基本要素，避免浪費團隊、共同創辦人與投資者的時間、精力與資金。

- [ ] **獨立工作者**
  有一份副業，或是還不成熟的商業構想。

下列哪一項敘述能讓你產生共鳴？

- □ 我想找出新的實驗方法，不要總是依賴焦點團體、訪談或是調查。
- □ 我想創造新成長，但是不想在測試過程中無意間傷害到公司的品牌。
- □ 我了解要做到真正的破壞，就需要專責、能自行產出證據的團隊。

- □ 我知道公司還沒有準備好就擴大規模的危險性，所以想測試我的商業模式來作為產出的證據，顯示我還在正軌上。
- □ 我知道必須明智的配置有限的資源，並且根據有力的證據來做決策。
- □ 我希望每晚入睡時都清楚知道，拚命工作一整天，是為了處理新創事業最重要的成功關鍵。
- □ 我十分注重用證據來證明進展，為目前與將來的募資提供充分的理由。

- □ 我沒有新創企業的資金，更別提大企業的資源。
- □ 我還沒有嘗試過這個構想，所以想讓我在夜晚與週末付出的努力值回票價。
- □ 我希望最後能把所有的時間都花在這個商業構想上，但是這似乎很冒險。為了跨出一大步，必須證明我能獲得不錯的成果。
- □ 我已經讀過一些創業書，但是需要有人指導我如何測試構想，以及應該進行哪種類型的測試。

如何把好構想變成可以永續經營的事業

有太多創業者和創新者太早執行構想，因為這些構想在簡報上看起來很棒、財報規劃很合理，而且商業計畫書相當吸引人。後來才知道，這些願景不過是幻想。

有系統的運用「顧客開發」與「精實創業」

本書是以史蒂夫・布蘭克與艾瑞克・萊斯的開創性貢獻為基礎。布蘭克的「顧客開發」方法與「走出辦公室」測試商業構想的構想，啟發「精實創業」運動的浪潮；萊斯則是「精實創業」這個詞的發明者。

「沒有一項商業計畫能在第一次接觸消費者後存活。」

史蒂夫・布蘭克

顧客開發發明者、精實創業運動教父

探索本書中的實驗工具箱 為你的商業構想做好防彈測試

測試能夠讓你在追求理論完美、實際上卻不可行的構想時降低風險。測試構想時，應該執行能讓你學習並調整方向的快速實驗。

本書詳列市場上最廣泛的實驗方法，協助你善用證據來為商業構想做好防彈測試。請多做測試，避免虛耗時間、精力與資源在不會成功的構想上。

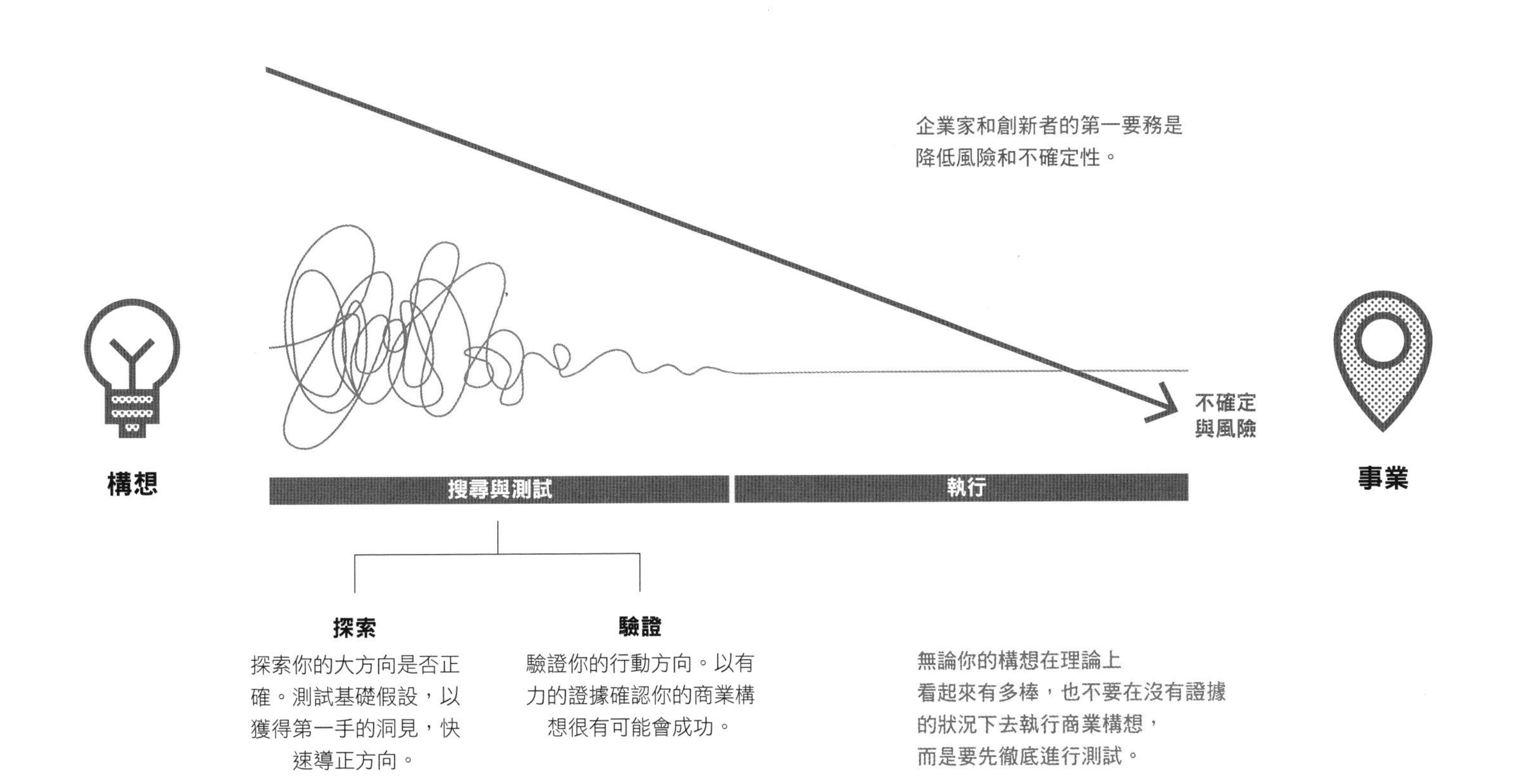

疊代流程
(The Iterative Process)

企業理念設計

設計能夠將模糊的想法、市場觀點與證據，轉化為實際的價值主張以及穩固的商業模式。好的設計會利用有力的商業模式範例讓報酬最大化，並且超越產品、價格與技術層面來競爭。

當事業無法獲取關鍵資源（技術、智財權、品牌力等）、無法發展執行關鍵活動的能力，或是無法找到關鍵夥伴來建立並擴大價值主張時，就會有風險。

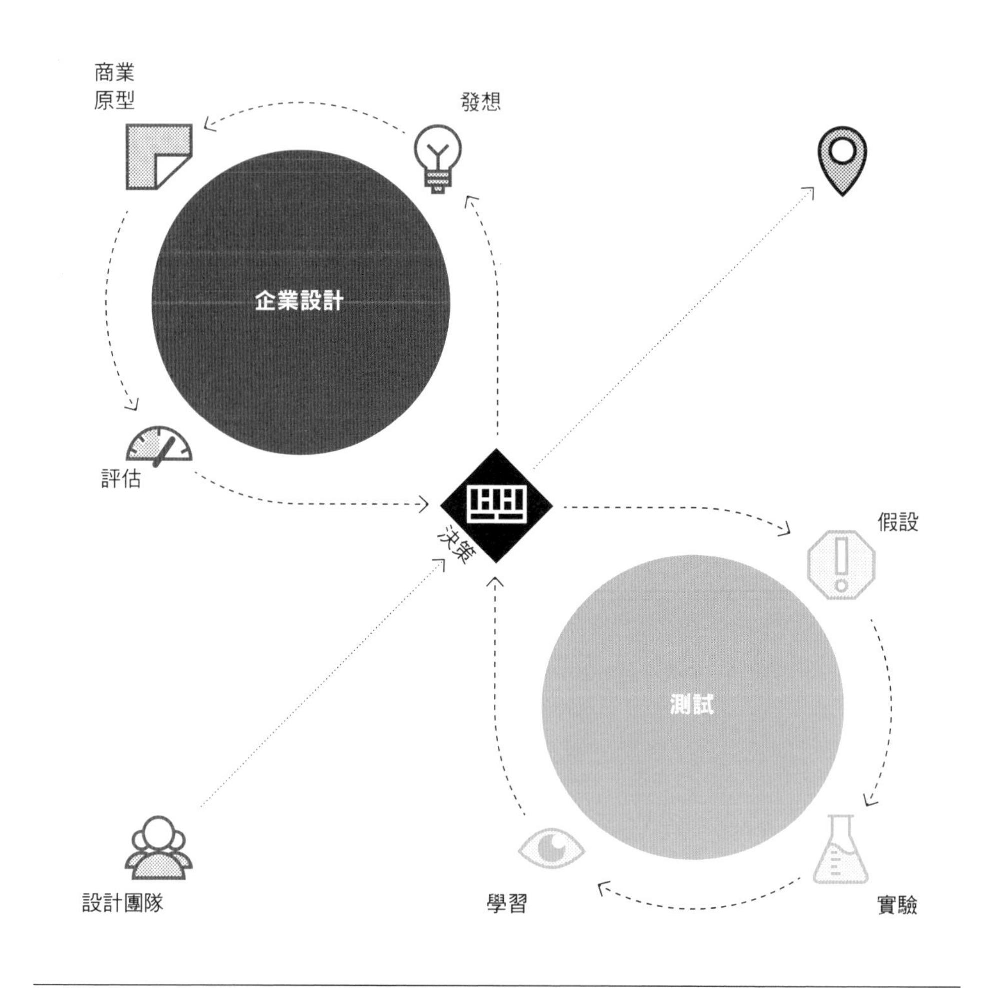

測試並且降低風險

要測試大型的商業構想，必須先將它分割成幾個比較小、能夠測試的假設。這些假設都面臨三種風險。

一、消費者對你的構想不感興趣（需求性）。

二、你無法將構想付諸實現（可行性）。

三、你無法用這個構想賺到足夠的錢(存續性)。

要以適當的實驗來測試最重要的假設。每項實驗都會產出證據與洞見，可以讓你學習、做出決策。一旦有這些證據和洞見為依據，當你發現自己走錯路時，可以調整構想；當證據顯示你的方向正確，就可以繼續測試這項構想的其他層面。

＝ 降低不確定性和風險

需求性的風險

消費者不感興趣

風險在於鎖定的目標市場太小、太少消費者想要你的價值主張，或是公司無法接觸、獲取並且留住目標的消費者。

可行性的風險

無法建立能力與提供價值

風險在於無法獲取關鍵資源（技術、智財權、品牌等）、無法發展出執行關鍵活動的能力，或是找不到關鍵夥伴建立價值主張並加以擴大。

存續性的風險

無法賺到足夠金錢

風險在於無法成功取得營收流、顧客不願意付錢（付得不夠）；或是成本過高而無法創造能夠持續經營的利潤。

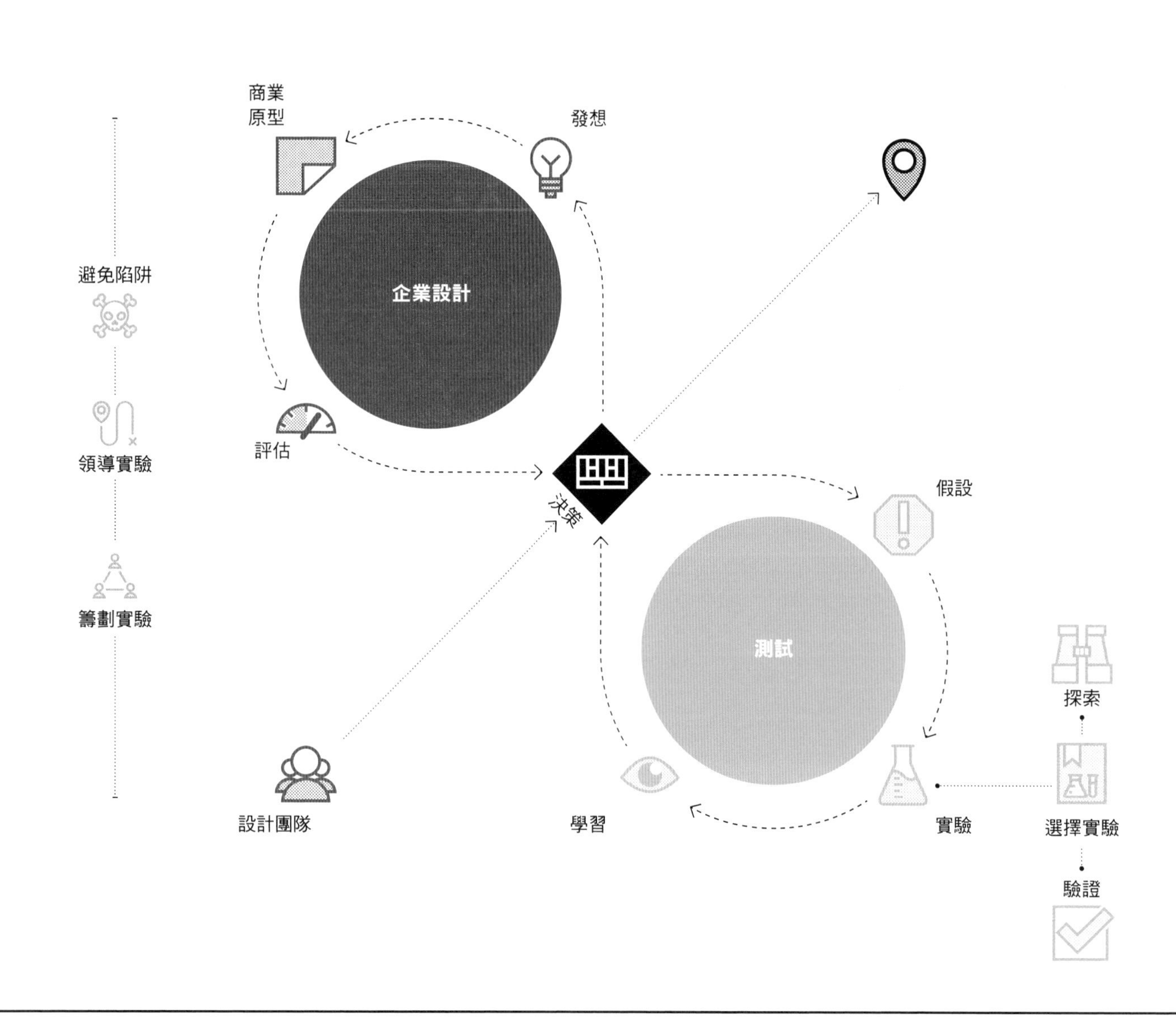

X

1 設計

設計團隊
p. 3

形塑構想
p. 15

2 測試

假設
p. 27

實驗
p. 41

學習
p. 49

決策
p. 59

管理
p. 65

3 實驗

選擇實驗
p. 91

探索
p. 101

驗證
p. 231

4 心態

避開陷阱
p. 313

領導實驗
p. 317

籌劃實驗
p. 323

結語
p. 329

Des

sign

設計

團隊的力量來自每一位成員；
每位成員的力量來自團隊。

———

菲爾・傑克森（Phil Jackson）
前 NBA 教練

第 1 部 — 設計

1.1 — 設計團隊

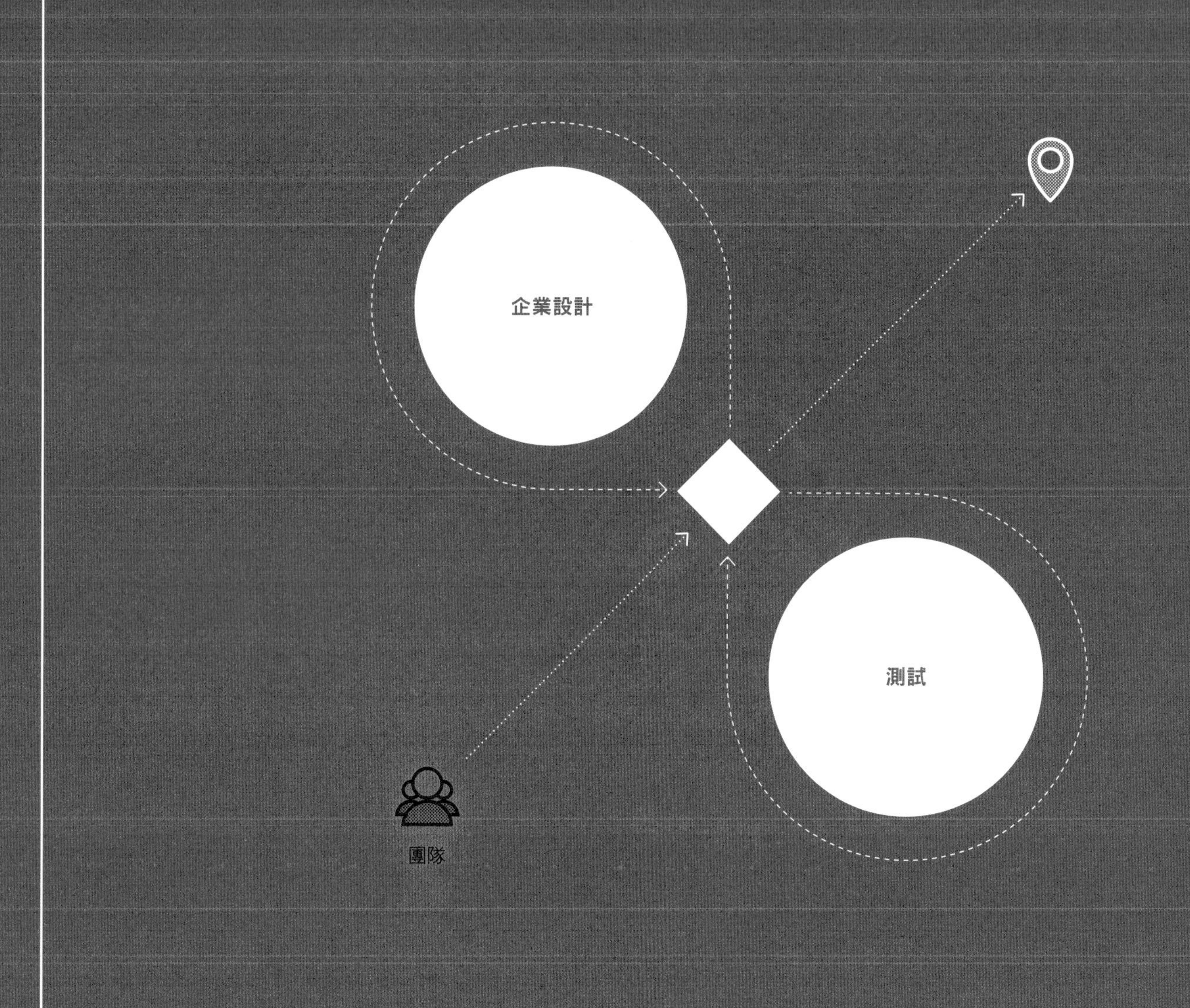
企業設計
測試
團隊

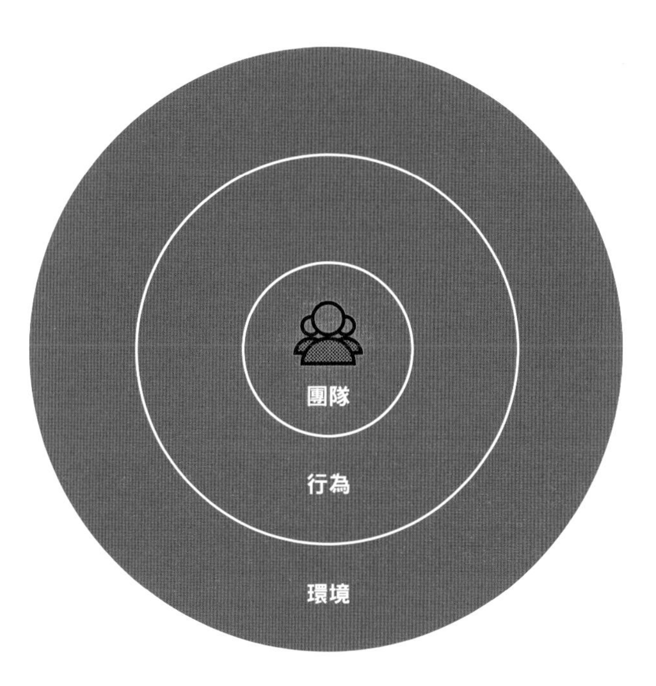
團隊
行為
環境

概要

設計團隊

要創立事業，需要什麼樣的團隊？

我們與世界各地許多團隊合作後發現，每一個成功的新創事業背後，一定有一支非常棒的團隊。如果你身在新創公司，草創團隊就是凝聚公司的黏著劑；如果你身在大企業，你仍然需要堅實的團隊來創立新事業；如果你是獨立工作者，你找來的成員將會決定事業的成敗。

測試商業構想的常見必要技能

- 設計
- 產品
- 科技
- 法務
- 數據
- 業務
- 行銷
- 研究
- 財務

跨職能的技能組合

跨職能團隊具備所有核心能力，可以推出產品並且向顧客學習。跨職能團隊常見的基本技能包含設計、產品以及工程設計。

資料來源：傑夫・派頓（Jeff Patton）

填補不足的技能組合

如果你不具備所有必要的技能，或是無法跟外部團隊成員建立夥伴關係，就要評估使用科技工具來填補空缺。

測試工具

市場每天都會推出新工具讓你可以：

- 製作到達頁面（landing page）。
- 設計品牌商標。
- 執行線上廣告。
- 完成很多工作……。

沒有太多專業知識也可以使用。

創業經驗

成功的事業會因為有創業經驗的人而獲益，這並非偶然。

許多創業者都是嘗試好幾次才成功。Rovio 娛樂公司的熱門遊戲「憤怒鳥」推出前，曾歷經 6 年共 51 次的失敗。

多元性

團隊多元性指的是成員的膚色、種族、性別、年紀、經驗和思維都不同。現今的新事業比以往的新事業對現實中的人們和社會更有影響力。如果團隊成員的生活經驗、思維與外表都很類似，他們將會很難掌握不確定性。

團隊如果缺乏多元的經驗和觀點，你的個人偏見將深植在事業當中。

組建團隊時就要把多元性納入考量，而不是事後再補救。領導團隊要以身作則，建立多元的團隊。同質性太高的團隊引起的問題，很難事後再修正。

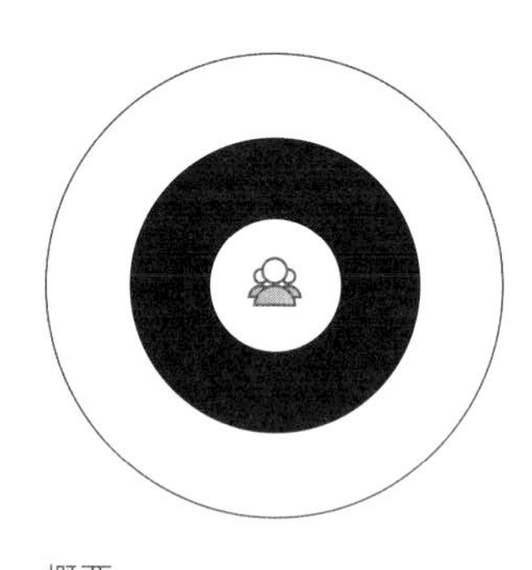

概要

團隊的行為

團隊應該如何行動？

設計團隊很重要，不過這樣還不夠。你大可以進行創業實驗，但是你跟團隊的互動方式也必須展現出創業家的特質。團隊的行為可以歸納為六種類型，這是引領團隊成功的重要指標。

成功團隊的六種特質

1. 活用數據

你不一定要完全依照數據去行動，但是一定要活用它。團隊沒有大把時間心力消化待辦事項清單（product backlog）上的每一個項目。經由數據產生的洞見將形塑待辦事項清單和策略。

2. 遵循實驗

這種團隊願意犯錯、願意做實驗，而不是只專注在產品功能，而且也會針對最有風險的假設做實驗，並且從中學習。累積一定數量的疑問後，請搭配適合的實驗方法解決問題。

3. 顧客為尊

現今要創造新事業，團隊必須清楚工作背後的緣由，這可以從持續與顧客交流做起。而且，我們不應該局限在注重新的顧客體驗，而是要將產品的裡裡外外都了解透徹。

4. 創業精神

迅速行動、盡快驗證。團隊必須迫切、積極的尋求商業上可存續的結果，並且迅速、有創意的解決問題。

5. 疊代方法

這種團隊會利用反覆循環的行動達成想要的目標。這種疊代方法會假設你可能不清楚解決方案，所以你會使用不同的戰略不斷疊代來取得成果。

6. 質疑預設

團隊必須願意常常挑戰現狀與事業。他們一反常理，不願意總是打安全牌，反而會毫不畏懼檢測可能帶來大幅成功的破壞性商業模式。

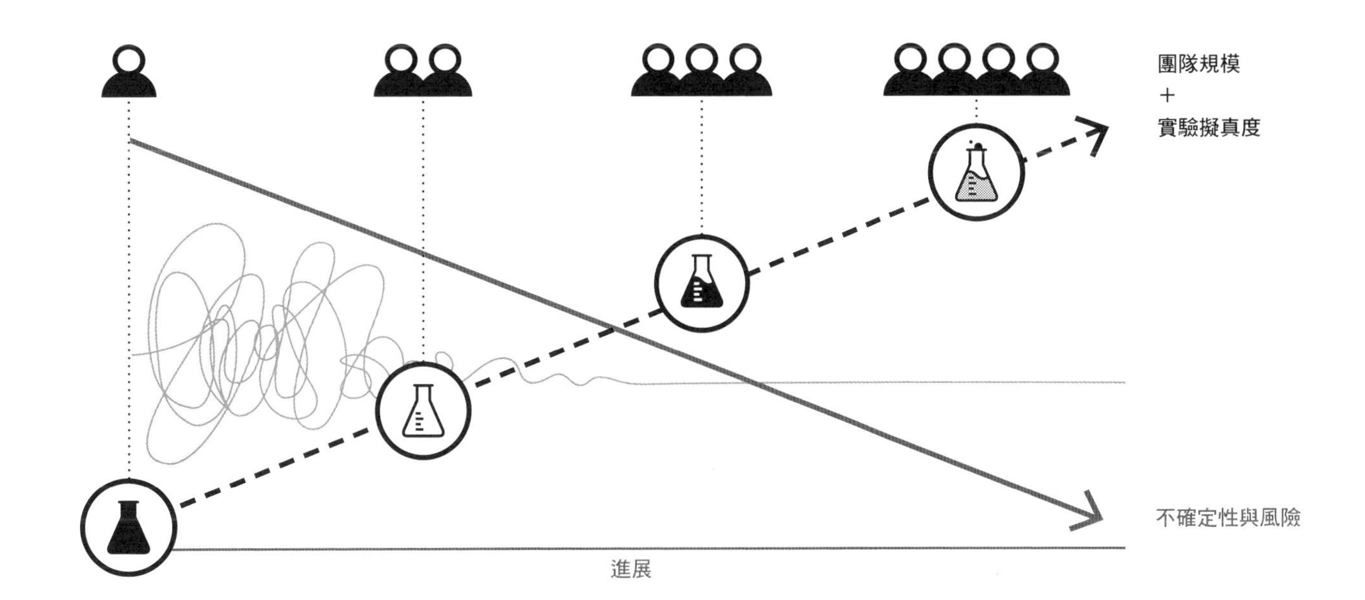

培養團隊

要創立事業不必先有團隊，但是當實驗隨著時間經過變得更加複雜，你很可能會需要增加人手。做好心理準備，你的團隊結構將隨著時間經過逐漸成長、進化，最後達到產品與市場適配的狀態，建立起正確的路徑，然後得以擴大規模。

概要

團隊環境

如何設計讓團隊成長茁壯的環境？

團隊需要有充滿支持的環境才能探索新的商業機會。一旦要求他們不許犯錯，團隊將無所適從。失敗一定會發生，但是失敗不是目標，目標是要比競爭者學習得更快，並且把教訓放到行動當中。領導者必須刻意打造環境，讓上述流程順利進行，否則，即使有理想的團隊結構、正確的行為，團隊最終也會動彈不得而放棄目標。

團隊必須要……

專心致志

團隊需要能夠專心工作的環境。同時執行許多專案會在無形之中扼殺所有進展；比起無法專心工作的大型團隊，能夠致力於某件工作的小型團隊可以取得更多成果。

獲得資金

在沒有預算或資金的情況下，團隊根本無法運作。做實驗需要錢，所以請根據團隊在利害關係人審查會議上的分享報告，仿照創投公司的做法，分批挹注資金給團隊。

獨立自主

對於工作，團隊必須有「作主」的空間。不要事事干預團隊，導致進度減緩；而應該給予空間，讓團隊主導該如何朝著目標前進。

公司必須提供……

支持

領導

團隊需要有正確領導型態支持的環境。引導式的領導風格最理想，因為你還不知道解決方法。請以發問的方式領導，而不是一味給答案；並且銘記，瓶頸永遠都在領導階層。

教練

團隊需要教練的指導，尤其是第一次合作的時候。無論是外部或內部的教練，都可以在團隊碰壁、找不到下一個可以執行的實驗時，協助他們、指引方向。如果團隊只做過訪談和調查，具備廣博的實驗方法與經驗的教練會對團隊很有幫助。

連結

顧客

團隊必須有辦法接觸到顧客。多年以來，我們都習慣把團隊和顧客隔開，但是，為了解決顧客的問題，這種方式已經行不通。如果團隊一直受到阻礙，無法接觸到顧客，他們最終只能靠著瞎猜來做產品。

資源

團隊必須有辦法接觸到資源才能成功。限制資源有好處，但是不給資源就無法產出結果。團隊必須有足夠的資源才能取得進展、產出證據。根據新商業構想的不同，資源可能是實體資源或是數位資源。

方向

策略

團隊需要方向與策略，否則很難根據資訊轉換方向、堅持下去，甚至可能扼殺新的商業構想。如果沒有清楚、貫徹的策略，你會忙得團團轉卻無法取得任何進展。

指導

團隊需要一些約束才能專注在實驗上。無論是在關聯性市場（adjacent market）或是要開拓全新的市場，想要啟動創造收益的新團隊，就需要指引他們應該在哪裡下功夫。

關鍵績效指標

團隊需要關鍵績效指標（KPIs），才能了解他們是否朝著目標前進。一路上如果沒有指標，就很難判斷要不要投資新事業。

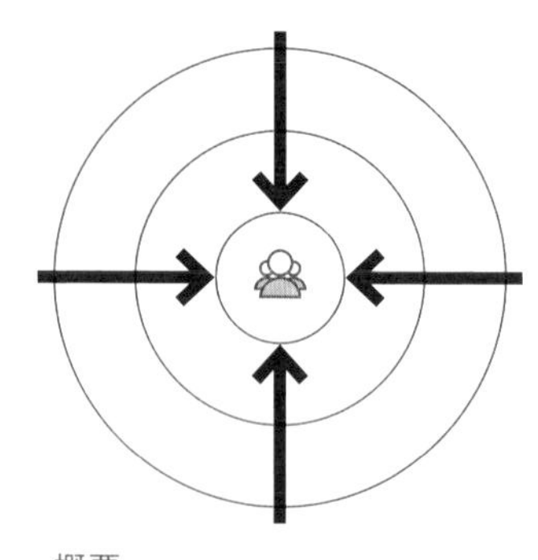

概要

凝聚團隊

如何確保團隊成員團結一心？

團隊組成時，經常會缺乏共同目標、背景與語言。如果沒有在團隊剛成形與開始運作時解決問題，日後可能會導致大災難。

史提凡諾・馬斯楚齊亞科莫（Stefano Mastrogiacomo）創造的「團隊凝聚圖」（Team Alignment Map）是一項視覺工具，可以讓參與者為行動做好準備，例如舉辦更多有生產力的會議，架構對話的內容。它也能幫助團隊在啟動會議中更有生產力、更投入，增加商業上的成功機會。

每一個重要項目都是你必須與團隊討論的關鍵資訊。愈早知道團員的認知差距，可以預防團隊在無形中變得分崩離析。

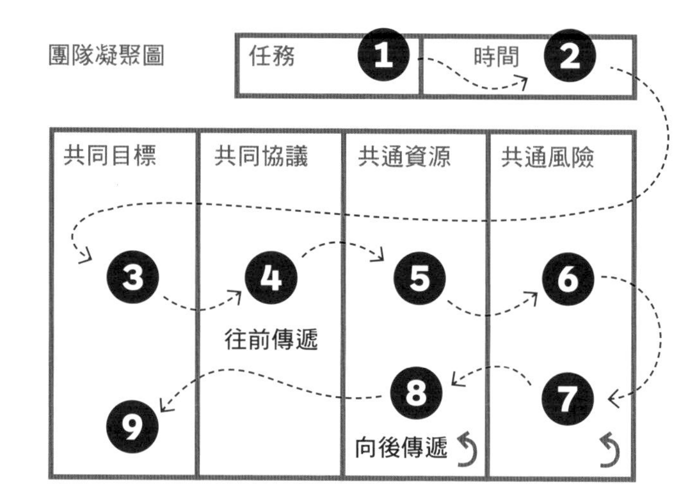

1. 定義任務。
2. 設定大家都同意的時間限制。
3. 訂定團隊的共同目標。
   共同目標
   我們要一起完成哪些事？
4. 為團隊成員協調工作量。
   共同協議
   誰要做什麼？
5. 記錄需要哪些資源才能成功。
   共通資源
   我們需要哪些資源？
6. 寫下可能面臨的最大風險。
   共通風險
   哪些因素會阻擋我們取得成功？
7. 討論如何透過訂定新目標與協議，來處理最大的風險。
8. 討論如何處理資源的限制。
9. 訂定期限、取得團隊共識，並且落實。

如果想知道團隊凝聚圖更多細節，請見：
www.teamalignment.co

團隊凝聚圖

任務

時間

共同目標	共同協議	共通資源	共通風險
我們要一起完成哪些事？	誰要做什麼？	我們需要哪些資源？	哪些因素會阻擋我們取得成功？

DESIGNED BY: Stefano Mastrogiacomo

teamalignment.co

要產出構想一點都不是問題。

莉塔・麥克葛羅斯（Rita McGrath）
哥倫比亞商學院（Columbia Business School）
管理學教授

第 1 部 — 設計

1.2 — 形塑構想

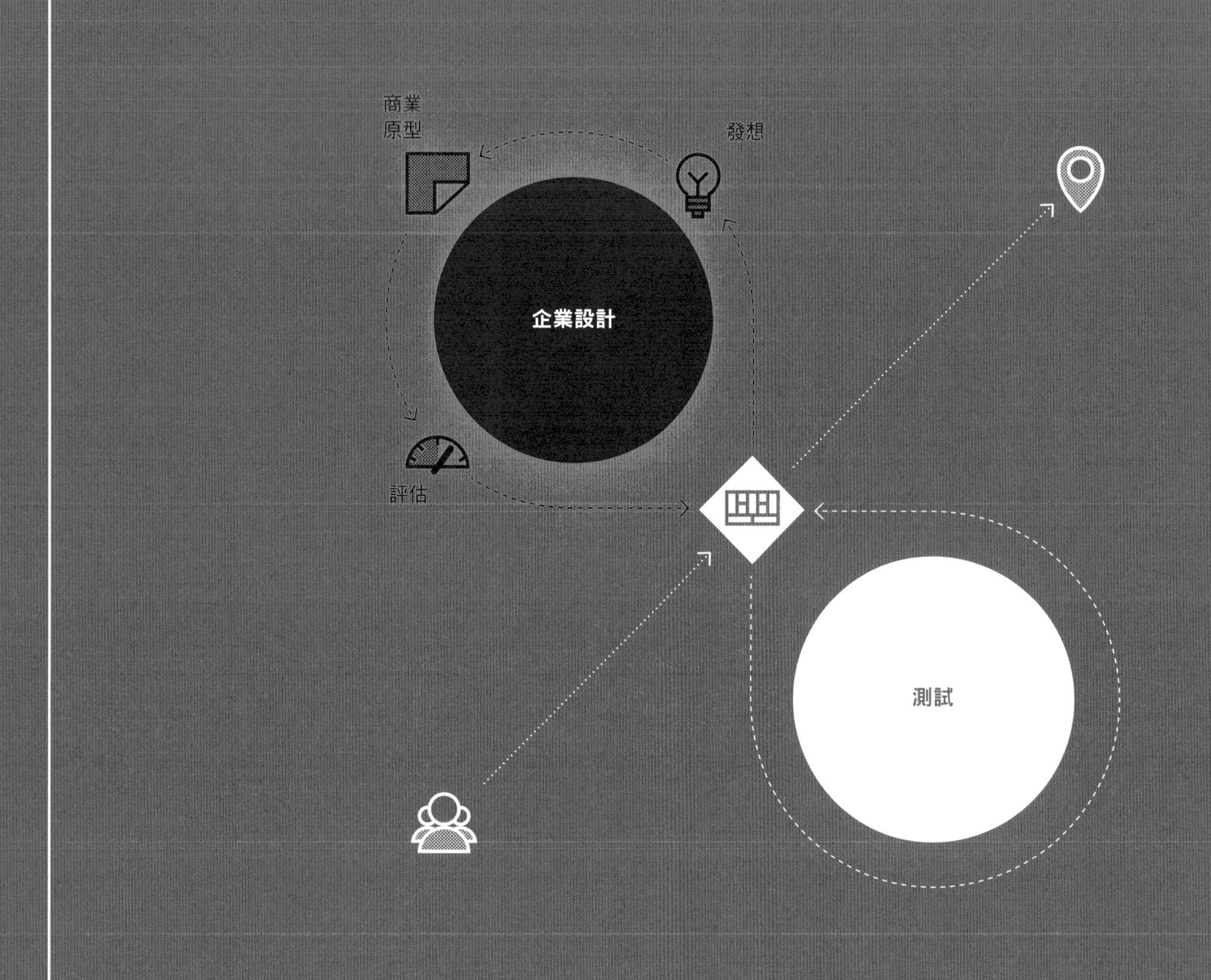
商業
原型
發想
企業設計
評估
測試

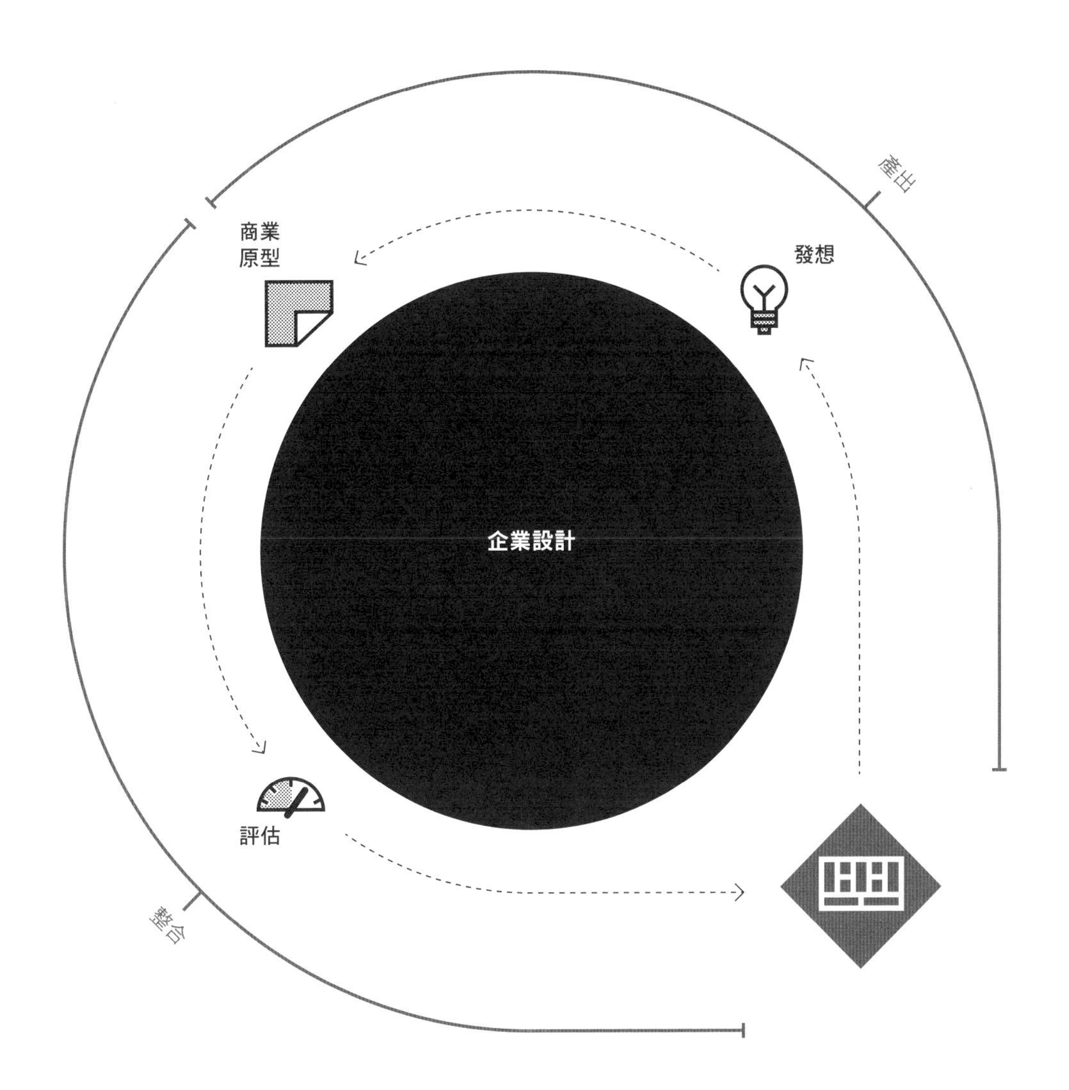
產出
商業
原型
發想
企業設計
評估
整合

概要

企業設計

在設計迴圈中，你要塑造和重塑商業構想，把它變成最有可能執行的價值主張和商業模式。最初的疊代是以你的直覺和起點（產品構想、技術、市場機會等）為基礎，後續的疊代則是以測試循環中得到的證據和洞見為根據。

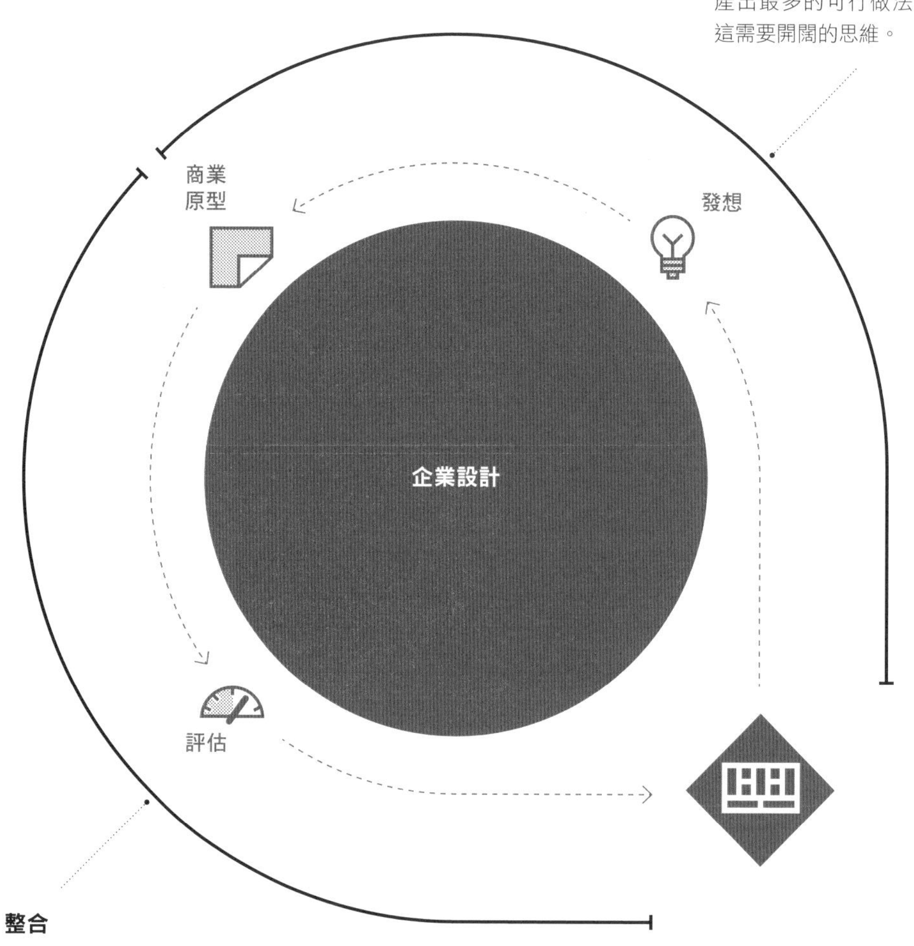

設計迴圈三步驟

1. 發想

第一步，為了將你的構想變成堅實的事業，請運用直覺或是從測試中得到的洞見，盡可能找出各種備選方案。不要一頭栽進第一個構想。

2. 商業原型

第二步，請利用商業原型一一過濾發想階段的備選方案。最剛開始你或許會使用粗略的商業原型，例如餐巾紙速記。接下來，請逐漸改用價值主張圖與商業模式圖，讓你的想法更清楚明確。本書中，我們將使用這兩項工具把構想分解成能夠用於測試的小任務。隨著往後的疊代測試產生的洞見，你的商業原型也會持續改善。

3. 評估

在設計迴圈的最後一個步驟，請評估商業原型的設計。你可以問：「針對顧客的任務、痛點與獲益，這是最好的應對方式嗎？」或是：「要讓我們的構想獲利，這是最好的方法嗎？」或是：「這個方法有沒有好好利用我們從測試裡學到的經驗？」當你有了滿意的商業原型設計，就可以開始進入實地測試；如果你還想進行後續的疊代，也可以回頭繼續測試。

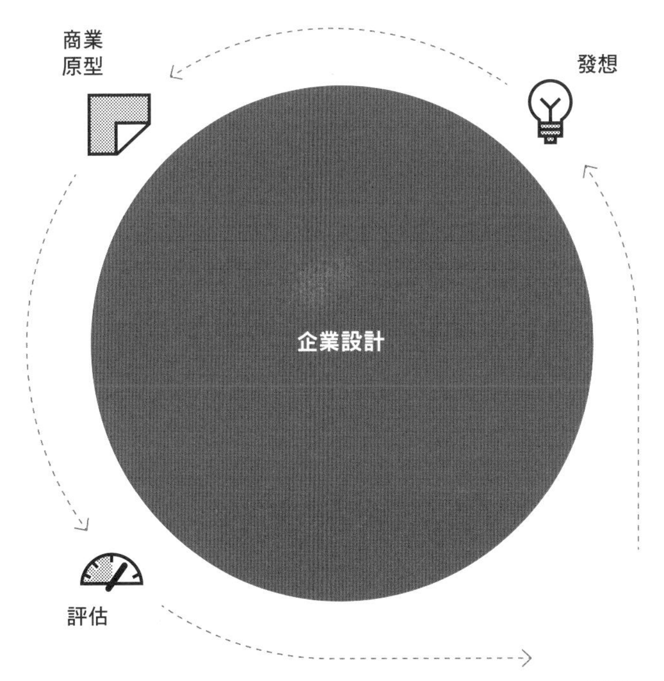

警語

本書聚焦商業構想測試，提供眾多實驗用來測試你的構想與商業原型。如果想要進一步了解商業設計，我們建議您閱讀《獲利世代》與《價值主張年代》，也可以到官網下載免費的試閱資料。

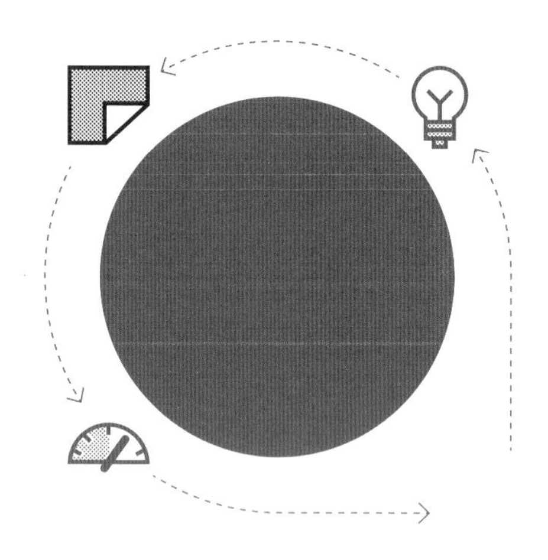

概要

商業模式圖

你不需要精通商業模式圖也可以善用本書，但它可以幫你把構想形塑成商業模式，以便定義、測試並且管理風險。本書中，我們會使用商業模式圖定義商業構想的（使用者）需求性（desirability）、（技術）可行性（feasibility）與（商業）存續性（viability）。如果想深入了解商業模式圖，建議閱讀《獲利世代》，或上網搜尋。

營收流

公司從各種目標客層賺得的現金。

目標客層

你想觸及或服務的不同群體或組織。

關鍵資源

要讓商業模式成功的最重要必備資產。

價值主張

可以為特定目標客層創造價值的產品與服務組合。

關鍵活動

要讓商業模式成功必須執行的最重要工作。

通路

公司與顧客溝通以及觸及目標客層以傳達價值主張的方法。

關鍵合作夥伴

要讓商業模式成功，所建立的供應商與合作夥伴連結網絡。

顧客關係

公司與特定目標客層建立起來的關係型態。

成本結構

經營商業模式時產生的所有成本。

要深入了解商業模式圖，請上網站：
strategyzer.com/books/business-model-generation

商業模式圖

設計目的

設計者

日期

版本

<table>
<tr><td rowspan="2">關鍵合作夥伴</td><td>關鍵活動</td><td rowspan="2">價值主張</td><td>顧客關係</td><td rowspan="2">目標客層</td></tr>
<tr><td>關鍵資源</td><td>通路</td></tr>
</table>

成本結構	營收流

DESIGNED BY: Strategyzer AG
The makers of Business Model Generation and Strategyzer

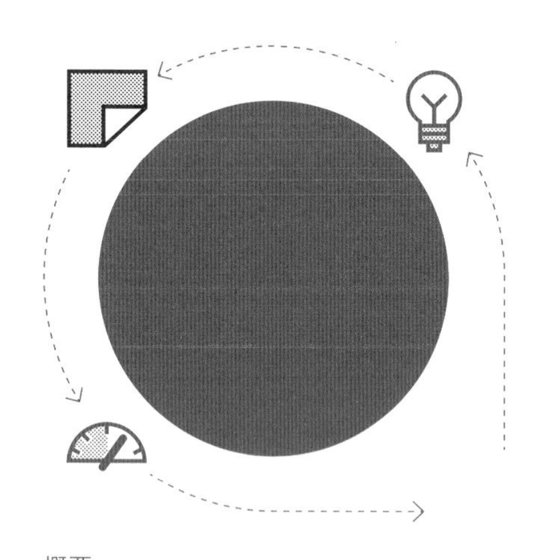

概要

價值主張圖

價值主張圖跟商業模式圖很類似，不需要精通就能使用。本書將使用價值主張圖建構實驗框架，尤其著重在了解顧客，以及產品和服務創造價值的方法。如果想要更深入了解價值主張圖，建議閱讀《價值主張年代》，或上網搜尋。

價值地圖

詳細、有條理的說明商業模式中某項價值主張的特點。

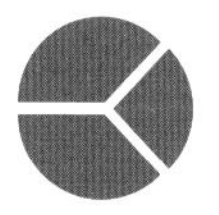

顧客素描

詳細、有條理的說明商業模式中特定的目標客層。

產品與服務

列出產品與服務的基礎價值主張。

顧客任務

顧客在工作與生活中想要完成的任務。

獲益引擎

產品與服務如何為顧客創造獲益。

獲益

顧客希望達到的目標，或是想要追求的實際利益。

痛點解方

產品與服務如何解除顧客的痛點。

痛點

與顧客任務有關的負面結果、風險與障礙。

想進一步了解價值主張圖，請上網站：
strategyzer.com/books/value-proposition-design

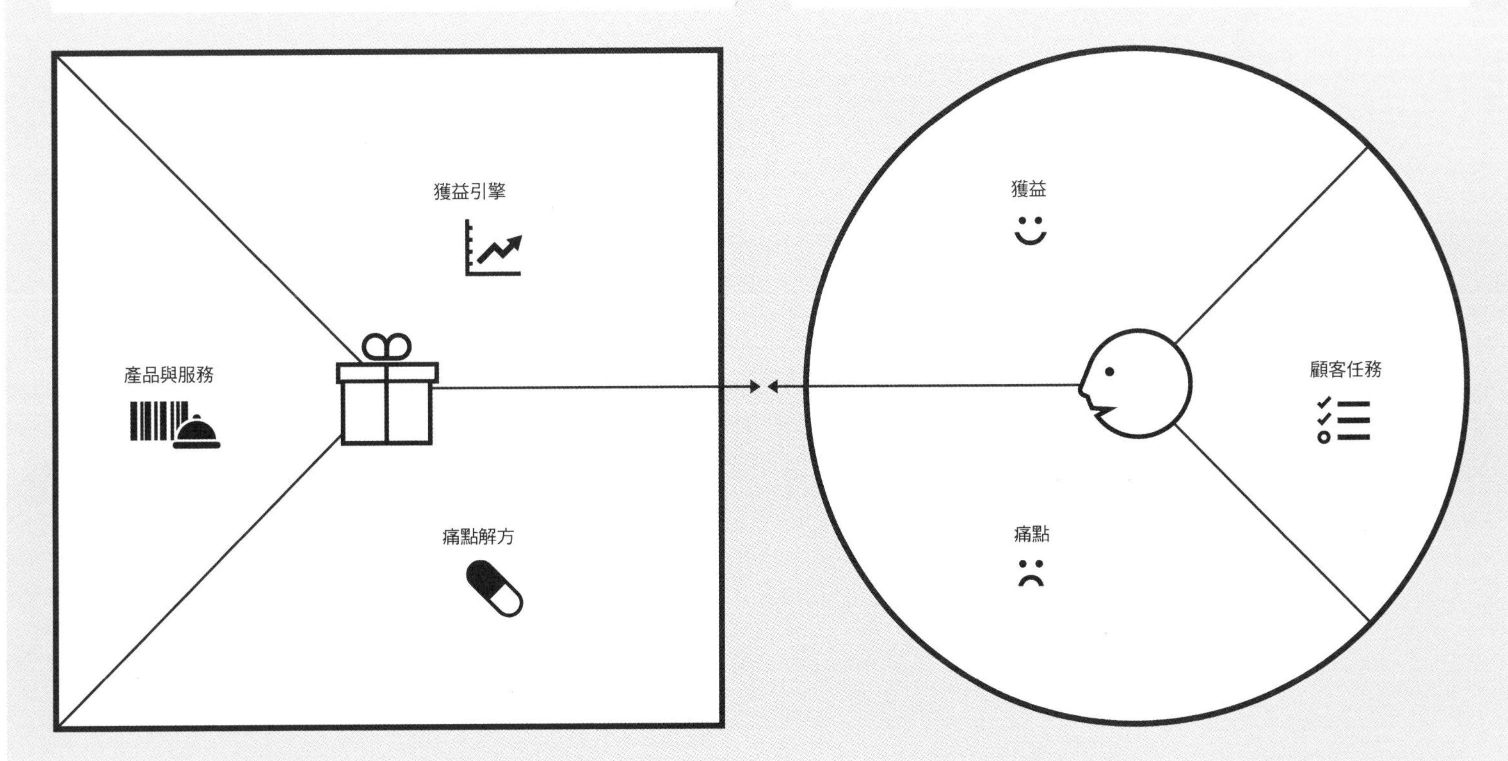
價值主張圖
價值主張
目標客層
獲益引擎
產品與服務
痛點解方
獲益
顧客任務
痛點
COPYRIGHT: Strategyzer AG
The makers of Business Model Generation and Strategyzer
Strategyzer
strategyzer.com

Te

st

測試

新創事業的成立願景與科學假設非常類似。

拉希米・辛哈（Rashmi Sinha）
SlideShare 創辦人

2.1 — 假設

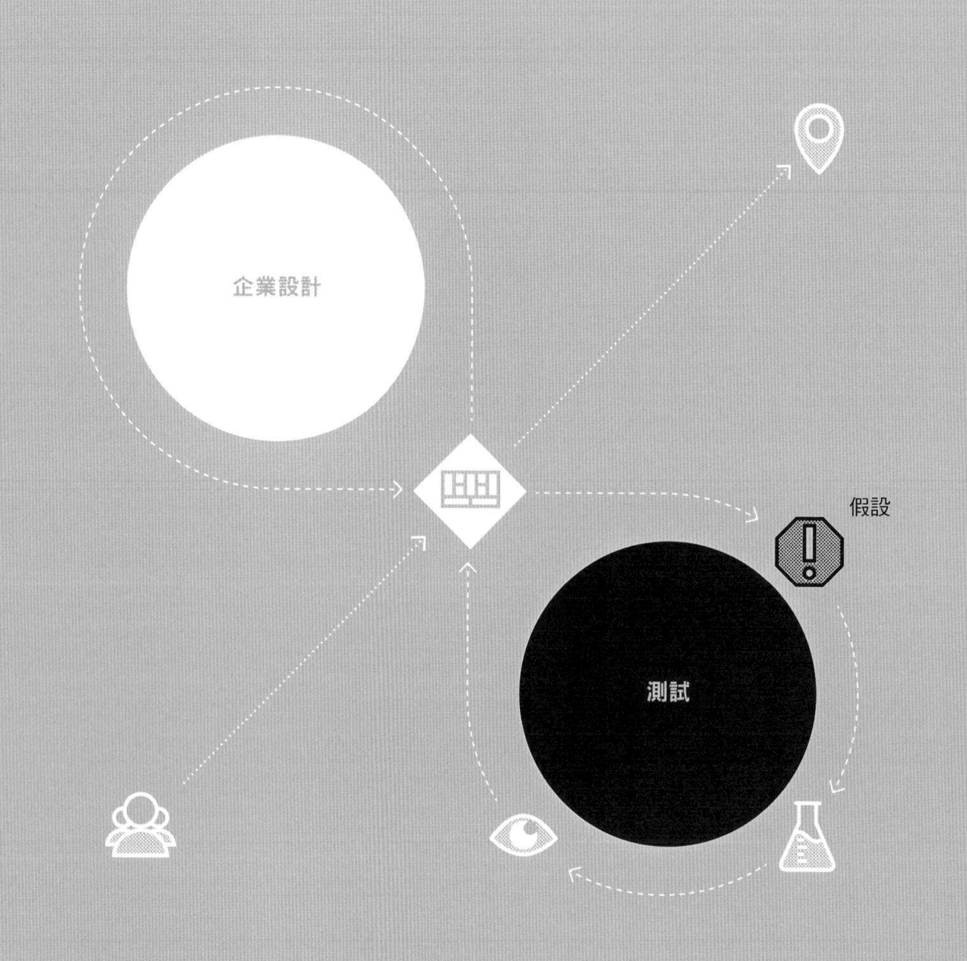
企業設計
假設
測試

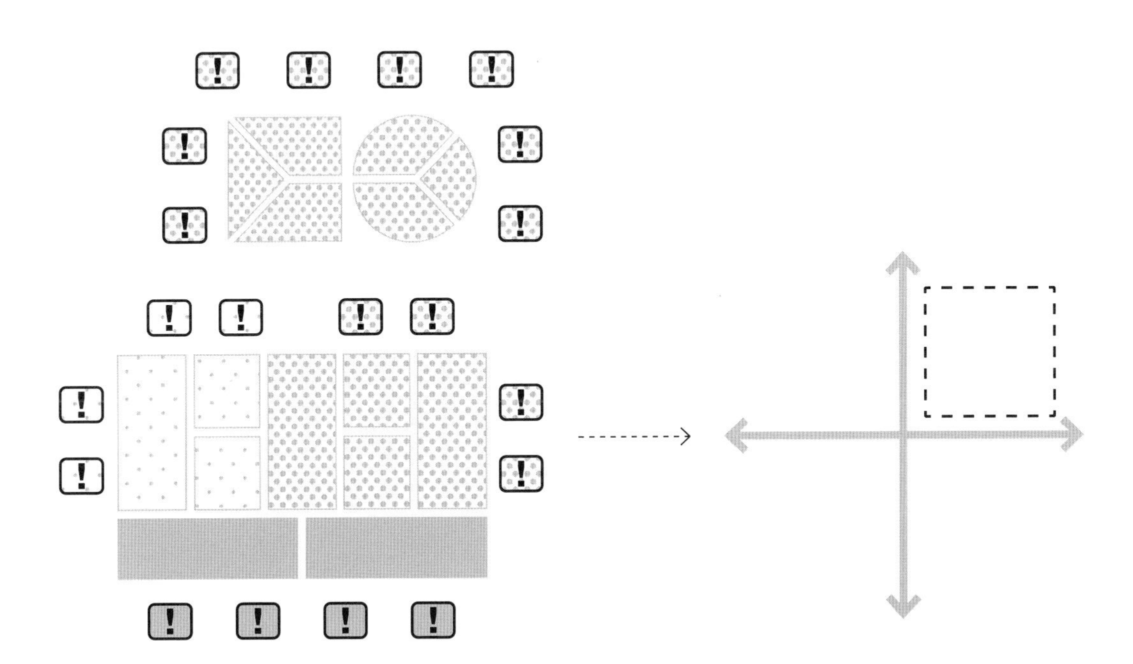

1. 找出構想背後的假設

要測試商業構想，首先必須找出所有會讓構想無法實行的風險。你必須讓商業構想背後的預設變成清楚、可以測試的假設。

2. 最重要的假設必須優先處理

要找出最重要而且必須優先測試的假設，你得提出兩道問題：

（1）要實現構想，哪一項假設最重要，而且必須經過證實可行？

（2）哪一項假設缺乏實際操作的具體證據？

定義

假設

「假設」源自古代文明，英語中的假設（hypothesis）源自希臘語的「推測」（hupothesis），有些人甚至認為假設是一種有根據的猜想。假設是可以用來證明或反駁預設的工具。

為了測試商業構想，我們會把焦點放在你的商業假設上，它的定義是：

- 以你的價值主張、商業模式或策略作為根基的預設。
- 你必須知道的背景知識，以此了解你的商業構想能不能成功。

建立良好的商業假設

當你為商業構想做出假設，並判斷假設成立的時候，首先要寫下：「我們認為……。」

「我們認為，千禧世代的父母會幫孩子每個月訂購科學實驗教具。」

要注意的是，如果你的所有假設都是用「我們認為……」的形式開始說明，可能會掉入確認偏誤（comfirmation bias）的陷阱，一直試圖證明你所相信的假設，而不是反駁它。為了預防這種狀況，你要做出幾項假設試圖反駁你的假設。例如：「我們認為，千禧世代的父母不會幫孩子每月訂閱科學實驗教具。」

你甚至可以同時測試這些互相競爭的假設。當團隊成員無法決定要拿哪項假設進行測試時，這套做法尤其有幫助。

良好假設的特性

架構良好的商業假設包含你想探討、可以測試、精確與獨立的面向。只要記住這一點，就能繼續精煉並且拆解假設。以上述訂購科學實驗教具為例：

	×	✓
可以測試 你的假設必須以證據為根基、由經驗引導，並測試是正確（通過驗證）或錯誤（無法通過驗證）。	－ 我們認為千禧世代的父母偏好手工藝教具。	□ 我們認為千禧世代的父母更偏好經過縝密計畫、適合子女教育程度的科學實驗教具。
精確 當你知道成功的樣貌，就能精確設定假設。理想上，它會準確描述你所預設的事物（what）、人（who）與時間（when）。	－ 我們認為千禧世代會花很多錢在科學實驗教具上。	□ 我們認為子女年紀在 5 ～ 9 歲之間的千禧世代父母，每個月會付 15 美元訂購經過縝密計畫、適合子女教育程度的科學實驗教具。
獨立 當你的假設只包含一件你想探究的事，而且它獨特、精確又能夠測試，就是獨立的假設。	－ 我們認為可以透過購買與寄送科學實驗教具來獲利。	□ 我們認為能夠以 3 美元以下的量販價買進科學實驗教具材料。 □ 我們認為能夠以一盒 5 美元以下的國內郵資寄送科學實驗教具材料。

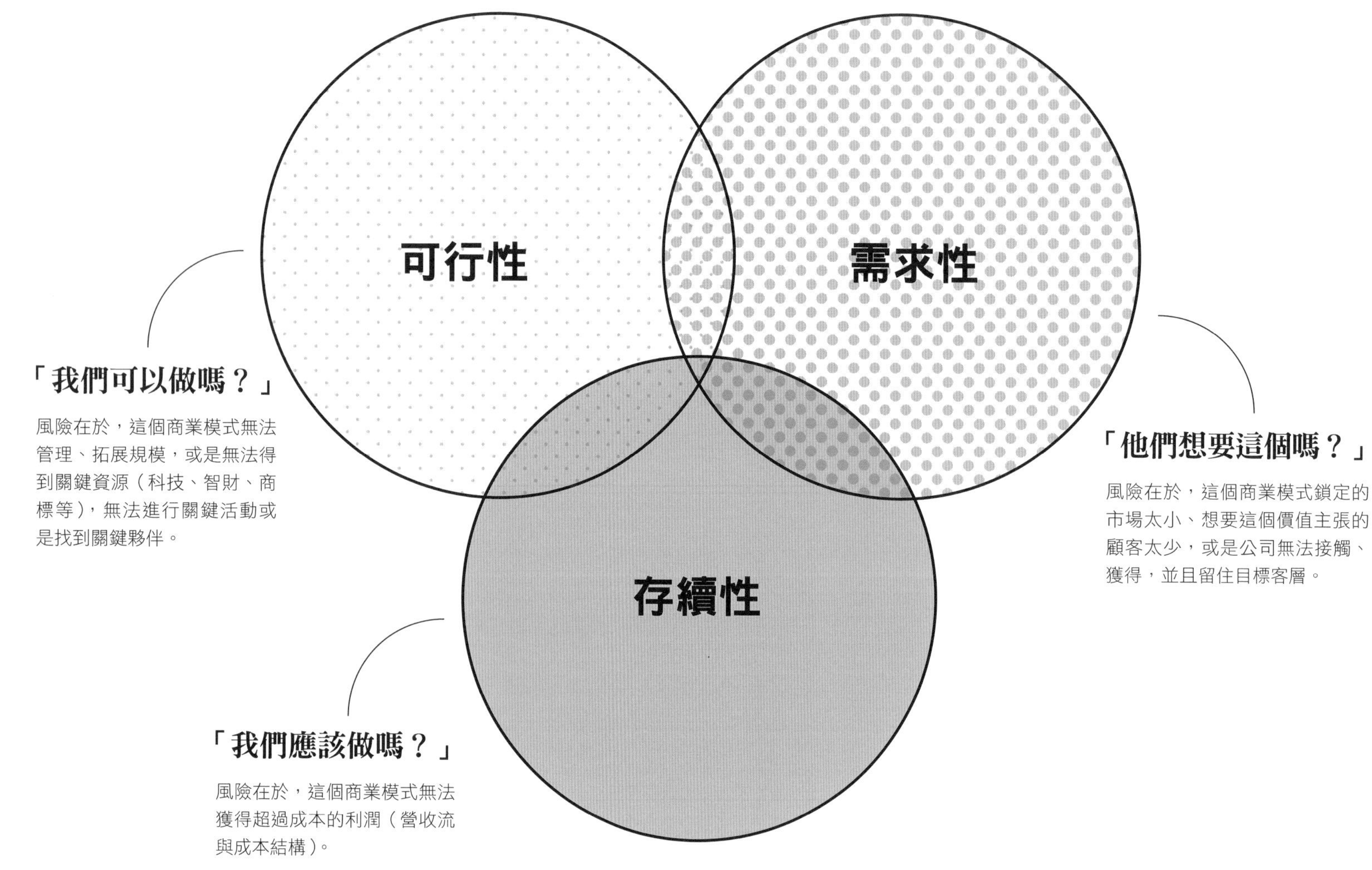

假設的類型

資料來源：多波林集團（Doblin Group）與 IDEO 設計公司的賴瑞・基力（Larry Keeley）。

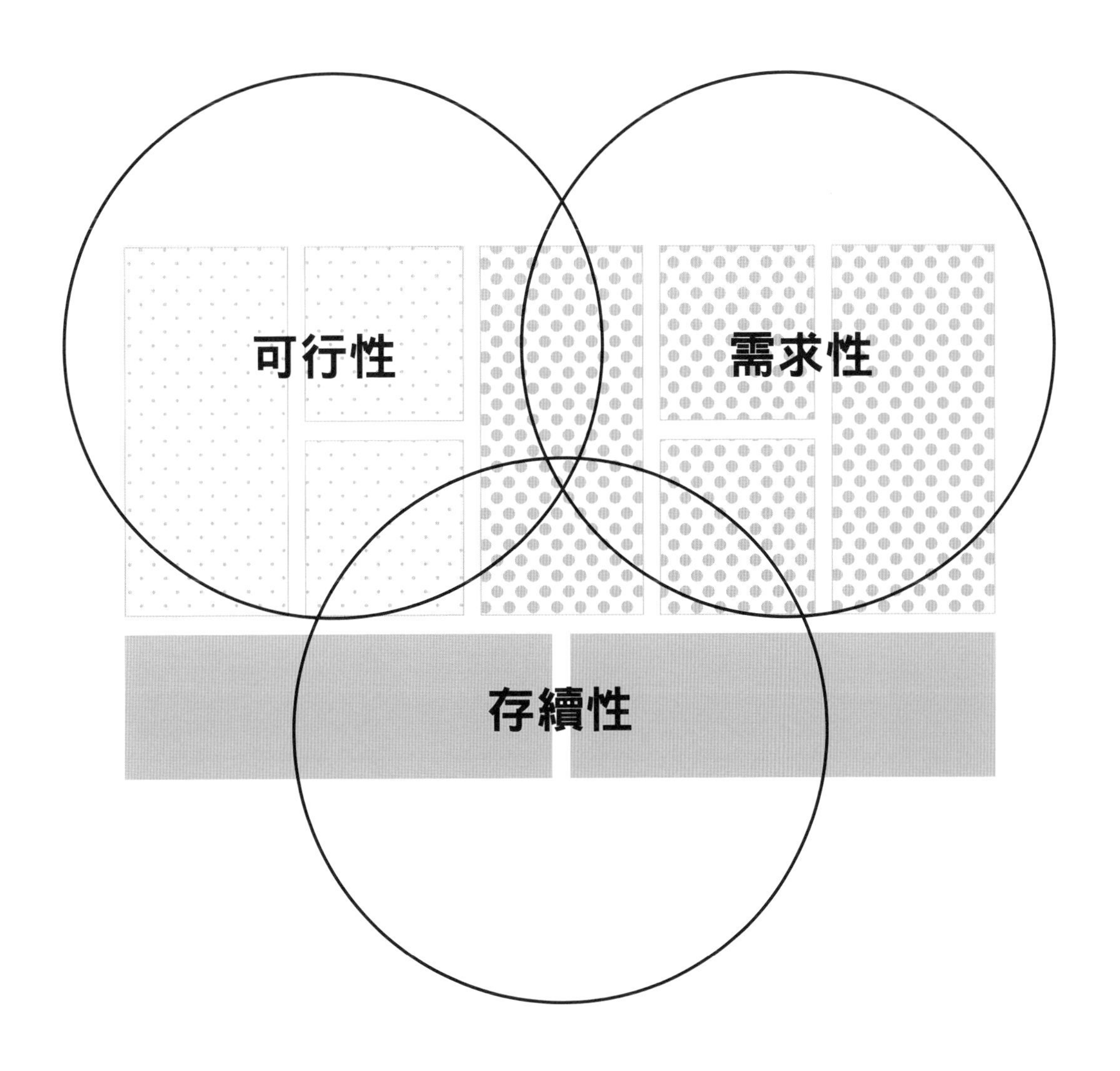

商業模式圖上對應的假設類型

需求性假設

第一次探索

價值主張圖上包含價值地圖和顧客素描中的市場風險，請找出其中的需求性假設：

商業模式圖上包含價值主張、目標客層、通路和顧客關係等方面的市場風險，請找出其中的需求性假設：

顧客素描

我們相信我們……

- 提出對顧客真的很重要的任務。
- 把焦點放在對顧客真的很重要的痛點上。
- 把焦點放在對顧客真的很重要的獲益上。

價值地圖

我們相信……

- 我們的產品和服務真的能解決高價值的顧客任務。
- 我們的產品和服務能解除頂層顧客的痛點。
- 我們的產品和服務能創造重要的顧客獲益。

目標客層

我們認為……

- 我們鎖定正確的目標客層。
- 我們鎖定的目標客層真實存在。
- 我們鎖定的目標客層夠大。

價值主張

我們認為……

- 針對我們鎖定的目標客層，我們的價值主張正確無誤。
- 我們的價值主張夠獨特，足以複製。

通路

我們認為……

- 我們掌握正確的途徑來接觸與獲取顧客。
- 我們可以掌控通路來傳達價值。

顧客關係

我們認為……

- 我們能夠與顧客建立正確的關係。
- 顧客很難改用競爭者的產品。
- 我們可以留住顧客。

基礎建設風險

可行性假設

第二次探索

商業模式圖上包含關鍵夥伴、關鍵活動與關鍵資源中的基礎建設風險，請找出其中的可行性假設：

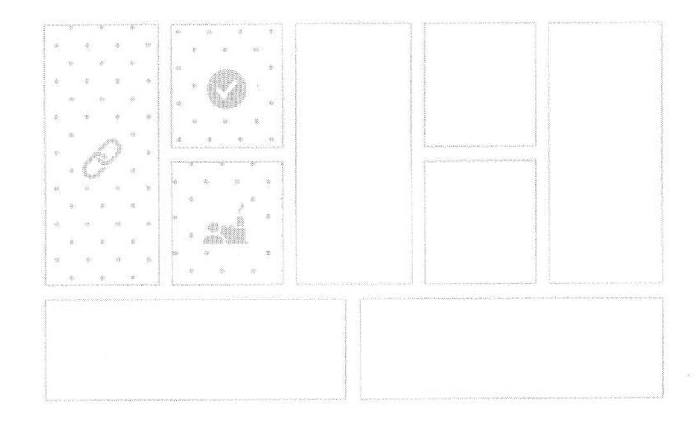

關鍵活動

我們相信我們……

- 可以大規模、高品質的執行所有活動，而且活動皆符合我們的商業模式需求。

關鍵資源

我們相信我們……

- 可以掌握並管理所有技術和大量資源，如智財權、人力、財務等，它們都是建立我們商業模式必要的資源。

關鍵夥伴

我們相信我們……

- 可以建立我們的商業模式中必要的夥伴關係。

財務風險

存續性假設

第三次探索

商業模式圖上包含營收流與成本結構中的財務風險，請找出其中的存續性假設：

營收流

我們相信我們……

- 可以讓顧客為了我們的價值主張支付特定的價格。
- 可以產生足夠的營收。

成本結構

我們相信我們……

- 可以管理、掌控基礎建設的成本。

獲利

我們相信我們……

- 可以賺到比成本更高的營收，並且獲利。

定義

繪製預設圖

這是一項團隊活動，需求性、存續性和可行性假設都有明確定義，並且按照重要性與證據排序。

每個大膽新穎的構想、產品、服務、價值主張、商業模式或策略，都需要放手一搏的信心。如果你做的事被證實有錯，這些無法通過驗證的重要構想會決定你的事業成敗。繪製預設圖這項活動的設計用意在於，幫助你把所有風險以假設的形式清楚顯示出來，這樣你就能設定優先順序，聚焦在眼前的實驗上。

摘自《精實 UX 設計：帶領敏捷團隊打造出色的產品》(*Lean UX*)，作者為傑夫・戈特爾夫（Jeff Gothelf）與賈許・薩登（Josh Seiden）。

如何建立

核心團隊

核心團隊包括每一個全心投入、致力讓新事業成功的人。這是一支跨職能團隊，成員具備產品、設計與科技領域的能力，以便在市場中面對真實顧客時可以快速上手、學習。最低要求是，當你從商業模式圖繪製預設圖時，核心團隊必須在場。

支援團隊

支援團隊不一定要全心投入新事業，但是要獲得成功，他們是不可或缺的人。測試預設時就需要法務、安全、法遵、行銷與使用者研究部門的人，核心團隊可能缺乏這些領域的知識和技能。

沒有堅強的支援團隊，核心成員可能會缺乏證據，無法判斷重要的事，做出無知的決定。

繪製預設圖

辨認假設

第 1 步

用便利貼寫下：

- 需求性假設，並放在價值主張圖和商業模式圖上。
- 可行性假設，並放在價值主張圖和商業模式圖上。
- 存續性假設，並放在價值主張圖和商業模式圖上。

最佳做法

- 使用不同顏色的便利貼，各自標示需求性、可行性和存續性假設。
- 根據你目前的了解，盡可能精準的寫下假設。
- 每張便利貼只寫一項假設，不要在一張便利貼上寫下多項要點，這能讓你更容易排定優先順序。
- 假設要短而精確，不要長篇大論。
- 寫假設時，團隊要一起討論並取得共識。

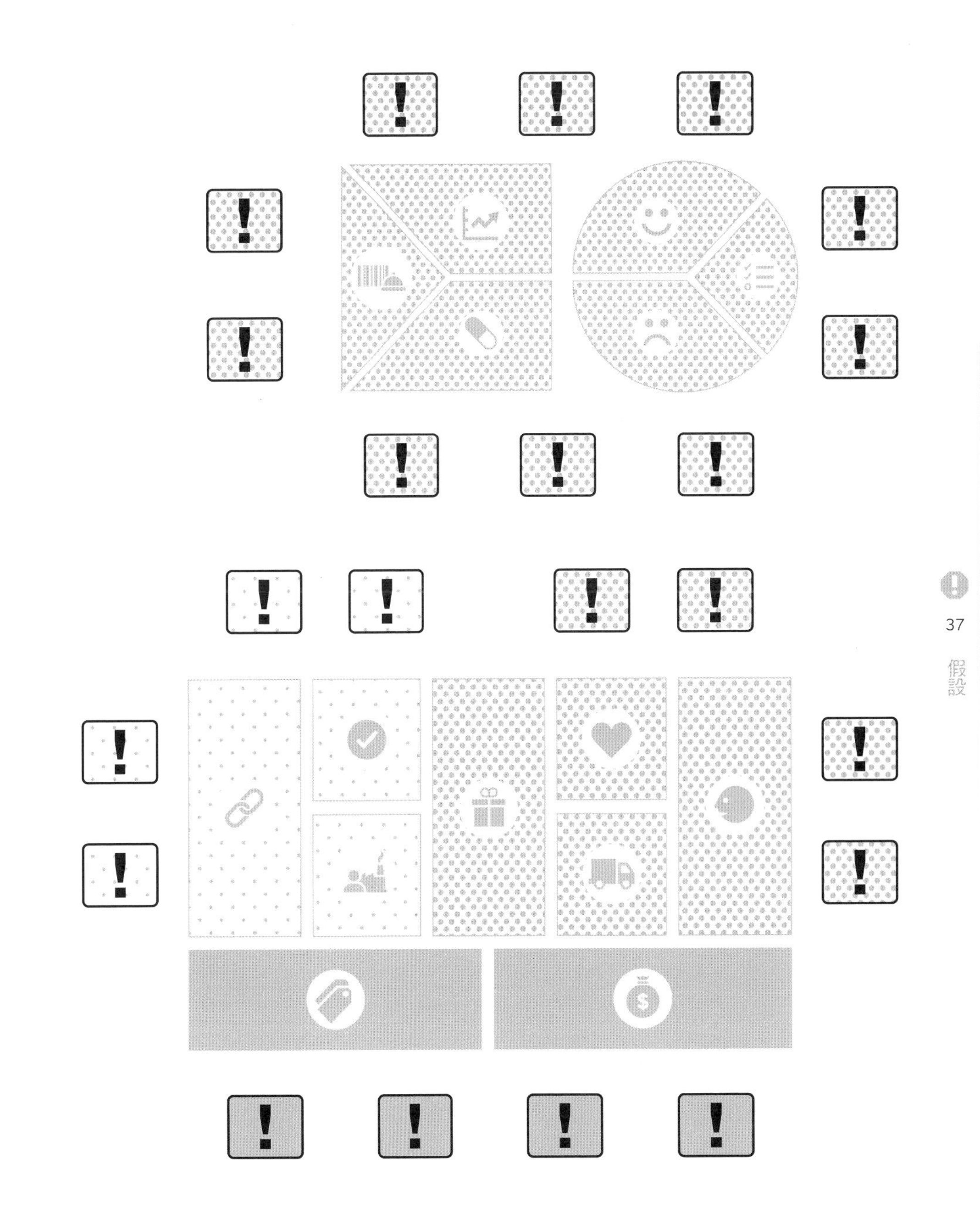

排序假設

第 2 步

按照重要性以及有沒有支持各種型態假設的證據，使用預設圖來將所有假設排序。

X 軸：證據

在 X 軸上，把所有假設放在相應的位置上，來顯示你有多少證據可以支持或反駁某項假設。如果某項假設可以提出相關、觀察得到或是最近的支持證據，就放在 X 軸左側。提不出證據的假設就放在右側，這樣你就知道必須為它提出證據。

Y 軸：重要性

在 Y 軸上，把所有假設按照重要性排列。如果某項假設對你的事業極為重要，就放在最上方。換句話說，如果那項假設被證實有錯，你的商業構想就會失敗，而其他假設也就不重要了。如果不是第一個測試的假設，那就放在 Y 軸下方。

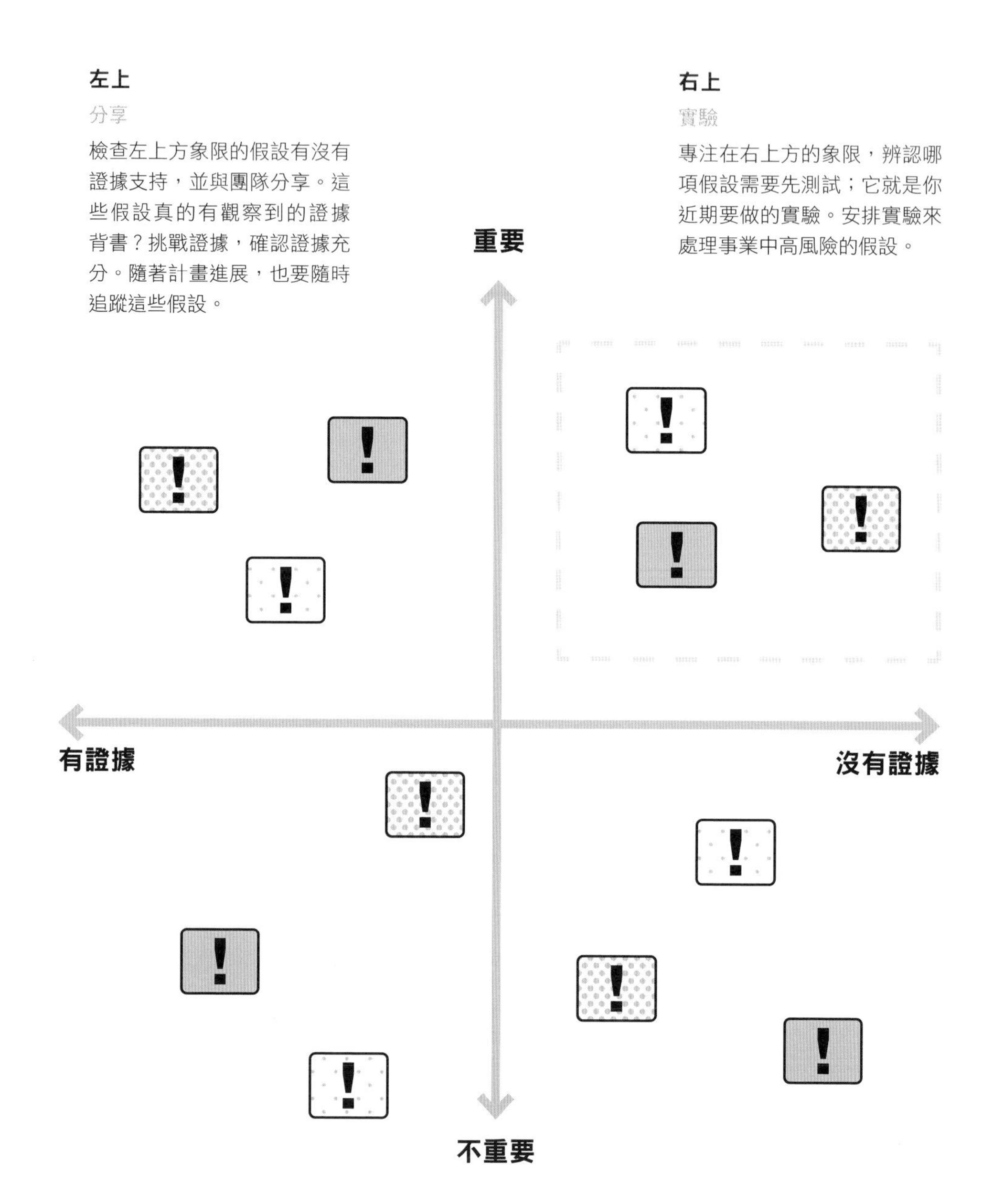

辨認風險最高的假設並優先處理

第 3 步

根據本書目標，主要內容會聚焦在如何測試預設圖右上方的象限，也就是重要但是沒有足夠證據的假設。這些預設如果被證明有錯，就會導致你的事業失敗。

對需求性假設進行排序

團隊一起列出每項需求性假設，放在預設圖上。

對可行性假設進行排序

接下來，列出每項可行性假設，放在預設圖上。

對存續性假設進行排序

最後列出每項存續性假設，放在預設圖上。

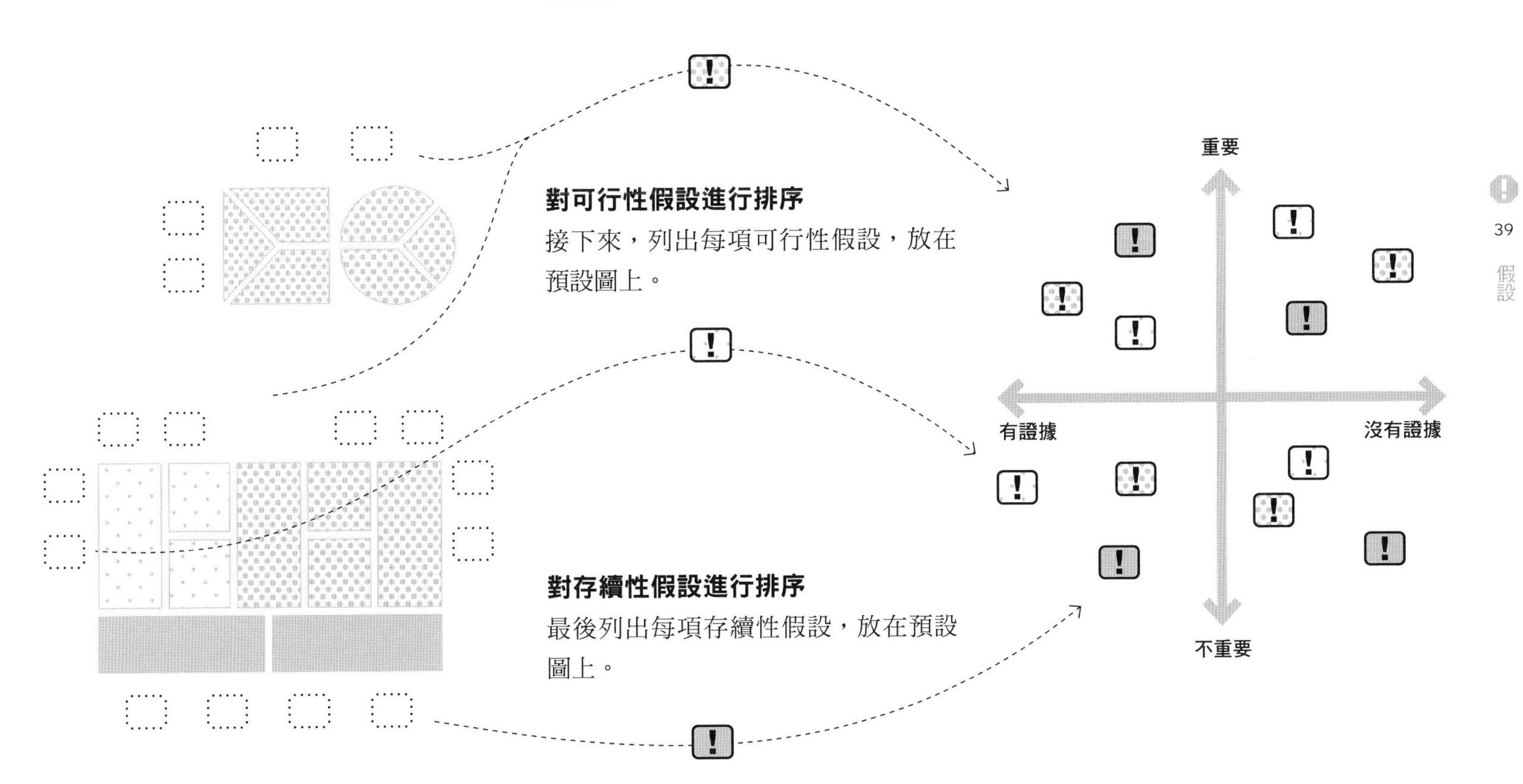

不管你的理論多漂亮，或是你有多聰明，
如果實驗不能證明，那就一概不成立。

理查・費曼（Richard Feynman）
美國理論物理學家

第 2 部 — 測試

2.2 — 實驗

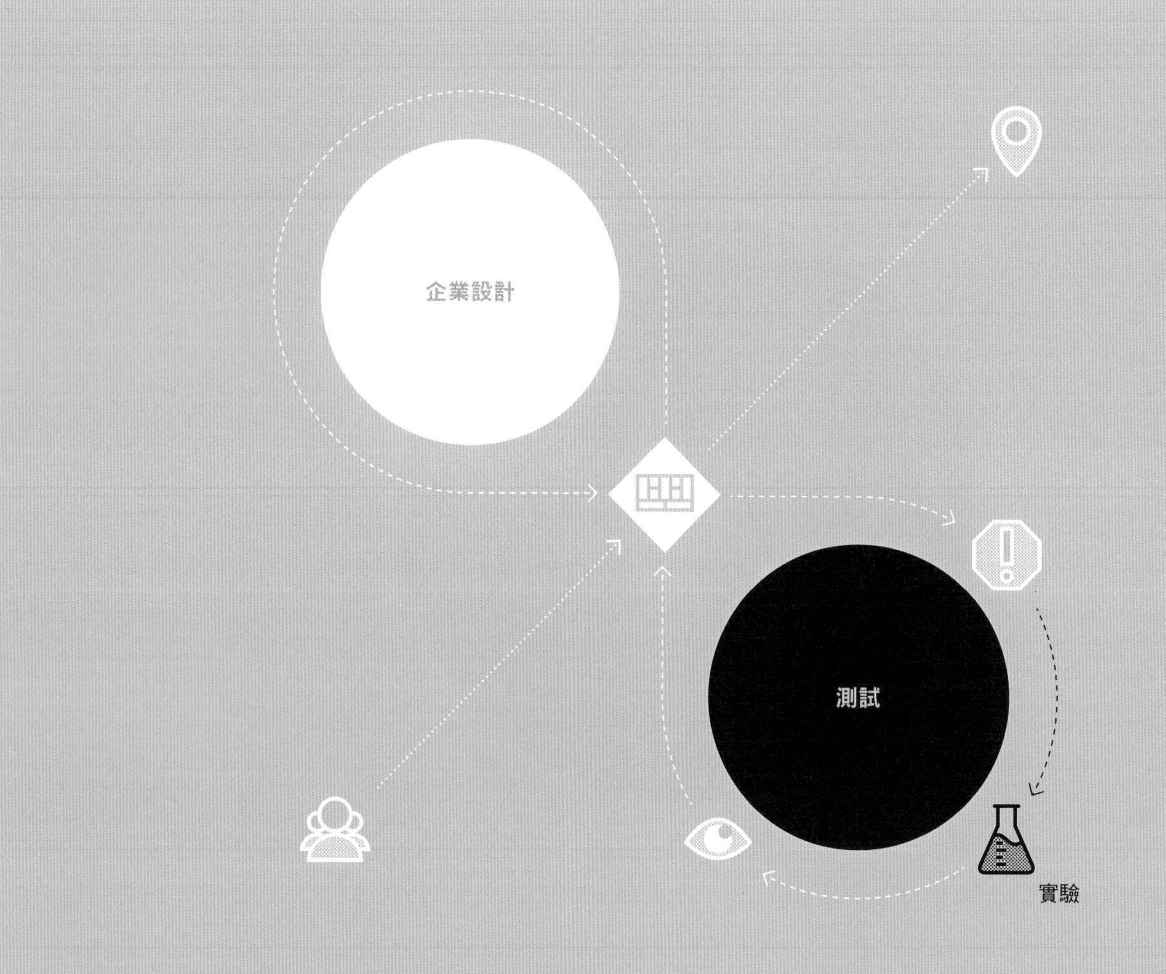
企業設計
測試
實驗

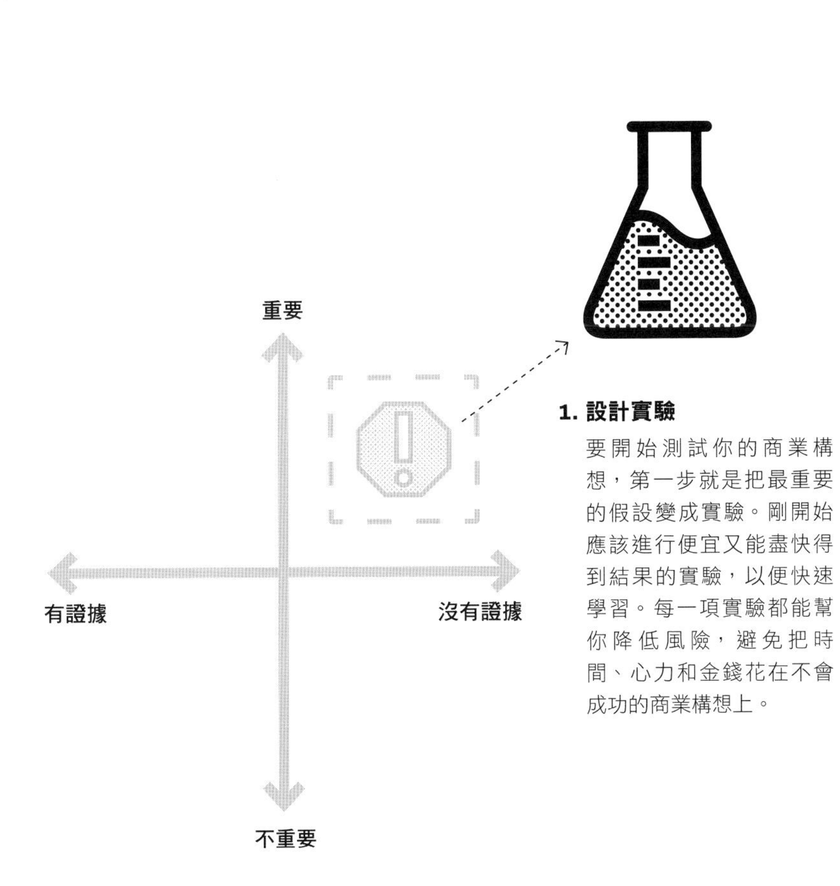

1. 設計實驗

要開始測試你的商業構想，第一步就是把最重要的假設變成實驗。剛開始應該進行便宜又能盡快得到結果的實驗，以便快速學習。每一項實驗都能幫你降低風險，避免把時間、心力和金錢花在不會成功的商業構想上。

2. 執行實驗

每項實驗都有特定的執行時間，才能產出足夠的證據讓你從中學習。務必要像個科學家那樣做實驗，這樣你的證據才會清楚又不容易產生誤導。

定義

實驗

實驗是為你的商業構想降低風險與不確定性的方法。

實驗是科學方法的核心。實驗就跟假設一樣歷史悠久，眼睛如何調整視野、人們如何測量時間等，都是經過實驗而來。

經久不變的是，科學方法仍然是產生洞見的重要方式。

兒童天生就會以自己的方法重覆實驗來解決問題。一旦他們開始接受傳統的學校教育，在自然科學課堂之外，就愈來愈少接觸實驗。教育將學生分級並且評斷、測試他們，使得學生必須設法找到唯一的正確答案。然而，在人生中、在商業領域裡，正確答案卻很少只有一個。久而久之，人們自我調適，盡量追求正確，而不是尋求進步，因為他們很習慣做錯事會被處罰。

不意外的是，在這種教育系統下長大的兒童，在成人之後通常無法接受錯誤。獎賞正確、處罰錯誤的文化也延伸到商業領域，人們已經習慣要尋找唯一的正確答案。

當你閱讀本書並學到如何測試商業構想後，你會發現，前進的道路通常不是只有一條，而是有很多條。

做實驗時，請回頭想想幼稚園時的感受：那時候的你就算想把方形木樁塞進圓形的洞裡也沒有人干涉。實驗就是有條理的創造力，請把這股活力注入到你的內在與團隊裡。

為了測試商業構想，焦點要放在商業實驗，商業實驗是：

- 為某項商業構想降低風險與不確定性的過程。
- 生產出有效或薄弱的證據以支持或反駁某項假設。
- 執行速度可快可慢、費用可高可低的實驗。

什麼是好的實驗？

好的實驗必須夠精確，讓團隊成員能夠複製，並且產出能夠使用、可供比較的數據。

- 精確定義「誰」（who），也就是測試對象。
- 精確定義「哪裡」（where），也就是測試背景環境。
- 精確定義「什麼」（what），也就是測試項目。

實驗的要素有哪些？

設計良好的商業實驗包含四項要素：

1. 假設
   最關鍵的假設，來自預設圖右上方象限。
2. 實驗
   描述實驗內容，這是你為了支持或反駁假設所做的實驗。
3. 評量項目
   實驗中評量的數據。
4. 評量標準
   實驗指標的成功準則。

行動呼籲（Call-to-Action）實驗

這是一種特定型態的實驗，是要促使受試對象做出能夠觀測得到的行動。採用這種實驗方式是為了測試一種以上的假設。

為你的假設打造多項實驗

我們從來沒有碰過團隊只做一次實驗就能有重大突破，或是只做一次實驗就能創造出千萬產值的事業。實際上，你必須做好幾次實驗，才有可能產生成功的事業。請利用測試卡與實驗工具箱打造設計良好的實驗，用來測試你的商業假設。

測試卡　Strategyzer

顧客訪談　截止日期

指派對象　葛麗絲．葛蘭特　測試期間

第 1 步：假設

我們相信　千禧世代的父母偏好經過縝密計畫、適合子女教育程度的科學實驗教具。

重要性：

第 2 步：測試

要證明，我們將　訪談 20 位千禧世代的父母，詢問他們對於適合子女的科學實驗教具的需求。

測試成本：　數據可信度：

第 3 步：評量項目

並且評量　需求最高的顧客任務、痛點以及獲益，因為目前還沒有其他解決方案能夠滿足這些條件。

花費時間：

步驟 4：評量標準

我們是對的，如果　在需求最高的顧客任務、痛點以及獲益中，我們的準確度能達到 80%。

Copyright Strategyzer AG　*The makers of Business Model Generation and Strategyzer*

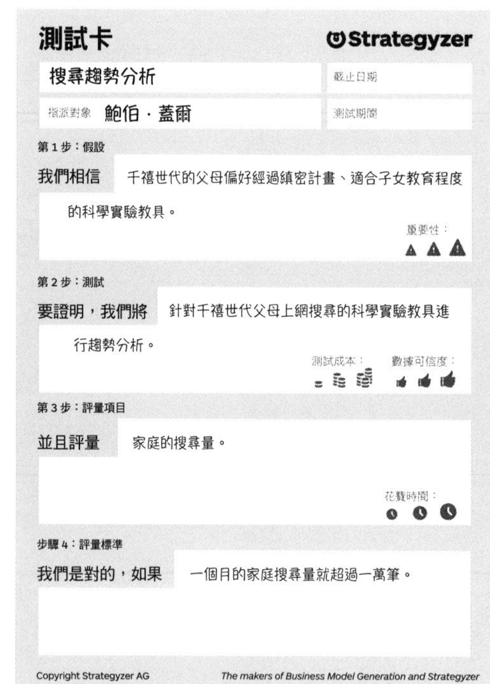

測試卡　Strategyzer

搜尋趨勢分析　截止日期

指派對象　鮑伯．蓋爾　測試期間

第 1 步：假設

我們相信　千禧世代的父母偏好經過縝密計畫、適合子女教育程度的科學實驗教具。

重要性：

第 2 步：測試

要證明，我們將　針對千禧世代父母上網搜尋的科學實驗教具進行趨勢分析。

測試成本：　數據可信度：

第 3 步：評量項目

並且評量　家庭的搜尋量。

花費時間：

步驟 4：評量標準

我們是對的，如果　一個月的家庭搜尋量就超過一萬筆。

Copyright Strategyzer AG　*The makers of Business Model Generation and Strategyzer*

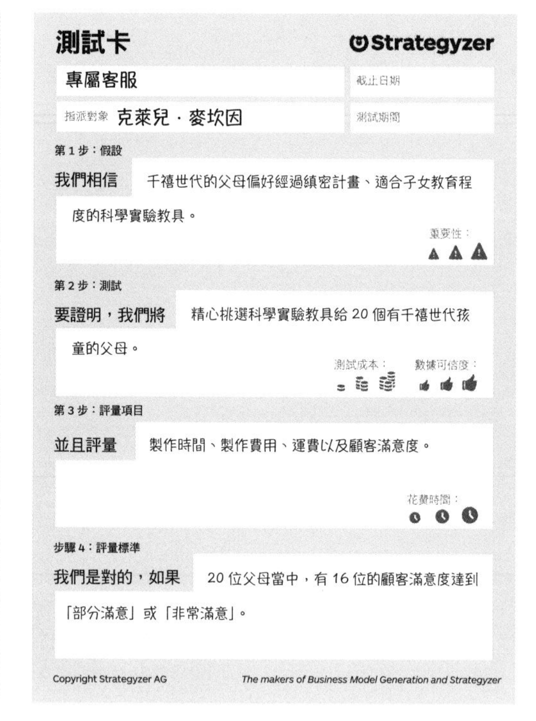

測試卡　Strategyzer

專屬客服　截止日期

指派對象　克萊兒．麥坎因　測試期間

第 1 步：假設

我們相信　千禧世代的父母偏好經過縝密計畫、適合子女教育程度的科學實驗教具。

重要性：

第 2 步：測試

要證明，我們將　精心挑選科學實驗教具給 20 個有千禧世代孩童的父母。

測試成本：　數據可信度：

第 3 步：評量項目

並且評量　製作時間、製作費用、運費以及顧客滿意度。

花費時間：

步驟 4：評量標準

我們是對的，如果　20 位父母當中，有 16 位的顧客滿意度達到「部分滿意」或「非常滿意」。

Copyright Strategyzer AG　*The makers of Business Model Generation and Strategyzer*

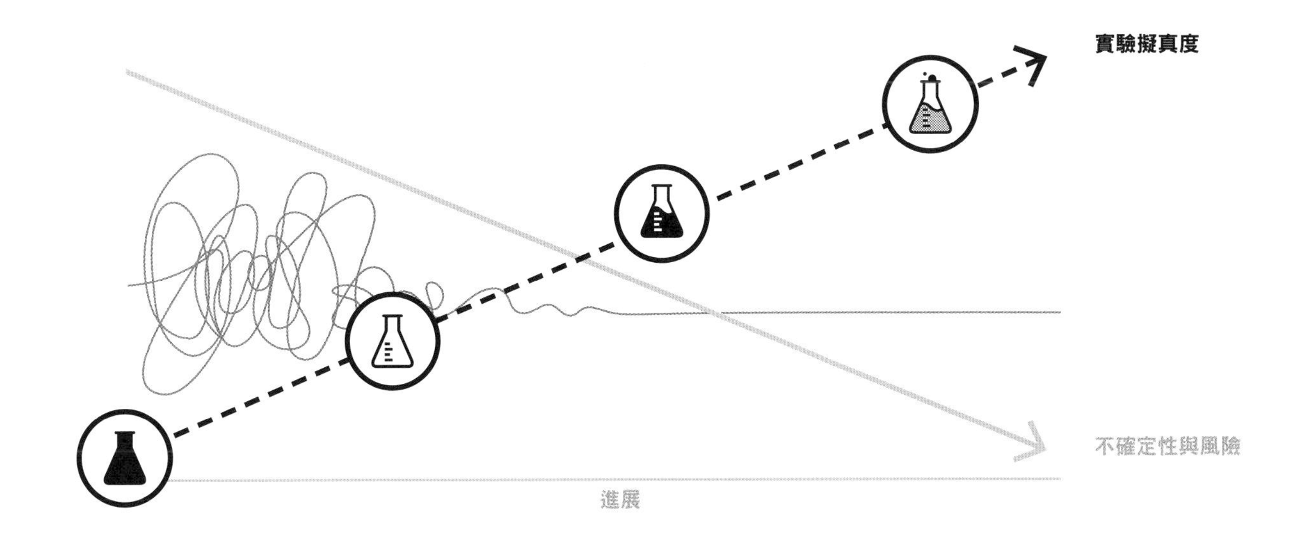

實驗可以降低不確定性的風險

閱讀本書時，你會開始了解實驗將如何協助你快速降低不確定性的風險。與其花很長時間在完全沒有顧客的企業內部做實驗，漸漸你會學到如何逐步降低風險。這能讓你在正確的時間建立精確的實驗。

不覺得去年的自己很丟臉的人，
大概是學習得不夠多。

艾倫・狄波頓（Alain de Botton）
哲學家

第 2 部 — 測試

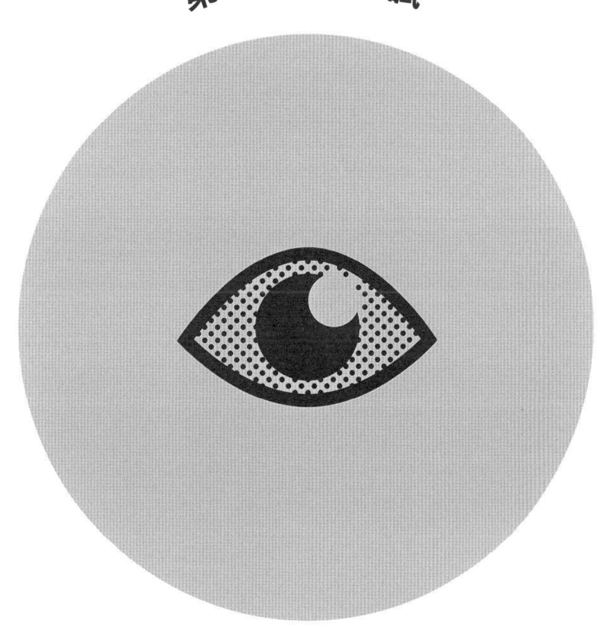

2.3 — 學習

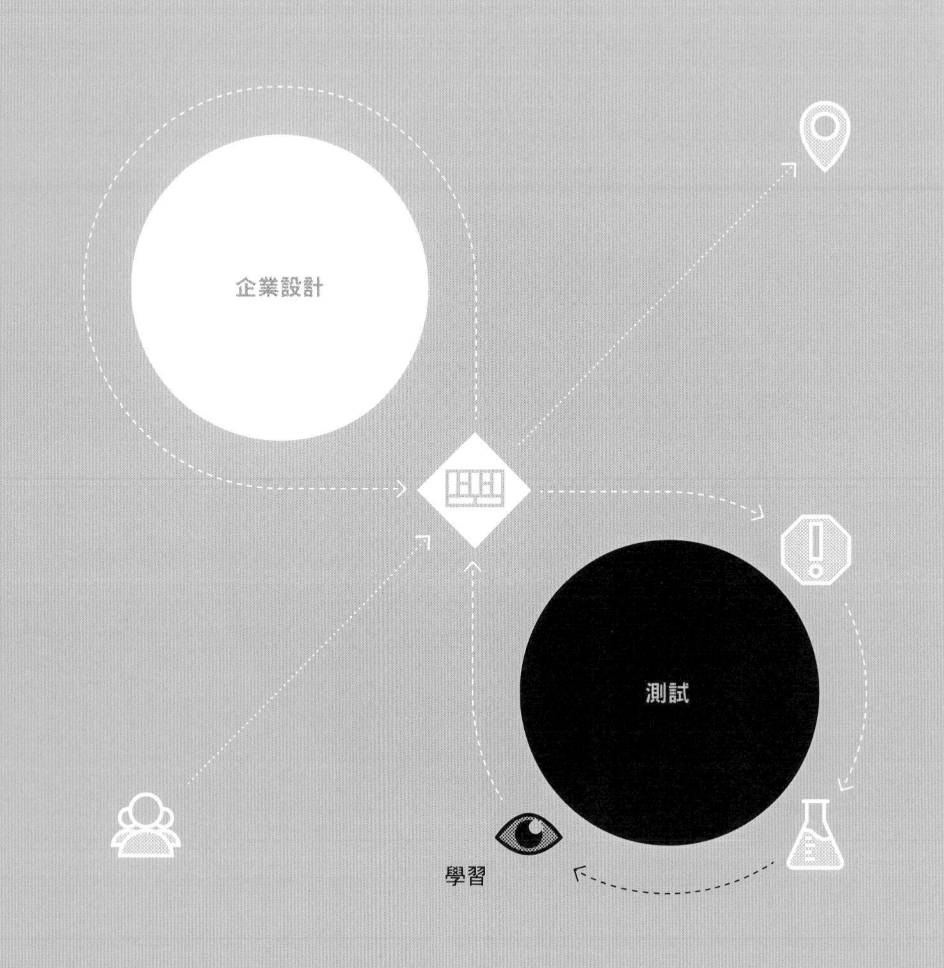
企業設計
測試
學習

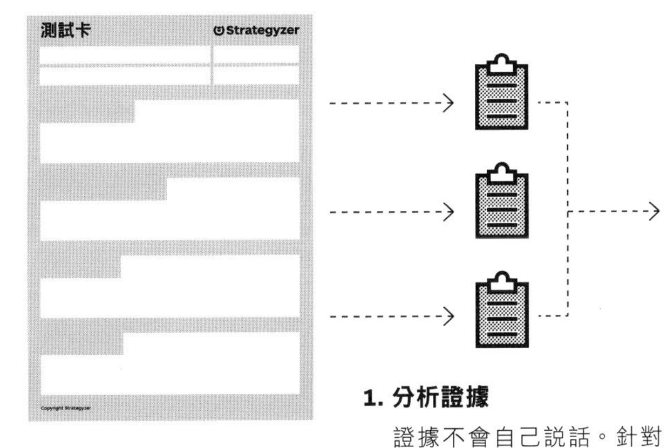

1. 分析證據

證據不會自己說話。針對特定假設，也要從不同實驗收集證據再進行分析，並且確定能夠清楚區分證據的強弱。

2. 獲得洞見

分析數據資料最主要會學習到的就是洞見。這些洞見可以讓你支持或反駁測試過的假設，也能夠協助你了解實現構想的可能性有多大。

證據的強度

證據的強度將決定它能夠支持或反駁某項假設的可靠程度。下表四個面向可以協助你評估證據的強度，請注意這些證據是以什麼為依據：

定義

證據

什麼是證據？

證據是用來支持或反駁你的商業構想作為根基的假設；證據是你從研究或商業實驗中獲得的數據，它有許多種形式，證據力也有強有弱。

為了測試商業構想，我們將聚焦在你的商業實驗證據，它的定義如下：

- 從實驗或田野調查蒐集來的數據資料。
- 支持或反駁假設的事實。
- 性質可能各有不同，例如相關人員或顧客說的話、行為、轉換率、訂單或購買等，證據力也有強有弱。

	偏弱的證據	較強的證據
1.	**個人意見（信念）** 例如「我會……」「我覺得 ______ 很重要」「我認為……」或「我喜歡……」。	**事實（事件）** 例如「上週我 ______」「在那種情況下我通常會 ______」或是「我花了 ______ 在 ______ 上」。
2.	**當事人的說法** 人們在訪談或調查中說的話，不一定是他們在真實生活中或未來會做的事。	**實際行為** 觀察到的行為通常是良好的指標，可以推斷人們的行為以及未來的行動。
3.	**實驗室情境** 當人們知道你在進行測試，他們很有可能會表現出與真實世界不同的行為。	**真實世界情境** 當人們沒有察覺到自己在接受測試時，觀察到的行為才是預測未來行為最可靠的指標。
4.	**小型投資** 消費者訂閱電子郵件來得到未來產品上市的訊息只算是小型投資，也是在判讀他們的興趣時相對薄弱的證據。	**大型投資** 預購產品，或是以個人的業界聲譽為賭注，都屬於重大投資，也是衡量真正興趣的強力證據。

不同的實驗會產出不同的證據

顧客訪談

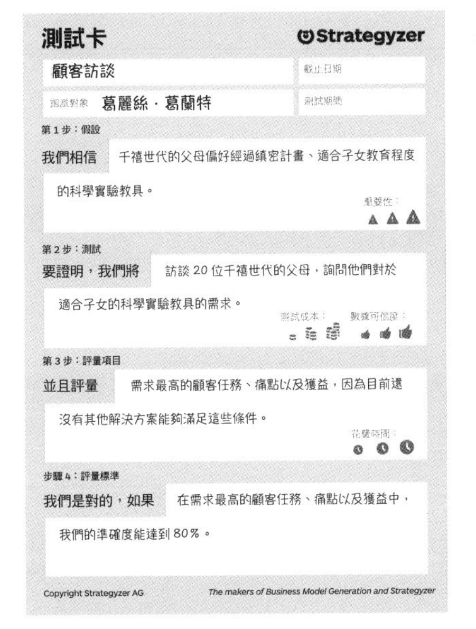

測試卡　Strategyzer

顧客訪談　截止日期

指派對象　葛麗絲．葛蘭特　測試期間

第 1 步：假設

我們相信　千禧世代的父母偏好經過縝密計畫、適合子女教育程度的科學實驗教具。

重要性：

第 2 步：測試

要證明，我們將　訪談 20 位千禧世代的父母，詢問他們對於適合子女的科學實驗教具的需求。

測試成本：　數據可信度：

第 3 步：評量項目

並且評量　需求最高的顧客任務、痛點以及獲益，因為目前還沒有其他解決方案能夠滿足這些條件。

花費時間：

步驟 4：評量標準

我們是對的，如果　在需求最高的顧客任務、痛點以及獲益中，我們的準確度能達到 80%。

Copyright Strategyzer AG　*The makers of Business Model Generation and Strategyzer*

文本與顧客說的話

●○○○○

證據強度

「我們希望小孩擁有獨特、更好的科學實驗教具，不要跟別的小孩一樣。」

「必須符合她的程度。我們試過二年級用的教具，但是那個太難。」

「我們在網路上找到的免費教具大多數都沒有說明、或是指引不清楚。」

「我會付錢買一套科學實驗教具，這樣我們想要的東西都在那一盒裡面。」

搜尋趨勢分析

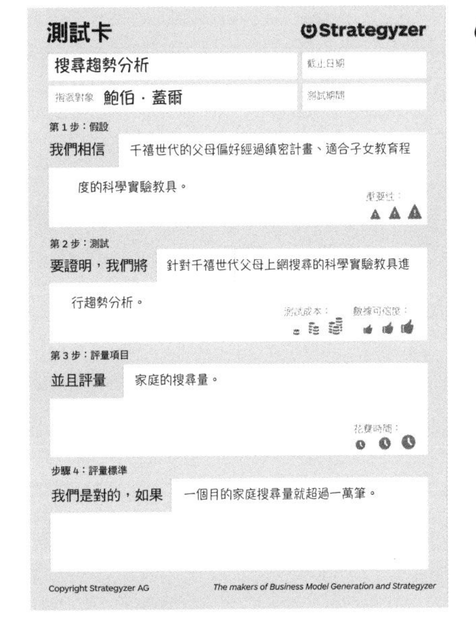

測試卡　Strategyzer

搜尋趨勢分析　截止日期

指派對象　鮑伯．蓋爾　測試期間

第 1 步：假設

我們相信　千禧世代的父母偏好經過縝密計畫、適合子女教育程度的科學實驗教具。

重要性：

第 2 步：測試

要證明，我們將　針對千禧世代父母上網搜尋的科學實驗教具進行趨勢分析。

測試成本：　數據可信度：

第 3 步：評量項目

並且評量　家庭的搜尋量。

花費時間：

步驟 4：評量標準

我們是對的，如果　一個月的家庭搜尋量就超過一萬筆。

Copyright Strategyzer AG　*The makers of Business Model Generation and Strategyzer*

搜尋量的數據

●●●○○

證據強度

二月：

「科展構想」有 5,000 到 10,000 筆搜尋量。

「幼兒園科展構想」有 10,000 到 15,000 筆搜尋量。

「一年級科展構想」有 1,000 到 5,000 筆搜尋量。

「二年級科展構想」搜尋量不到 1,000 筆。

「三年級科展構想」搜尋量不到 1,000 筆。

專屬客服

測試卡　Strategyzer

專屬客服　截止日期

指派對象　克萊兒．麥坎因　測試期間

第 1 步：假設

我們相信　千禧世代的父母偏好經過縝密計畫、適合子女教育程度的科學實驗教具。

重要性：

第 2 步：測試

要證明，我們將　精心挑選科學實驗教具給 20 個有千禧世代孩童的父母。

測試成本：　數據可信度：

第 3 步：評量項目

並且評量　製作時間、製作費用、運費以及顧客滿意度。

花費時間：

步驟 4：評量標準

我們是對的，如果　20 位父母當中，有 16 位的顧客滿意度達到「部分滿意」或「非常滿意」。

Copyright Strategyzer AG　*The makers of Business Model Generation and Strategyzer*

專屬客服數據

●●●●●

證據強度

製作時間＝ 2 小時／盒

製作費用＝ 10 ～ 15 美元

運送費用＝ 5 ～ 8 美元

家長顧客滿意分數＝部分滿意

定義

洞見

什麼是洞見？

觀察事物與尋找事物不一樣。證據不會幫你的商業構想降低風險，因此，我們建議你從實驗產出的證據集結洞見。

為了測試商業構想，商業洞見的定義是：

- 你從證據裡學到的東西。
- 和假設有效程度與新方向可能性有關的學習心得。
- 做出有依據的商業決策與行動的基礎。

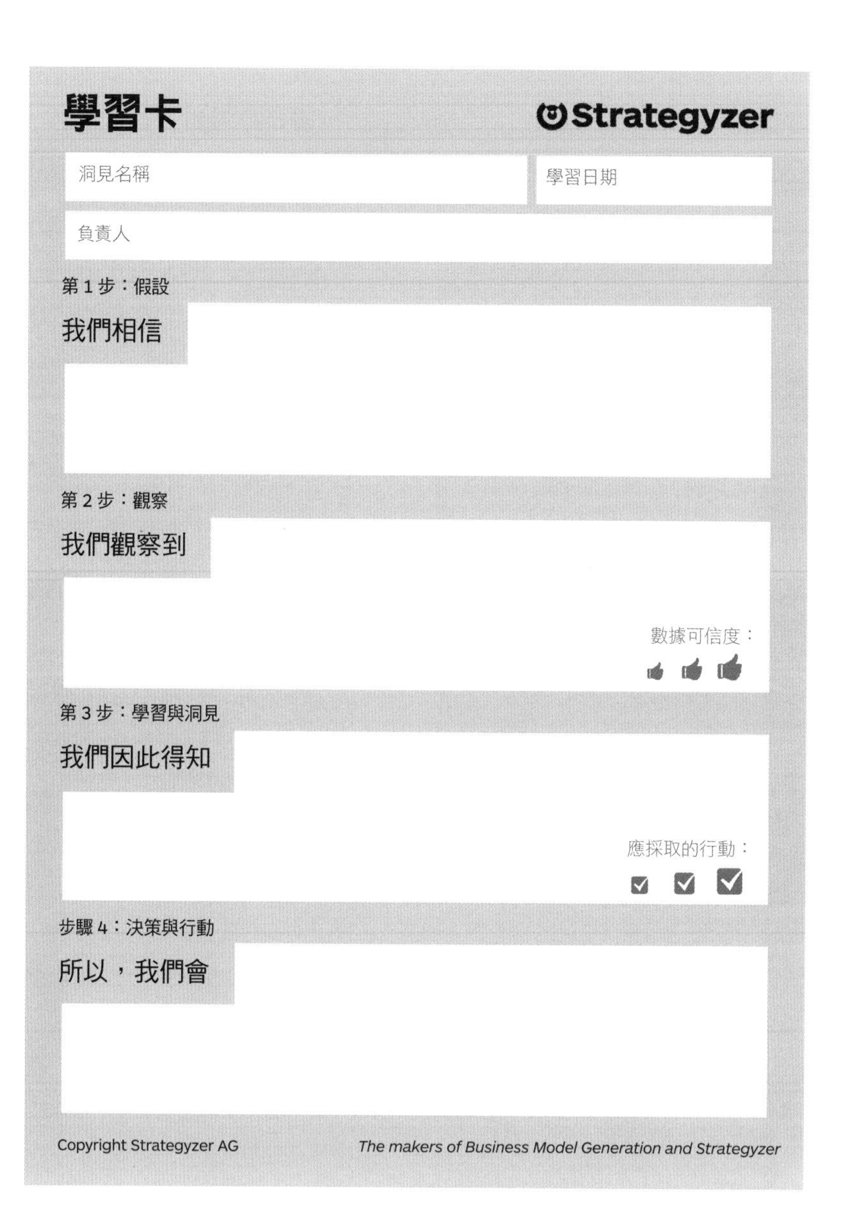

顧客訪談

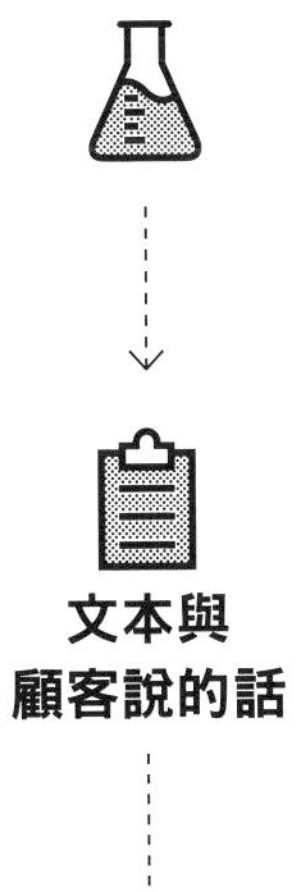

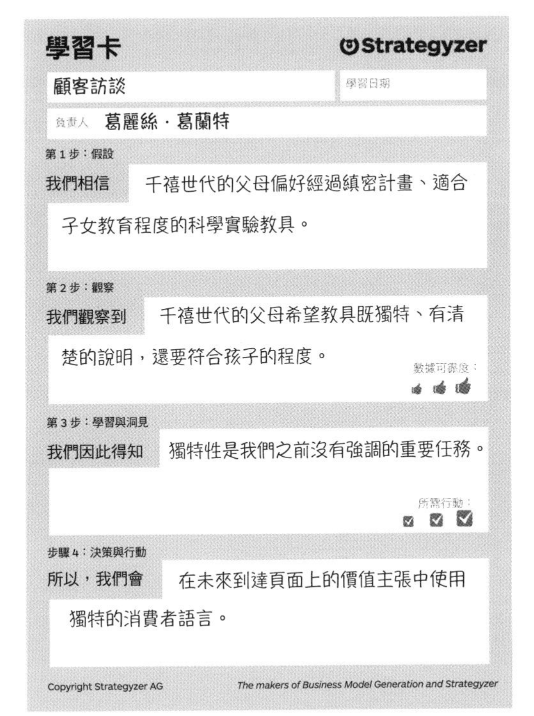

搜尋趨勢分析

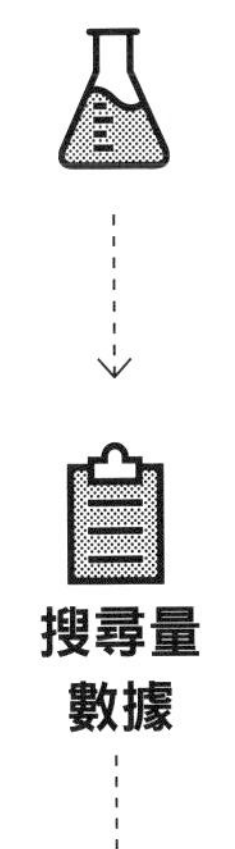

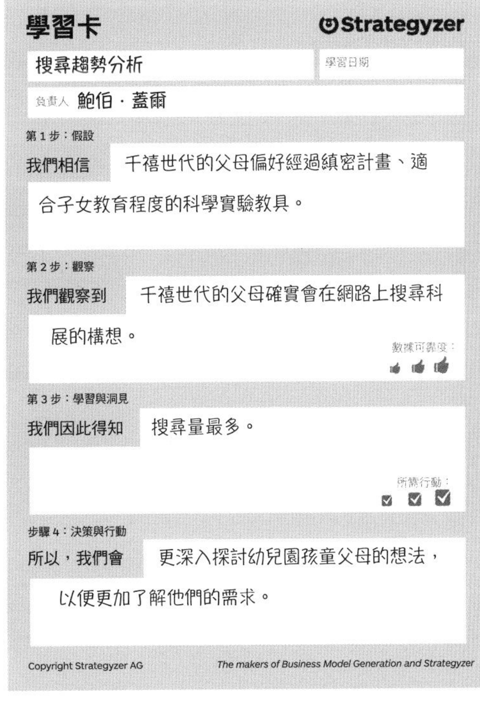

專屬客服

定義

信心程度

你的信心程度指的是，你有多相信證據強度足以支持或反駁某項假設。

不是所有證據和洞見都同等重要。當你針對某項假設做了好幾個實驗，而且證據愈來愈有效，應該會對你的洞見更有信心。例如，你可能會先透過訪談來了解顧客的任務、痛點與獲益，以獲得最初的洞見。接著，你可能會進行較大規模、涉及更多顧客的調查，以測試你的洞見。最後，你可能會接著模擬實際的銷售狀況，針對顧客興趣產出更有效的證據。

下列是能夠協助你決定信心程度的三個面向：

1. 證據的型態與強度

不同型態的證據，強度也會不同。例如，引用自訪談的論述，在預測未來行為時就屬於比較弱的指標；在模擬銷售中的購買行為，則是預測未來購買行為時比較有效的指標。你從假設蒐集到的證據種類，將會影響你相信自己的洞見有多麼可靠。

2. 每項實驗的數據點數量

數據點的數量愈多愈好；從顧客的個人訪談中引用 5 句話，絕對比引用 100 句話的證據力還要弱。不過，引用 5 句話可能會比匿名顧客調查的 100 個數據點更準確。

測試型態	證據強度	數據點的數量	產出的證據品質
顧客訪談	●○○○○	10 人	弱
探索調查	●●○○○	500 人	弱
模擬銷售	●●●●○	250 人	非常強

對假設的信心程度

根據實驗、證據與洞見，你有多少信心可以支持或反駁某項假設？

非常有信心

如果你已經做過好幾項實驗和至少一項行動呼籲測試，並且產出很有效的證據，自然就會非常有信心。

頗有信心

如果你已經做過好幾項實驗都產出相當有效的證據，或是做過特別有效的行動呼籲實驗，那麼就會頗有信心。

不太有信心

如果你只做過一些訪談或調查，知道人們自稱會做出哪些行動，那你需要執行更多、更有效的實驗，因為人們的實際行為可能不同。

完全沒有信心

如果你只做過一項實驗，產出的證據也很薄弱，例如訪談或調查，那麼你必須做更多實驗。

3. 為同一項假設進行的實驗數量與型態

當你為了測試同一項假設而進行實驗，實驗的數量愈多，應該會愈有信心；三個系列訪談會比一個好，進行訪談、調查與模擬銷售活動，藉此測試同一項假設又更好。當你隨著實驗進行而得到愈來愈有效的證據，就能獲得最佳結果，並且學到更多。

偏袒行動，讓它現在就發生。
你可以把大計畫拆成幾個小步驟，
並且立刻踏出第一步。

英迪拉・甘地（Indira Gandhi）
前印度總理

第 2 部 — 測試

2.4 — 決策

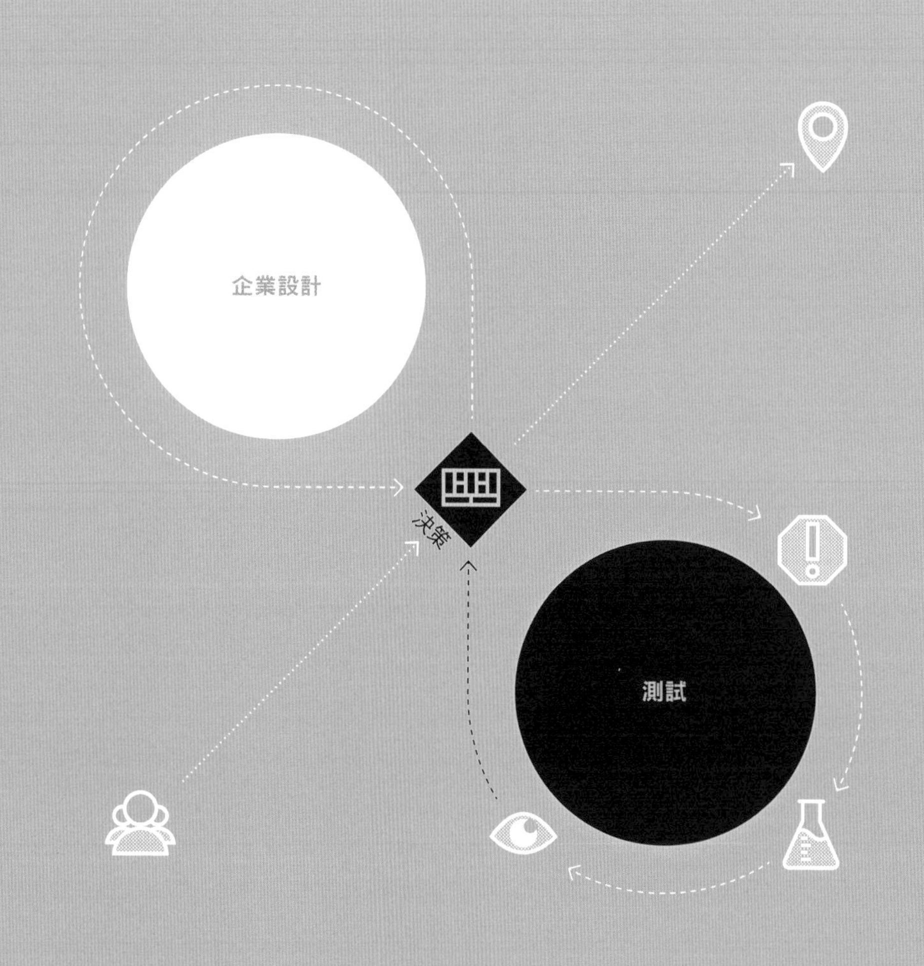
企業設計
決策
測試

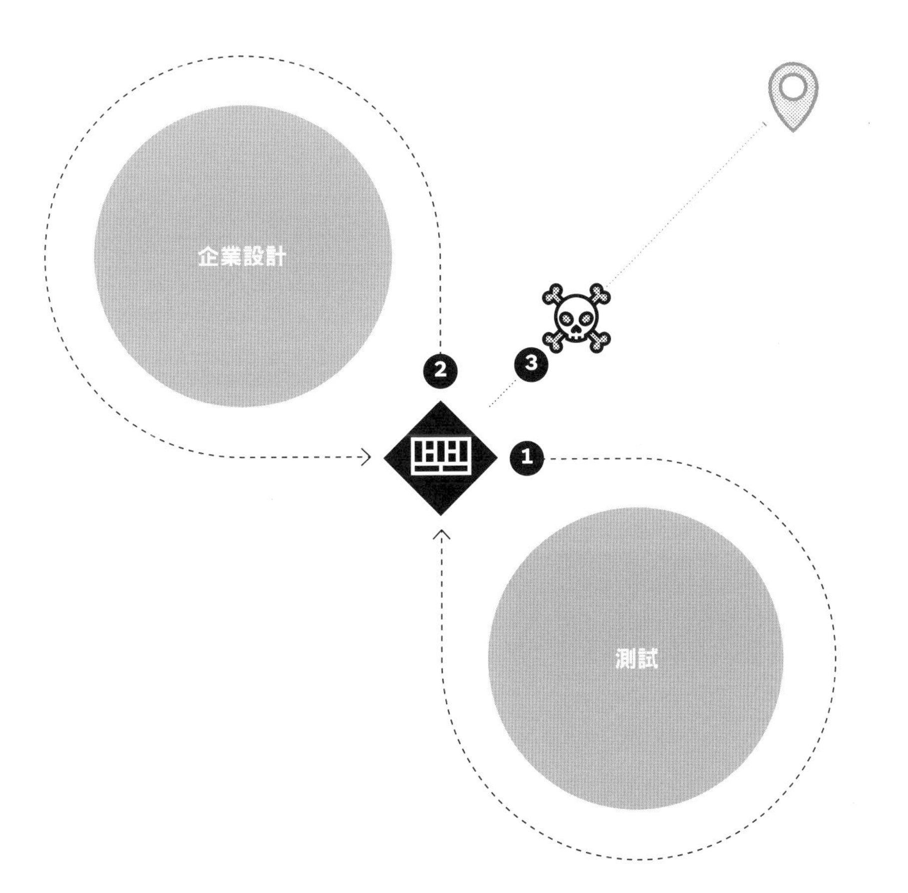

1. 堅持

根據證據與洞見，決定繼續測試商業構想。堅持指的是以更有效的實驗測試同一項假設，或是改為測試下一項重要假設。

2. 轉向

針對一項或多項商業構想、價值主張或商業模式做出重大改變。轉向通常表示某些早期證據可能會跟新方法和方向完全不相關，所以，某些已經測試過的商業模式項目大多需要重新測試。

3. 放棄

由於證據和洞見決定你是否要打消構想。原因可能是證據顯示構想在現實中不會成功，或者是獲利的可能性偏低。

決策

將洞見轉化成行動

光是學得比其他人快還不夠，你必須把學到的東西變成行動，因為資訊都有有效期限。如果你認為學到的東西過期的速度比以前都快，你的感覺可能沒錯。現代人一年接觸到的資訊，比 20 世紀初期的人一輩子接觸到的資訊還要多。市場和科技的變化迅速，你得到的洞見可能在幾個月、幾週甚至幾天之內就會過期。

為了測試商業構想，我們對行動的定義如下：

- 進行測試並降低商業構想風險的下一步進展。
- 根據蒐集到的洞見，做出充分、周全的決策。
- 拋棄、改變或是繼續測試某項商業構想的決定。

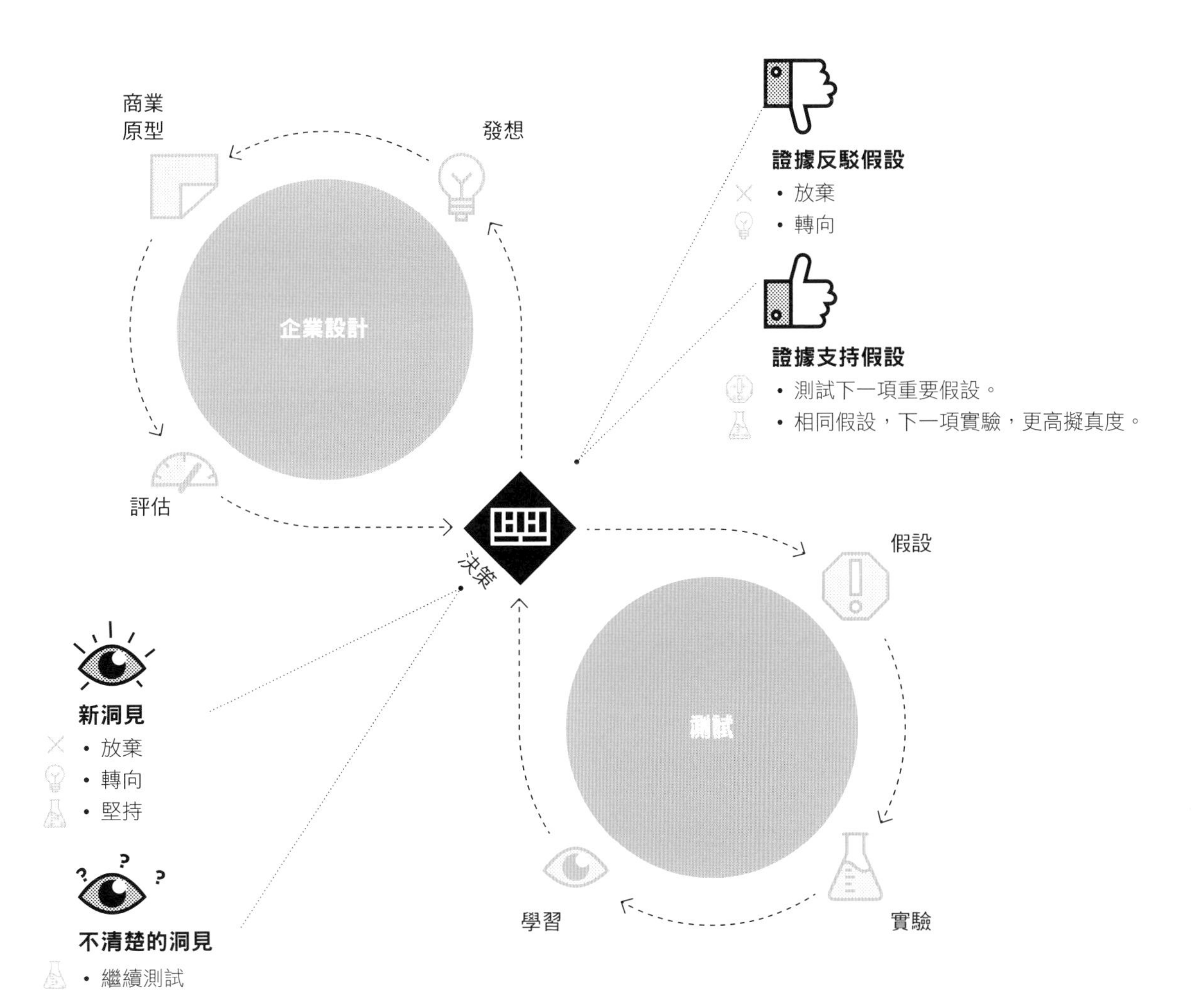
商業
原型
發想
企業設計
評估
決策
證據反駁假設
• 放棄
• 轉向
證據支持假設
• 測試下一項重要假設。
• 相同假設，下一項實驗，更高擬真度。
假設
測試
學習
實驗
新洞見
• 放棄
• 轉向
• 堅持
不清楚的洞見
• 繼續測試

在溝通上唯一的最大問題是，
人們會產生確實在溝通的幻覺。

蕭伯納（George Bernard Shaw）
愛爾蘭劇作家與政治活躍分子

第 2 部 — 測試

2.5 — 管理

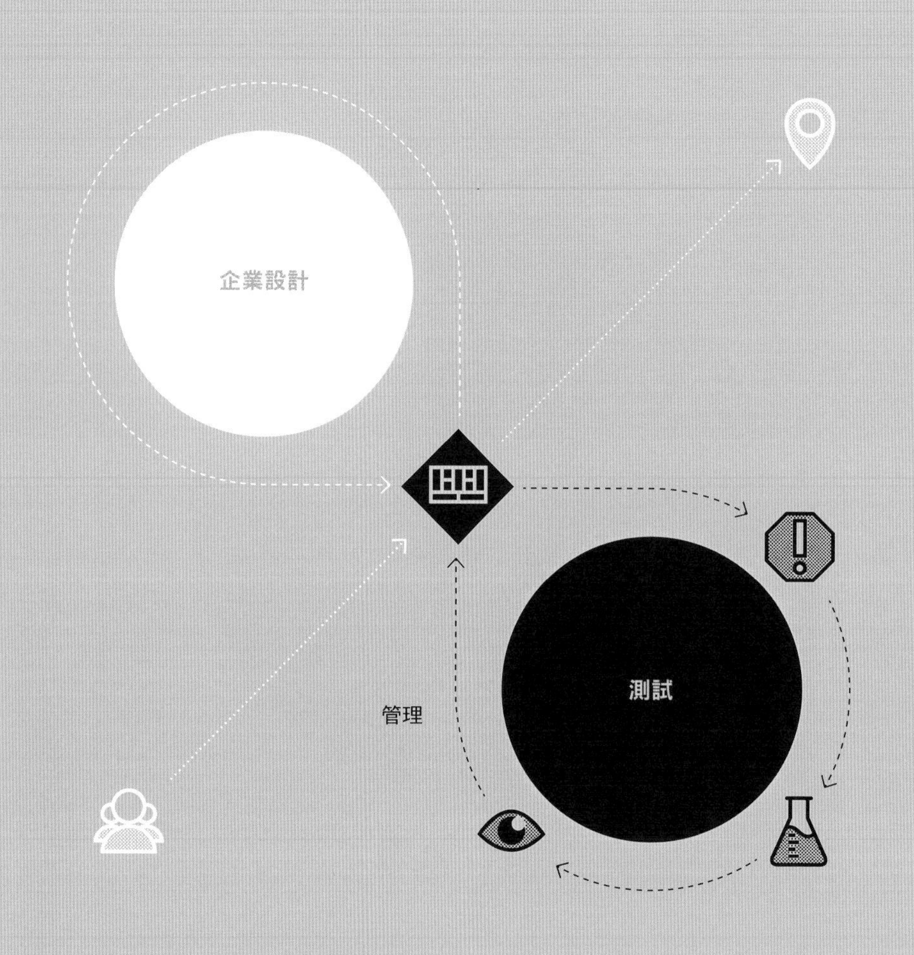
企業設計
測試
管理

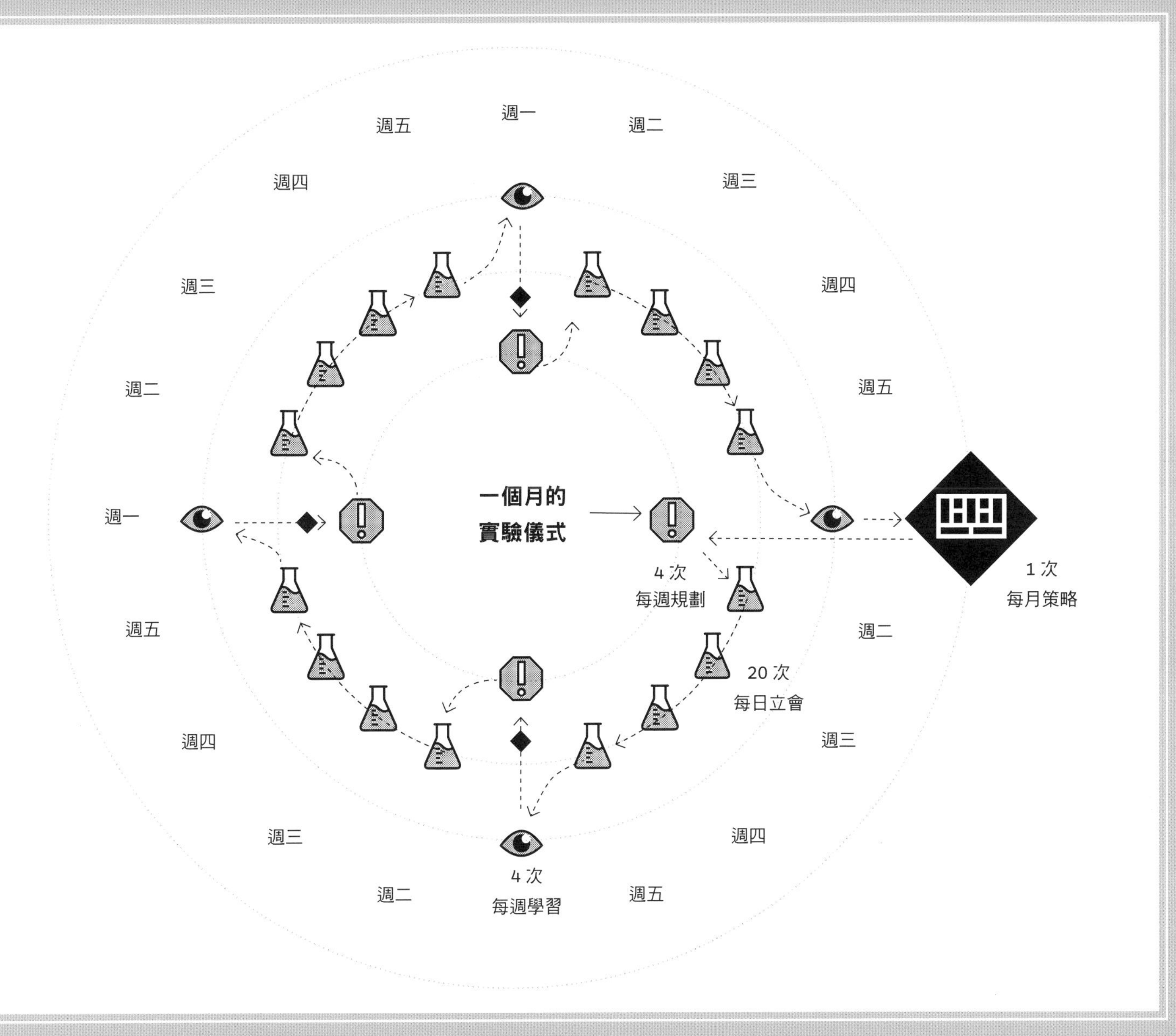
週五
週一
週二
週四
週三
週三
週四
週二
週五
一個月的
實驗儀式
週一
4 次
每週規劃
1 次
每月策略
週五
週二
20 次
每日立會
週四
週三
週三
週四
週二
4 次
每週學習
週五

實驗儀式

儀式能幫助我們合作，而且實驗儀式也不例外。如果你的目標是要創造成功的新事業，自然需要不只一項實驗來找出方向。所以我們才會推薦一系列儀式以打造重複循環的流程。每個儀式都能引導下一個儀式，因而形成一套系統。

一系列的實驗儀式是我們與各團隊工作多年的經驗結晶，這些團隊已經把商業實驗打造成重複循環的流程。我們的靈感來自敏捷設計思考與精實創業方法。

會議類型	時間	出席者	議程
規劃	每週 60 分鐘	核心團隊	• 學習目標 • 排定優先順序 • 分派工作
立會	每天 15 分鐘	核心團隊	• 學習目標 • 阻礙 • 協助
學習	每週 60 分鐘	支援團隊 核心團隊	• 彙整證據 • 洞見 • 行動
回顧	隔週 30 分鐘	核心團隊	• 順利進行的部分 • 調整 • 嘗試
決策	每月 60 分鐘	利害關係人 支援團隊 核心團隊	• 學習 • 阻礙 • 決策

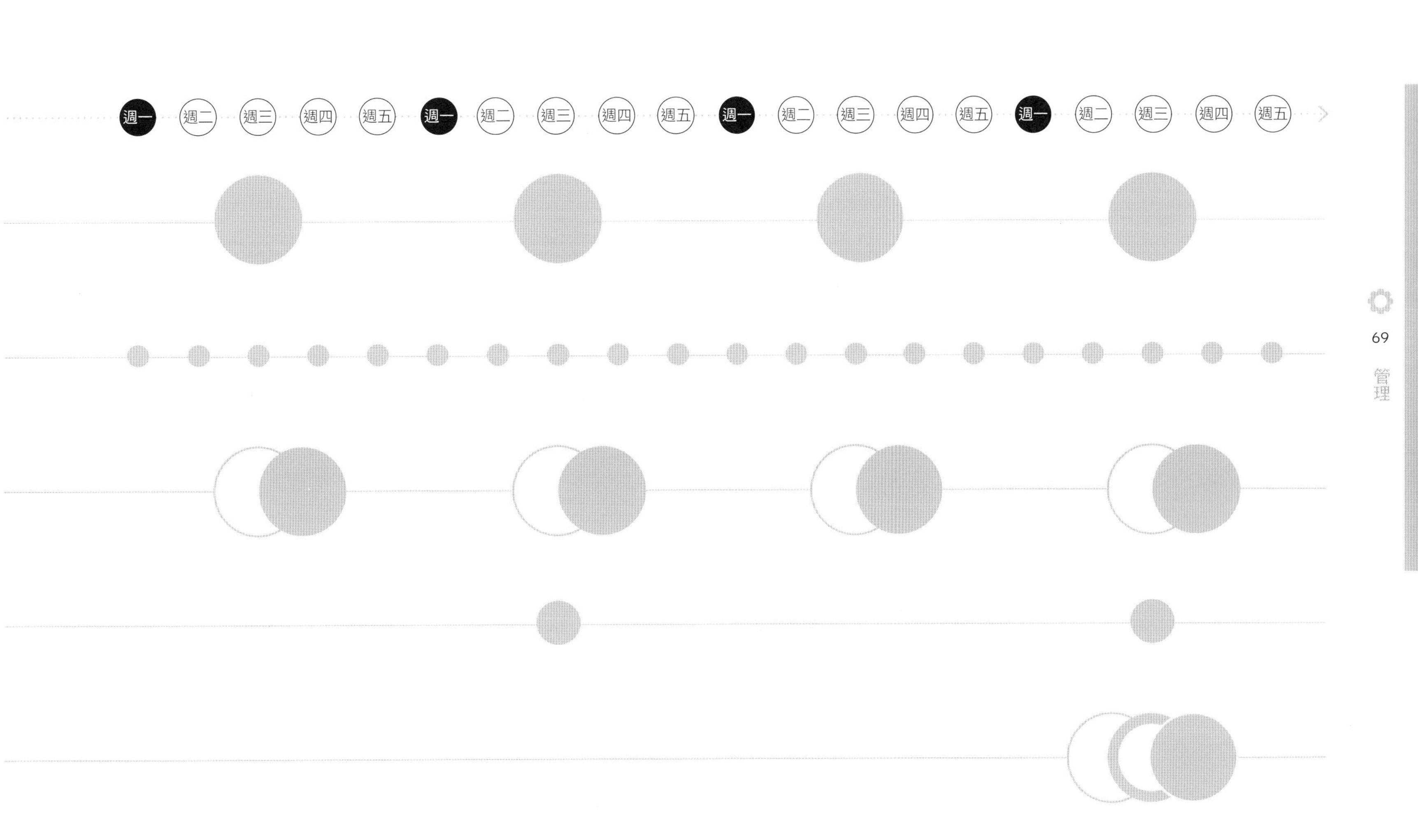
週一
週二
週三
週四
週五
週一
週二
週三
週四
週五
週一
週二
週三
週四
週五
週一
週二
週三
週四
週五

同地辦公或異地辦公？

在這個快速變遷的科技工作世界中，團隊不一定要在同一個地方工作才能有高效率。無論是同地辦公或異地辦公，我們看到許多團隊採用這些實驗儀式，協助他們推動新的商業構想。

同地辦公

對於同地辦公的團隊，我們建議安排一個半私密空間。因為你可能無法每次都訂得到會議室來完成所有儀式；而且使用會議室的話，你還要每次都帶著紙本文件移動。請我們擔任顧問的許多團隊會在一面牆旁集合，或是設立一個密閉的小空間，以便迅速集結、合作，然後再分頭工作。

異地辦公

對於異地辦公的團隊，我們強烈建議盡可能多使用視訊。跟團隊成員交流時看得到對方的肢體語言非常重要。還好，市面上有很多視訊軟體可供選擇。

在視訊中檢視文件或是執行活動時，請試著使用可以即時看到其他人編輯或改動記錄的軟體，這樣可以避免與會者混亂或是重複作業。

付出的時間

以一週工作 40 小時來說，這些儀式的工作分量或許會讓團隊感到難以負荷。但是，其實真正執行實驗的時間算是適中，而且大部分工作是由核心團隊承擔。

核心團隊 **15.25 小時** 9%工作時間

支援團隊 **5 小時** 3%工作時間

利害關係人 **1 小時** 0.6%工作時間

時間

30 ～ 60 分鐘
一週一次
每週學習後

出席者

核心團隊

每週規劃

計畫與分派接下來幾週的實驗。計畫可能會改變，但是事先規劃仍然是很有價值的活動。

議程

1. 從假設到測試

   找出正在測試的假設並且再次檢視。選定至少一項關鍵假設，安排在下週進行測試。

2. 排定實驗順序

   當你定義完假設，就要為接下來執行的實驗排定優先順序，才能從假設中學習。請使用實驗工具箱，找出最適合用來測試需求性、存續性與可行性的實驗。

3. 分派實驗任務

   排定實驗的優先順序後，把你選擇在下週執行最重要實驗的相關工作分派出去。別忘了，複雜的實驗比較花時間，而且通常有一系列相關任務必須執行。

創新團隊

公司內部創新團隊的核心成員

支援團隊的成員不一定要參加，除非你預期下週會需要他們的專業知識，如果需要，還是建議讓他們加入。

新創企業主

新創企業團隊的核心成員

即使你們只有兩個人，還是要習慣向對方解釋你的想法，這樣才能為最重要的工作排定優先順序。

外部的約聘人員不一定要參加，除非你預期下週會需要他們的專業知識，如果需要，還是建議讓他們加入。

獨立工作者

即使獨立工作者沒有跟外部的約聘人員一起工作，還是能從每週規劃中獲益良多。

每週規劃工作的儀式可以協助你維持節奏，並且建立成就感。

如果你有跟外部的約聘人員一起工作，他們也不一定要參加，除非你預期下週會需要他們的專業知識，如果需要，還是建議讓他們加入。

時間

15 分鐘
每一個工作天
早上，固定時間

出席者

核心團隊

每日立會

保持目標一致並專注在每天的工作。許多實驗需要進行一系列任務才能完成，每日立會可以幫助你協調每天的日常工作。

議程

1. 每天的目標是什麼？
   訂定每天的目標。如果你的目標是推出一項實驗，那麼很重要的是，工作任務要朝著達到目標的方向前進。請記住，設定每日目標是為了達成整體事業中更大、更有企圖的大目標。

2. 如何達到目標？
   訂定要達成每日目標必須完成的任務，並依此規劃當天的工作。

3. 有什麼阻礙？
   找出可能讓你無法完成當天實驗任務或達成當日目標的所有阻礙。有些阻礙在立會中提出來後很快就能解決，其他阻礙則在立會後設法解決。

創新團隊

公司內部創新團隊的核心成員

把每日立會的開會地點安排在其他人都看得到的地方，這樣他們就能看到你在計畫當天的任務。這是讓你把流程分享給組織裡其他人的好方法。

新創企業主

新創企業團隊的核心成員

每日立會還是能派上用場，因為新創企業的變動迅速，你可能一不留神就跟不上腳步，每日立會能幫助你持續朝著目標前進，並且保持專注。

獨立工作者

沒錯，就連獨立工作者也需要計畫當天的任務。就算你不需要跟外部的約聘人員協同工作，每日立會還是能協助你讓工作井然有序，並且與你的大目標保持一致。

時間

30 ～ 60 分鐘
一週一次
每週規劃前

出席者

支援團隊
核心團隊

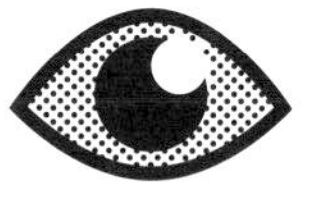

每週學習

討論如何解讀證據並付諸行動。別忘了把實驗中學到的洞見放進整體策略。

議程

1. 收集證據
   把實驗產生的質化與量化證據收集起來。

2. 產生洞見
   從證據中找出模式與洞見，即使是質化證據也可以使用「相關性分類」等技巧迅速歸類。試著保持心胸開放，你也許會發現本來沒有預期到的洞見，帶領你走向新的獲利道路。

3. 重新檢視策略
   帶著新的洞見重新檢視商業模式圖、價值主張圖與預設圖。必要時調整策略，以反應出你目前學習到的狀況；用學習到的洞見調整策略是非常關鍵的步驟。如果你覺得很奇怪也不用擔心，這對創業來說相當正常。

創新團隊

公司內部創新團隊的核心成員

支援團隊不一定要參加，除非你預期在彙整學習結果時會需要他們的專業知識，如果需要，就讓他們加入。

新創企業主

新創企業團隊的核心成員

外部的約聘人員不一定要參與，除非你預期在彙整學習結果時會需要他們的專業知識，如果需要，就讓他們加入。

獨立工作者

如果你聘請外部的約聘者，他們不一定要參與，除非你預期在彙整學習結果時會需要他們的專業知識，如果需要，就讓他們加入。

時間

30～60 分鐘
每兩週一次
每週會議後、每週規劃前

出席者

核心團隊

雙週回顧

退一步、喘口氣，聊聊如何改進你的工作方式。我們認為雙週回顧是最重要的儀式，當你停止反省，就是停止學習與進步。

議程

1. 順利進行的部分

   花 5 分鐘回想，並寫下順利進行的部分。這個做法能讓回顧有個好的開始，大家有機會對團隊成員以及一起工作的經驗提出正面回饋。

2. 需要改進的部分

   花 5 分鐘寫下需要改進的部分，例如進展不順利的事，或是可以做得更好的地方。重要的是把這些項目視為改進的機會，而不是用來攻擊團隊成員的把柄。

3. 接下來要嘗試的事

   列出你想嘗試的三件事，它可以是你先前討論過的某件事情，也可以是全新的想法。這能讓你有機會嘗試新的工作方式，而不只是根據需要改進的項目去行動。

祕訣

你也有許多其他回顧方式可以選擇，例如「快艇遊戲」（Speed Boat）、「開始－停止－保持」（Start-Stop-Keep）和「保留－丟棄－加入」（Keep-Drop-Add）。建議多嘗試幾種不同形式，看哪種方式最適合你。

創新團隊

公司內部創新團隊的核心成員

對創新團隊而言，重要的是詳細列出團隊內部可以控制的部分，以及組織內部超出你影響範圍的部分。

回顧儀式完成後，由一位團隊成員向上報告所有外部問題，以獲得協助。

如果這些問題無法解決，請試著找出有創意的方式來降低問題對團隊的衝擊。

新創企業主

新創企業團隊的核心成員

對新創企業主而言，應該銘記在心的是，改進工作方式能幫助你建立你想要的企業文化。

願意檢視並調整工作方式的共同創辦人，最後會吸引到嚮往這種工作方式的員工。

獨立工作者

獨立工作者可能會覺得回顧的過程彷彿遺世獨立，但是即使整場儀式只有你一人，還是要花點時間反省工作方式。

當你無法達到設定的目標，嘗試新的工作方式可能是突破僵局的方法。

如果你與外部的約聘人員合作，他們不一定要參加回顧，除非你想要請教他們的意見，並且改進雙方的合作方式。

時間

60～90 分鐘
一個月一次

出席者

利害關係人
支援團隊
核心團隊

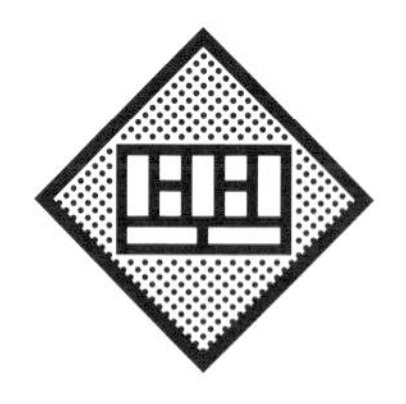

每月利害關係人檢討

與利害關係人保持資訊流通，讓他們知道你要轉向、堅持或是放棄商業構想。

議程

1. 你學習到什麼？

   提出一份執行摘要，報告過去這個月你學到哪些事，其中包括每週的學習目標以及實驗中產生的所有洞見。重要的是，不要詳細列出每項實驗的細節，這會讓與會者難以吸收，請把這些詳細資訊放在附錄，有需要的時候可以再深入研究。

2. 有哪些事阻礙了進展？

   如果有阻礙進展的事物，現在就提出來，讓利害關係人協助移除阻礙。其中包括先前回顧會議時提出的事項，也就是不在你能影響或控制範圍內的事物。你應該要清楚的傳達，並要求協助。

3. 轉向／堅持／放棄決策

   向利害關係人報告你建議應該轉向、堅持或是放棄新的商業構想；這些建議不只是以你從實驗裡學到的東西為根據，還要包括你對策略的未來展望。

祕訣

三種主要轉向型態分別是以顧客、問題與解決方案為基礎。你可以維持本來的顧客設定，但是轉向探討其他問題；也可以持續探討原來的問題，但是轉向不同的顧客設定；或是維持本來設定的顧客和問題，但是轉向不同的解決方案。

創新團隊

公司內部創新團隊的核心成員與利害關係人

創新團隊必須持續向利害關係人報告新資訊和進展，並且在表現出團隊採取不同的工作方式與獲得進展之間，更要注意取得平衡。

如果利害關係人是提供資金的委員會，那麼在討論是否繼續投資時就會做出決策。

新創企業主

新創企業團隊的核心成員與利害關係人

新創企業要與投資人保持資訊互通，就算得透露你的困境與掙扎，也要讓他們知道進展。好的投資人都了解，通向成功的道路並不是筆直的大道。巴拉吉・斯里尼瓦森（Balaji Srinivasan）充滿感情的把這個過程稱為「構想迷宮」（Idea Maze）。

如果你跟投資者無法見面溝通，可以選擇用電子郵件或視訊來傳達進展。

獨立工作者

獨立工作者和一位顧問

開個視訊會議或是與你的顧問一起喝杯咖啡，分享你學到的事物以及你的建議。你的顧問可能不是投資人，但是能夠提供策略相關的外部意見，這還是會對你很有幫助。

進一步了解「構想迷宮」，請至：
spark-public.s3.amazonaws.com/startup/lecture_slides/lecture5-market-wireframing-design.pdf.

實驗流程的三大原則

只做一項實驗很好，但實驗是為了減少事業中的不確定性因素，所以隨著時間進展，你會需要做好幾項實驗。因此，你要建立實驗流程，以便產生證據來做出充分、周全的投資決策。

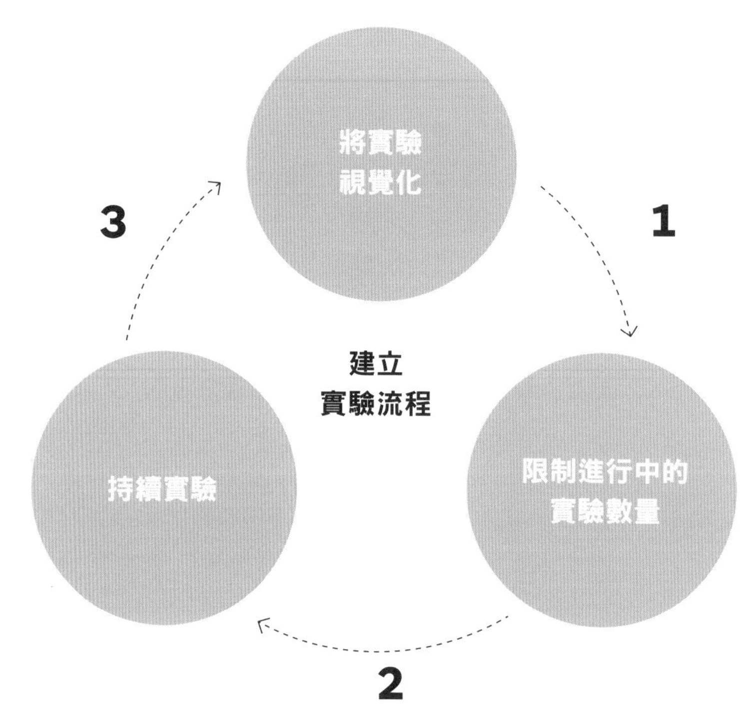

原則 # 1

將實驗視覺化

讓你和別人都對你的工作一目瞭然。

精實（lean）和看板方法（kanban）啟發我們想出這套原則，尤其是「視覺化」原則。如果你一直把工作放在自己的腦袋裡，永遠無法建立實驗流程。不只因為團隊成員無法解讀你的心思，而且因為實驗流程裡許多環節都需要你將工作視覺化。

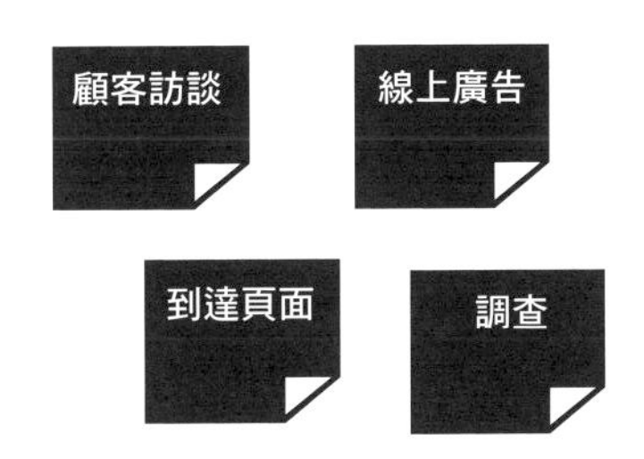

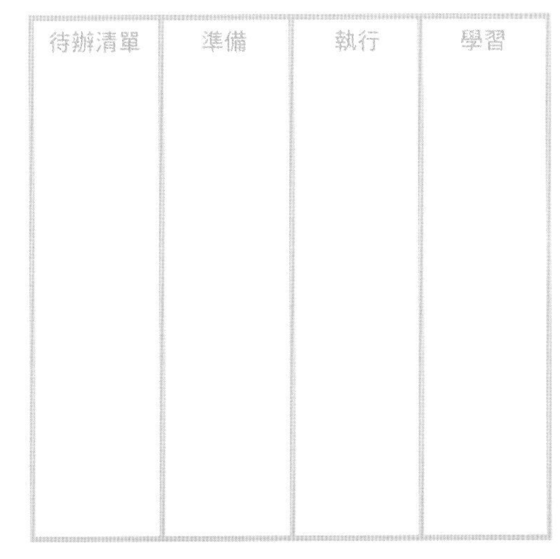

待辦清單 | 準備 | 執行 | 學習

線上廣告
顧客訪談
到達頁面
調查

1. 寫下你的實驗

我們建議每項實驗各用一張便利貼寫下來，以便組織整理。

你不必寫下幾百項實驗，只要寫你認為接下來幾週應該做的實驗就可以。

2. 畫出簡單的實驗圖表

你可以自己安排圖表的形式；上表是最簡單的一種形式。

我們使用這個圖表一段時間了，以前我們很喜歡「驗證」（validate）欄位，它是由艾瑞克・萊斯設計。後來我們發現「驗證」這個詞不太適合，因為團隊會把假設的標準訂得太低，並沒有真正驗證這些假設，而且太快往下一步走。所以，我們偏好用「學習」來取代「驗證」。

3. 把你的實驗加入待辦清單欄位

根據時間將你的實驗排序，排在最上面的是接下來馬上就要做的實驗。開始實驗後，根據進度挪動便利貼的位置，依序從「準備」、「執行」移動到「學習」欄位。

原則 # 2

限制進行中的實驗數量

同時分頭做很多實驗可能會造成麻煩。

團隊向來很容易低估執行實驗需要進行多少工作，尤其是他們從來沒有執行過這些實驗的時候。所以，不意外的是，團隊常常會把實驗統統擠在一起，試著同時執行所有實驗。結果導致流程進展速度減慢，而且也很難從先前做過的實驗中取得洞見，作為下一項實驗的參考。

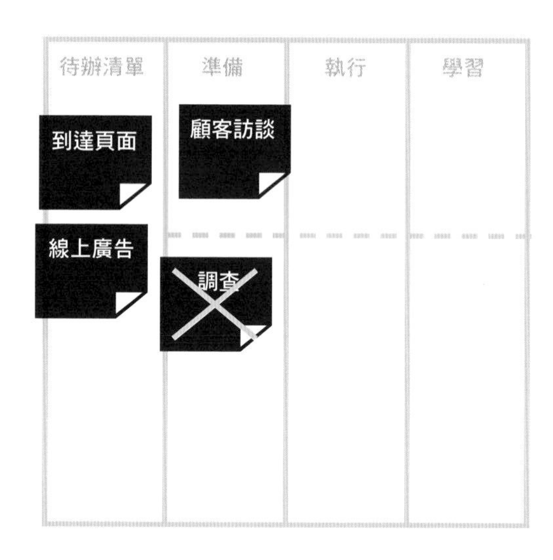

為實驗訂出進行中工作的數量限制

例如，限制「準備」、「執行」與「學習」欄位只能各放一項實驗。這樣就能避免團隊一心多用，督促他們在第一項實驗移到下一個欄位並歸檔完成後，再進行下一項實驗。

　在下列範例中，團隊在做調查之前已經先做過顧客訪談，而不是兩者同時進行，導致進度延宕。保持實驗流程順暢，把你從前一項實驗中學到的東西，作為下一項實驗的參考資料。

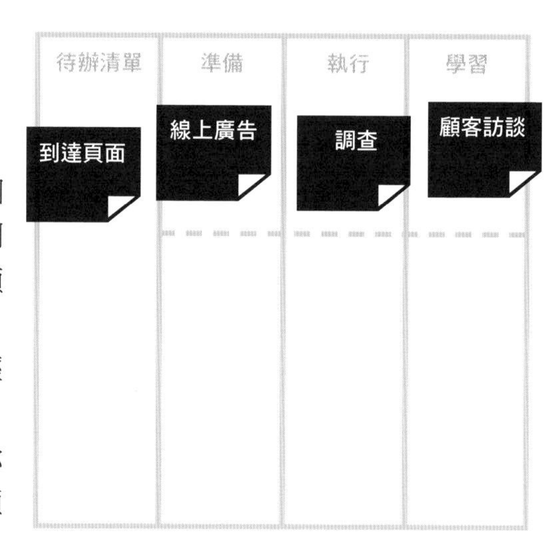

原則 # 3

持續實驗

隨著時間經過，持續實驗。

最後一條原則，也是從精實和看板方法得來的啟發，就是持續實驗。當團隊開始利用實驗圖表建立實驗流程後，圖表最後終究會不敷使用。你不希望圖表受到人為影響而限縮團隊的成長與發展。我們在前文討論實驗儀式時建議過（請見第 78 ～ 79 頁），每兩週就要做一次回顧，這條原則也適用於建立實驗流程的時候，這能幫助我們取得有趣的資料來進行改善。

待辦清單
準備
進行中
等待中
執行
學習
調查
顧客訪談
線上廣告
到達頁面

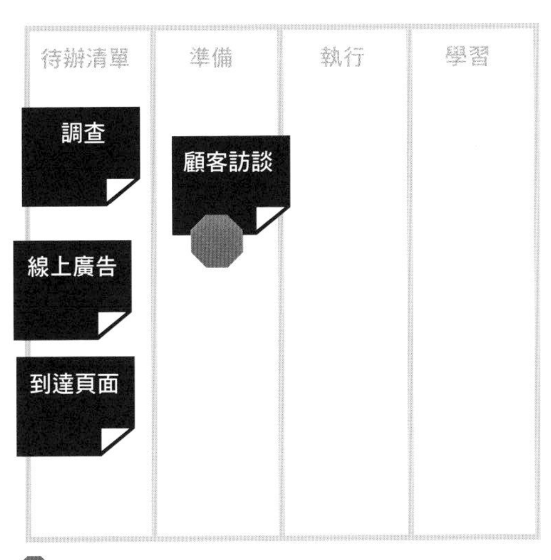

實驗阻礙

以左方圖表為例，當團隊試著進行顧客訪談時，研究部門出面阻擋，因為與顧客交談違反公司政策。這就是讓實驗無法進行的阻礙。

這時有個好方法可以使用，就是找出阻礙並且把它視覺化，這能幫助你向利害關係人溝通進展，說明進度緩慢的原因。當遇到阻礙時就很難建立實驗流程。

分割欄位

另一個例子是，一開始的圖表已經不敷使用，而且讓團隊感到挫折的是，「準備」欄位沒有顯示出實驗的實際進展。

實驗需要一些準備工作，但是又要執行實驗，如果團隊的工作量已經飽和，這項實驗可能得等上一段時間才能執行。所以，圖表必須如實顯示進度，最好能看到哪些實驗已經準備好執行，而哪些實驗還在做準備工作。

實驗的道德規範

你是跟顧客一起做實驗，還是拿他們來實驗？

這本書是要協助你決定商業構想是否具備需求性、存續性與可行性，絕對不是讓你拿來詐騙別人的錢。1980 年代末期與 1990 年代有一個詞彙非常流行：霧件（Vaporware），指的是那些既沒有上市、但也沒有宣布放棄製作的產品。人們通常是基於不切實際的期待，才對這些霧件趨之若鶩；更嚴重的是，有人甚至利用大眾對霧件的期望來詐欺取財。我們的目標絕對不是要打造 1990 年代那種充斥著霧件的環境，尤其重要的是，如今假新聞四處流竄，科技被當作武器用來宣傳洗腦、影響整個國家。所以，運用實驗降低事業風險時，務必重視背景環境狀況；簡單來說就是，別存心作惡。

實驗方針

溝通不良會摧毀你試圖建立的所有實驗節奏，你可以藉由清楚溝通細節、解釋實驗背後的原因動機來解決這個問題。不過，如果團隊得一直不斷溝通，可能會發現重複的次數有點多。為了增進效率，許多團隊會列出實驗方針來跟外界溝通，這在跟法務、安全規範和法遵部門合作時尤其有效率。

實驗方針範例

1. 我們的目標客層是 __________ 。
2. 我們的實驗大約會牽涉到總共 __________ 位顧客。
3. 我們的實驗執行日期是 __________ 到 __________ 。
4. 我們要蒐集的資訊媒介是 __________ 。
5. 我們要在實驗中使用的品牌行銷方法是 __________ 。
6. 這項實驗可能遭遇的財務風險是 __________ 。
7. 我們可以使用 __________ 來停止實驗。

Experi

ments

實驗

問題就出在你沒有彈下第一個音節。
動手吧！

赫比・漢考克（Herbie Hancock）
爵士音樂家、作曲家、演員

第 3 部 — 實驗

3.1 — 挑選實驗

挑選實驗

回答下列三個問題，挑出正確的實驗：

1. 假設的類型：
要測試的是什麼類型的假設？
根據你最主要的學習目標來挑選實驗。有些實驗會針對需求性假設產生比較好的證據，有些則適合探討可行性假設，有些則是比較適合探討存續性假設。

2. 不確定的程度：
（這項假設）已經累積多少證據？
你知道得愈少，就愈不應該浪費時間、精力與金錢，此時你唯一的目標就是產出證據，為你指引正確的方向。因此，最適合採用快速、便宜的實驗，即使它的證據力通常比較薄弱也沒關係。當你知道得愈多，擁有的證據就更有效，這通常來自昂貴、費時的實驗。

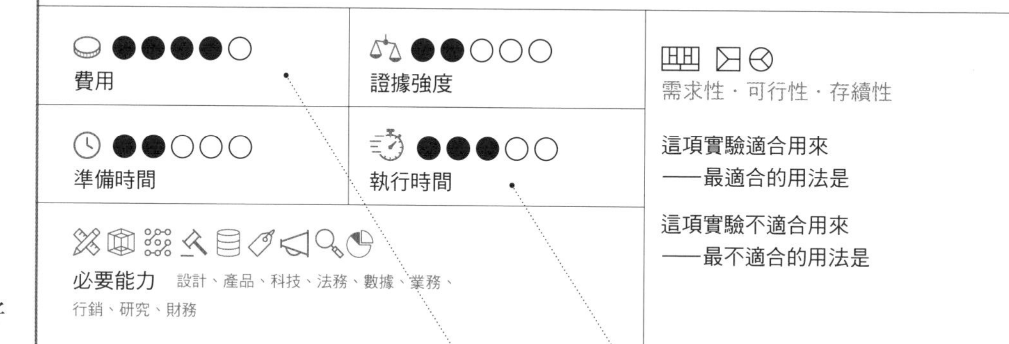

3. 急迫程度：距離下次做出重大決策或是資金用盡，還有多少時間？
想要挑選正確的實驗，你的時間和資金會是重要的依據。如果你要和決策者或投資人開重要會議，自然要選擇快速、便宜的實驗，針對商業構想的各個層面迅速產出證據。當資金快要見底時，則必須選擇正確的實驗來說服決策者與投資人繼續挹注資金。

經驗法則

1. 先做便宜、快速的實驗

一開始你通常知道的很少，所以先選擇便宜、快速的實驗以鎖定正確的方向。這個時候證據還不充足也沒關係，因為接下來你會做更多測試。最理想的情況是，選擇既便宜、快速又能產出有效證據的實驗。

2. 針對同一項假設做很多實驗，以增加證據強度

請多進行實驗以支持或反駁某項假設，試著盡可能針對同一項假設快速學習，然後再執行更多實驗、產出更有效的證據來確認假設成立。不要憑著單一實驗或是不充分的證據就做出重大決策。

3. 即使面臨阻礙，每次都要選擇可以產出最有效證據的實驗

每次都要盡力挑選並設計最強的實驗，同時也要衡量你的背景環境。當你非常不確定某項假設的時候，應該執行便宜、快速的實驗，而且還是有機會產出有效的證據。

4. 採取行動前，盡可能先降低不確定性

大家通常會認為必須先做出一些成果，然後再開始測試構想，其實剛好相反。如果做出成果的成本愈高，你就必須執行更多實驗，才能確認你設想的顧客任務、痛點與獲利都能夠達成。

本書中，實驗的探索與驗證階段，大多數奠基在布蘭克的《頓悟的四個步驟》（*The Four Steps to the Epiphany*）與《創新創業教戰手冊》（*The Startup Owner's Manual*）。我們強烈推薦必讀這兩本書。

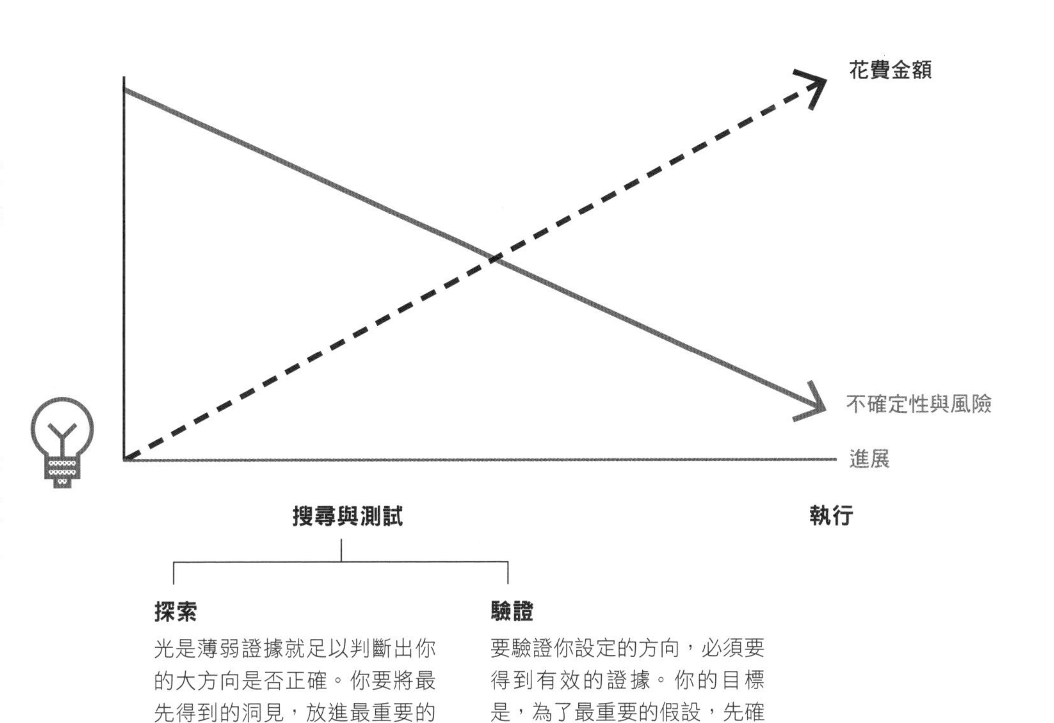

探索實驗

回答下列三個問題：

1. 假設的類型：要測試的是什麼類型的假設？

2. 不確定的程度：（這項假設）已經累積多少證據？

3. 急迫程度：距離下次做出重大決策或是資金用盡，還有多少時間？

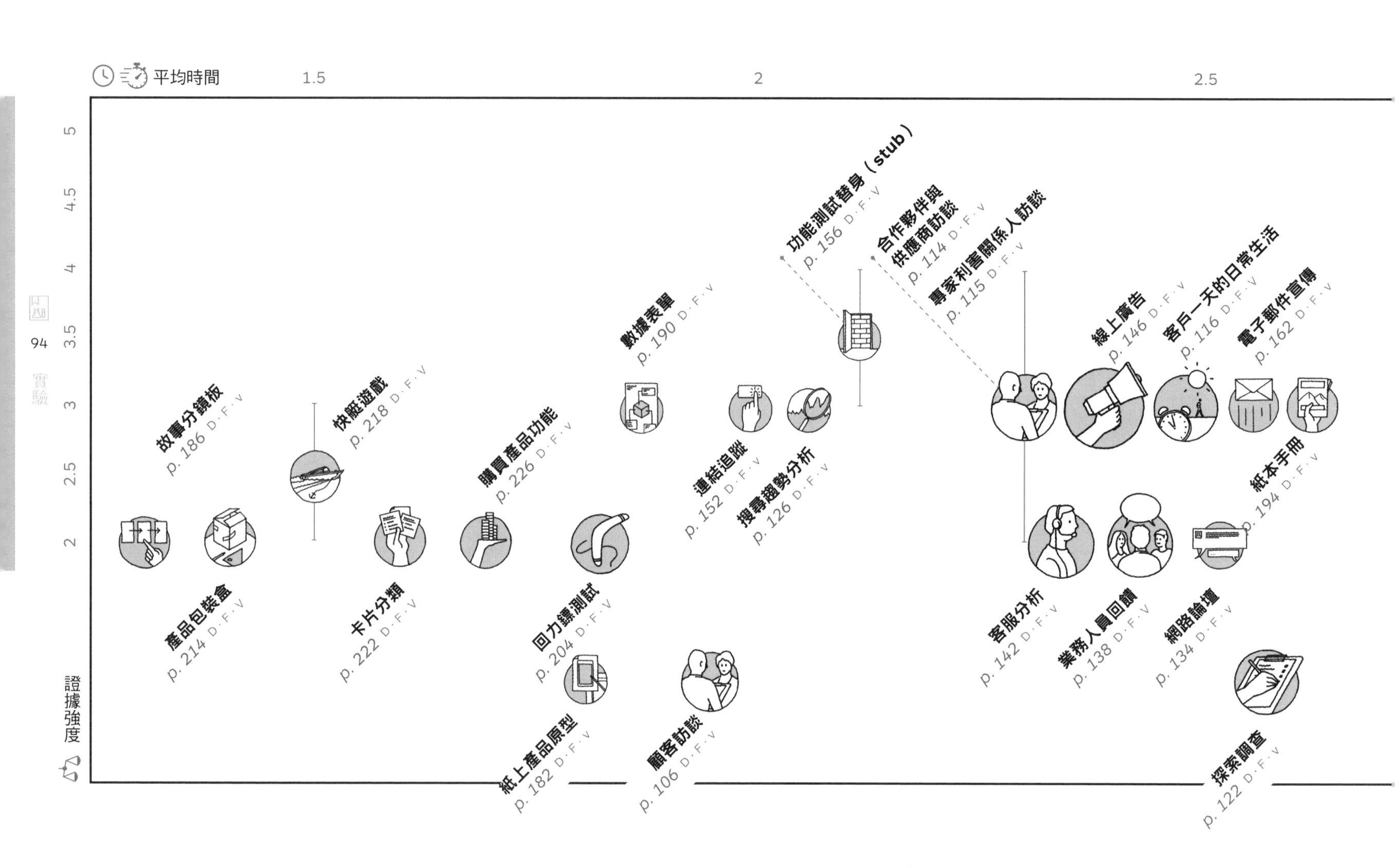

經驗法則

1. 先做便宜、快速的實驗。
2. 針對同一項假設做很多實驗，以增加證據強度。
3. 即使面臨阻礙，每次都要選擇可以產出最有效證據的實驗。
4. 採取行動前，盡可能先降低不確定性。

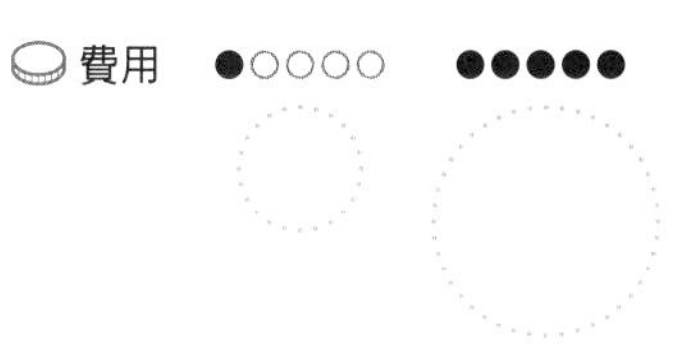

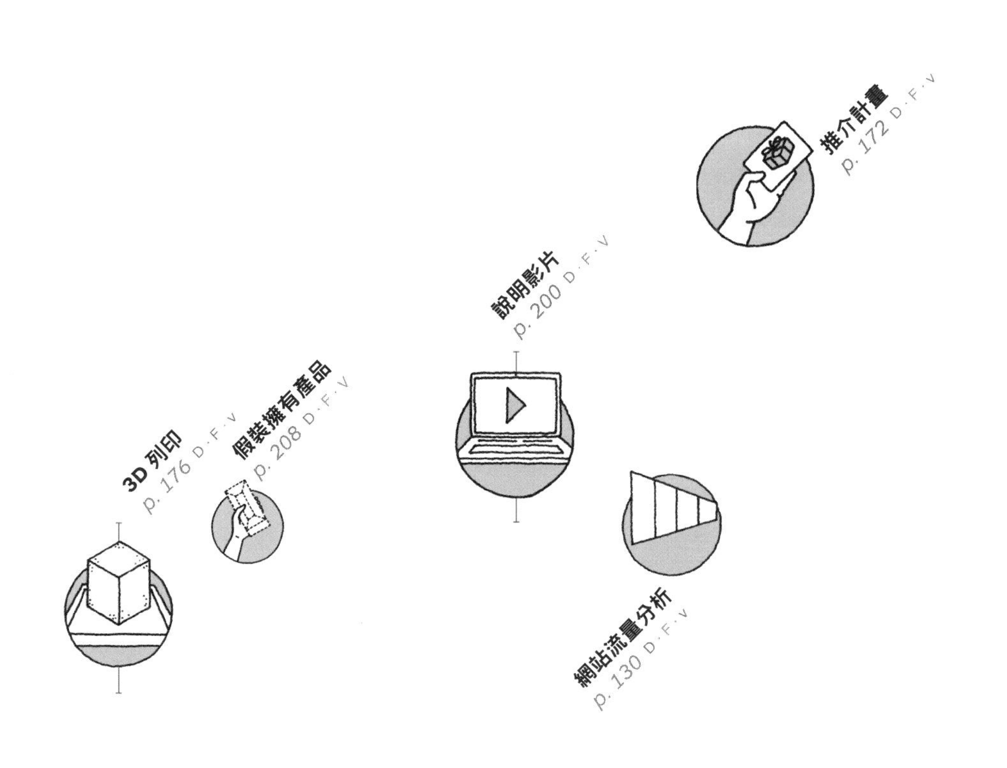

驗證實驗

回答下列三個問題：

1. 假設的類型：要測試的是什麼類型的假設？
2. 不確定的程度：（這項假設）已經累積多少證據？
3. 急迫程度：距離下次做出重大決策或是資金用盡，還有多少時間？

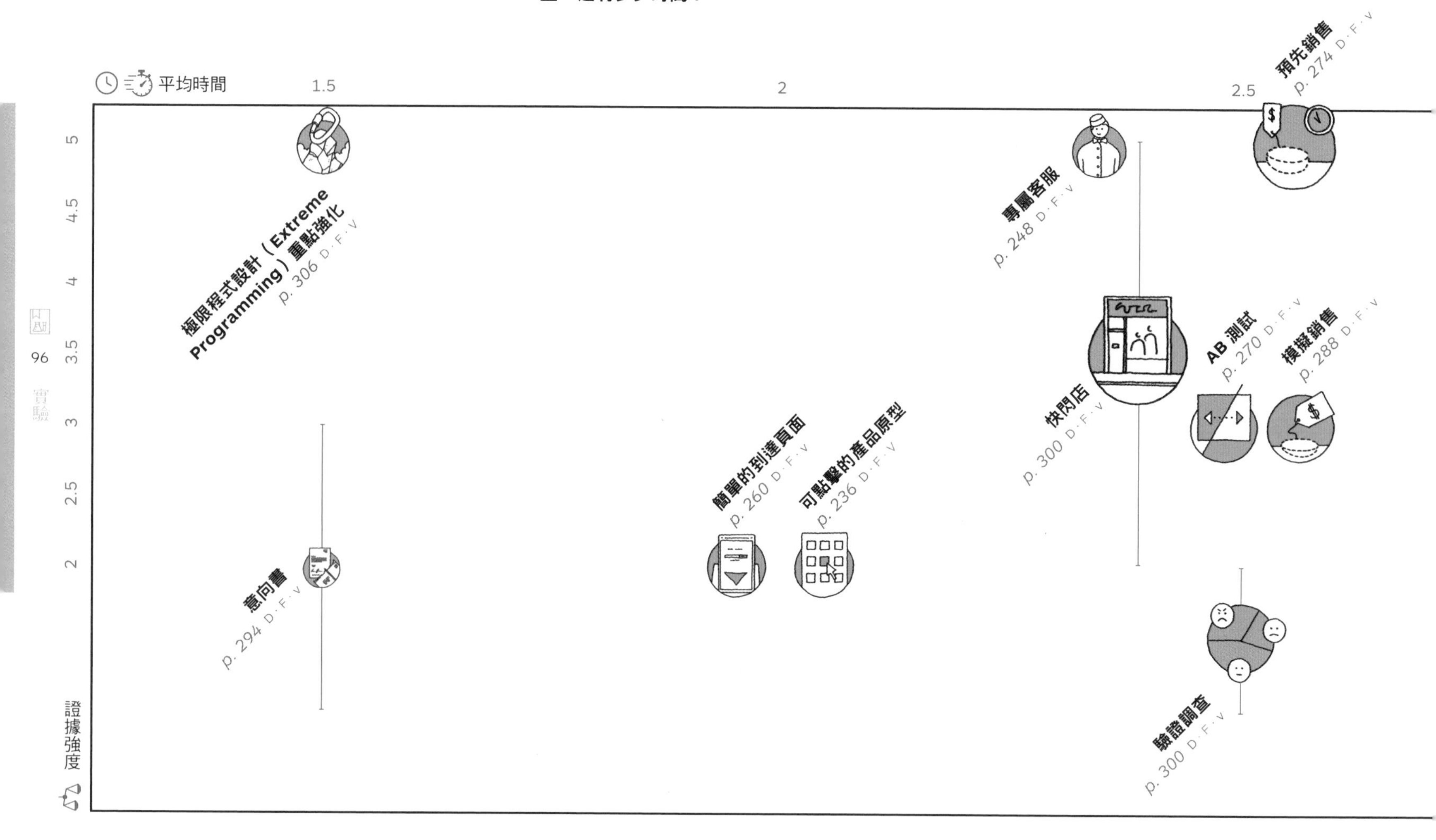

經驗法則

1. 先做便宜、快速的實驗。
2. 針對同一項假設做很多實驗，以增加證據強度。
3. 即使面臨阻礙，每次都要選擇可以產出最有效證據的實驗。
4. 採取行動前，盡可能先降低不確定性。

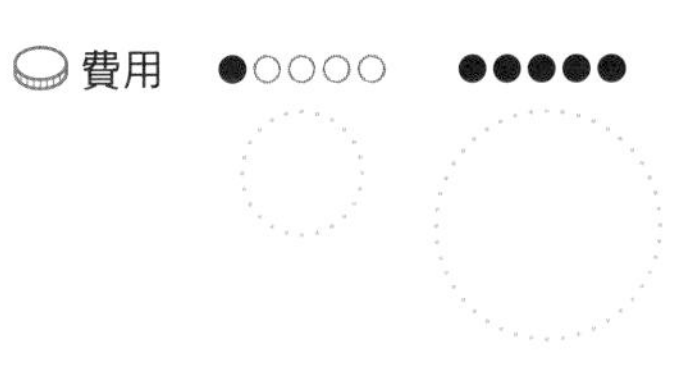

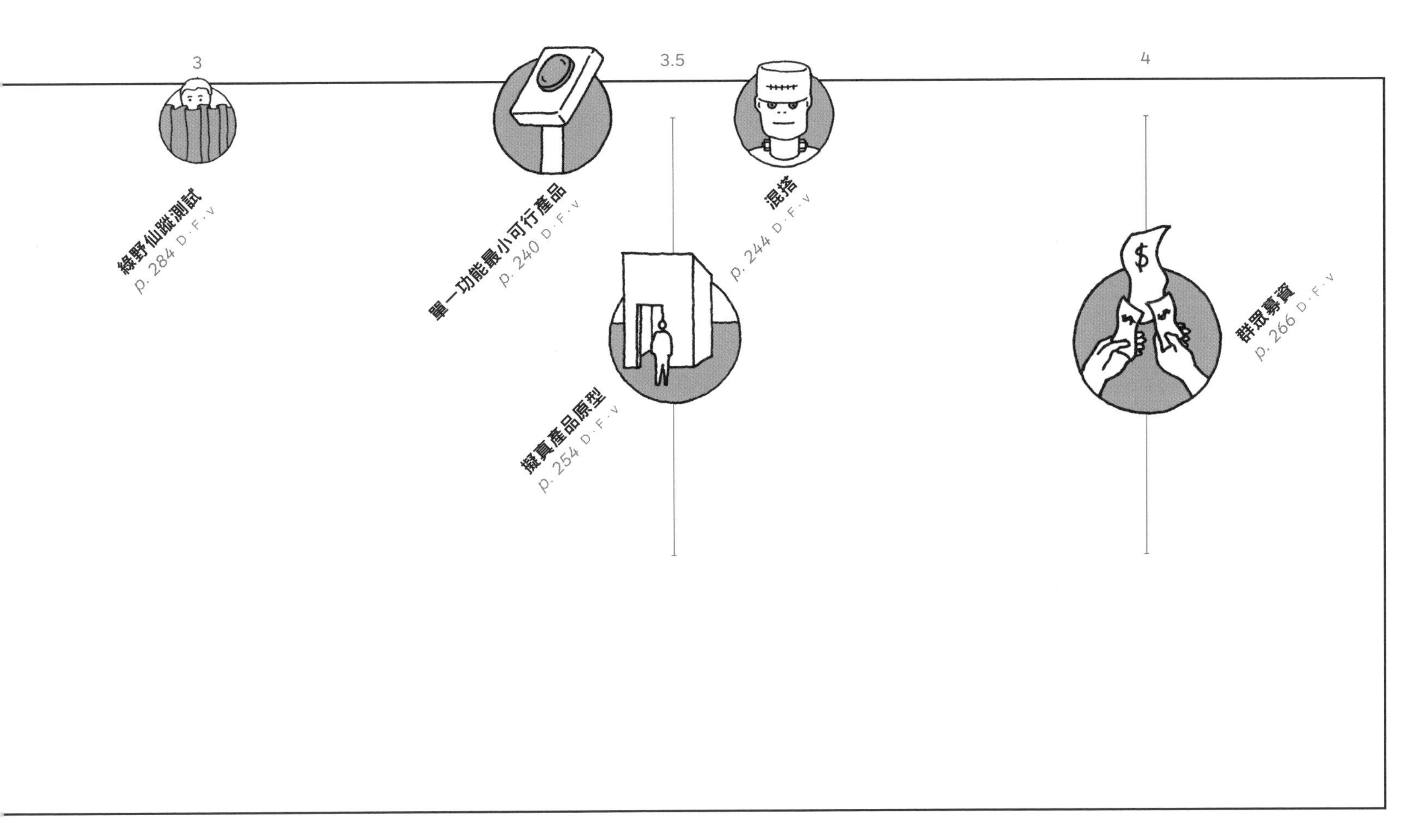

定義

實驗程序

超越實驗配對的實驗程序。

當你把洞見轉化成行動，就可以拋開實驗繼續往前走，是嗎？其實，不一定是這樣。如同我們在每項實驗的配對中所顯示，每項實驗前、中、後都可以做實驗。但是，為什麼要有實驗程序？執行一系列的實驗，可以讓優秀的團隊獲得動能，並建立更有效的證據。

B2B 硬體實驗程序

B2B 硬體公司會尋找證據，著眼於顧客是否自行設法解決問題，藉此傳達他們將產品設計得更好了。接著，他們快速測試產品，整合標準元素與潛在客戶，並且進行群眾募資以了解購買訊號是否夠強。

顧客訪談
p. 106

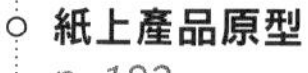

紙上產品原型
p. 182

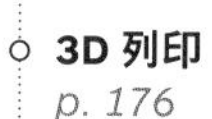
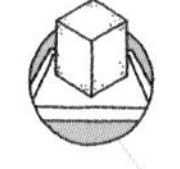

3D 列印
p. 176

數據表單
p. 190

混搭最小可行產品
p. 244

意向書
p. 294

群眾募資
p. 266

B2C 軟體實驗程序

B2B 軟體公司著眼的機會是，員工被迫使用低於標準的軟體。許多軟體公司已經破壞現有產品的市場，他們的方法很簡單：觀察軟體的缺陷，並且運用現代科技，設計更好的使用體驗來解決高價值的顧客任務。

顧客訪談
p. 106

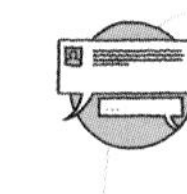

網路論壇
p. 134

回力鏢測試
p. 204

可點擊的原型
p. 236

預先銷售
p. 274

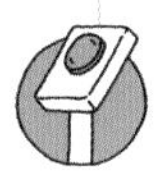

單一功能最小可行產品
p. 240

B2B 服務實驗程序

B2B 服務公司經常訪談利害關係人，並研究設計不良的流程與服務花了他們多少錢，再分析客服數據，探討這些公司內其他領域是否也有同樣的問題。接著製作紙本手冊說明改善方法，並安排人員為幾位客戶服務，最後才擴大規模。

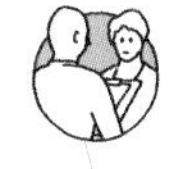

專家利害關係人訪談
p. 115

客服分析
p. 142

紙本手冊
p. 194

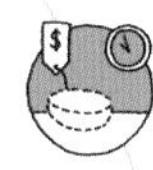

預先銷售
p. 274

專屬客服
p. 248

B2C 硬體實驗程序

現今，以一般消費者為顧客的硬體公司比以前有更多選擇：可以製作影片說明新產品將如何解決問題，然後使用標準硬體元件快速做出產品，最後透過群眾募資零售發行產品，或直接銷售給顧客。

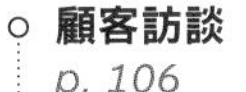

- **顧客訪談** *p. 106*

- **搜尋趨勢分析** *p. 126*

- **紙上產品原型** *p. 182*

- **3D 列印** *p. 176*

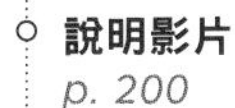

- **說明影片** *p. 200*

- **群眾募資** *p. 266*

- **快閃店** *p. 300*

B2C 軟體實驗程序

由於網際網路、開源軟體與工具的興起，新軟體公司得以放眼全球市場。聰明的 B2C 公司懂得把顧客使用的語言文字放在內容中，藉此增加消費者。他們甚至在做出產品之前快速打造產品原型的體驗，刻意傳達價值。

- **顧客訪談** *p. 106*

- **線上廣告** *p. 146*

- **簡單的到達頁面** *p. 260*

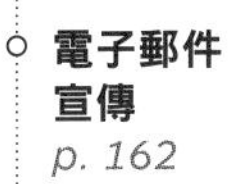

- **電子郵件宣傳** *p. 162*

- **可點擊的原型** *p. 236*

- **模擬銷售** *p. 288*
- **綠野仙蹤測試** *p. 284*

B2C 服務實驗程序

B2C 服務公司從特定地區開始進行顧客訪談，並且著眼在搜尋量以評估顧客的興趣。他們可以快速推出廣告，吸引當地顧客訪問到達頁面，接著以電子郵件繼續宣傳。當他們做過幾次預先銷售後，B2C 服務可以刻意傳達價值，精細調整產品後再擴大規模。

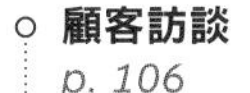

- **顧客訪談** *p. 106*

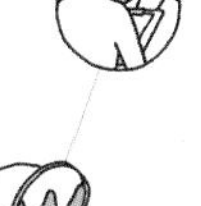

- **搜尋趨勢分析** *p. 126*

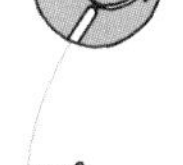

- **線上廣告** *p. 146*

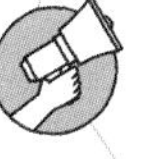

- **簡單的到達頁面** *p. 260*

- **電子郵件宣傳** *p. 162*

- **預先銷售** *p. 274*

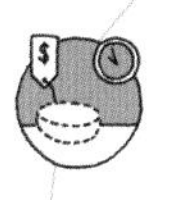

- **專屬客服** *p. 248*

B2B2C 與 B2C 實驗程序

B2B2C 公司的角色很獨特，主要是做實驗讓供應鏈廠商參考。我們合作過的許多公司會直接藉由實驗接觸消費者，產出證據後再拿去跟 B2B 夥伴進行協商。掌握證據讓他們具有影響力，雙方不再只是基於個人意見進行交流。

- **顧客訪談** *p. 106*

- **線上廣告** *p. 146*

- **簡單的到達頁面** *p. 260*

- **說明影片** *p. 200*

- **預先銷售** *p. 274*
- **專屬客服** *p. 248*
- **購買產品功能** *p. 266*

- **數據表單** *p. 190*

- **合作夥伴與供應商訪談** *p. 114*
- **意向書** *p. 294*
- **快閃店** *p. 300*

高度管制實驗程序

與一般的認知相反，受到嚴格管制的公司也可以運用實驗。只是，他們必須受限於體系，還要注意並不是所有測試活動都會牽涉到某種等同災難的風險。所以，這些公司會找出不願意做實驗的極度高風險區域，而在可以做實驗的地方進行實驗。

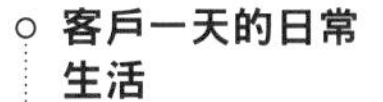

- **客戶一天的日常生活** *p. 116*

- **驗證調查** *p. 278*
- **客服分析** *p. 142*

- **業務人員回饋** *p. 138*

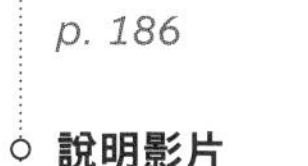

- **故事分鏡板** *p. 186*

- **說明影片** *p. 200*

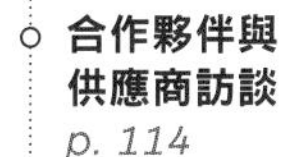

- **紙本手冊** *p. 194*

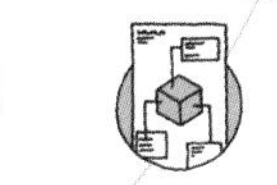

- **合作夥伴與供應商訪談** *p. 114*
- **數據表單** *p. 190*

- **預先銷售** *p. 274*

從裡到外徹底了解顧客是非常重要的任務，
而且要花時間。

莎莉・克羅切克（Sallie Krawcheck）
艾兒維斯特（Ellevest）創辦人

第 3 部 — 實驗

3.2 — 探索

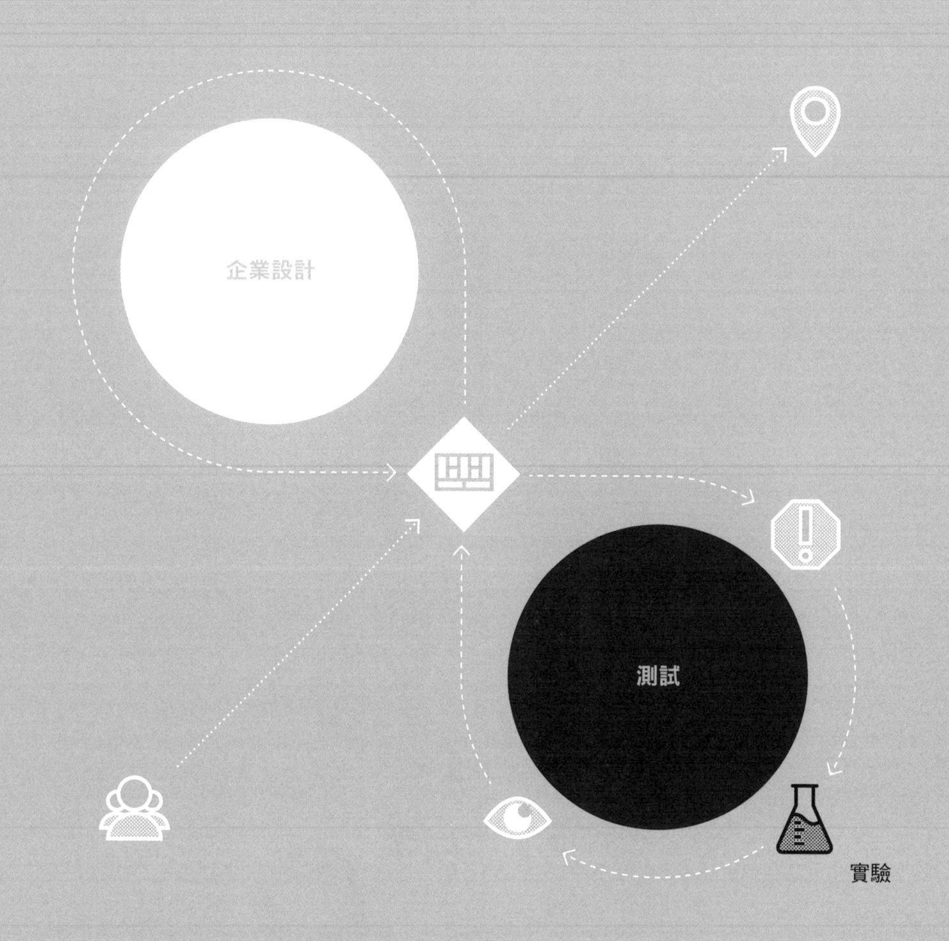
企業設計
測試
實驗

構想

事業

搜尋與測試　　執行

探索

探索大方向是否正確；測試基本假設；取得第一項洞見，迅速調整方向。

驗證

驗證選擇的方向：以有效的證據確認商業構想非常有可能成功。

本書中「探索」和「驗證」階段皆以史蒂夫．布蘭克《頓悟的四個步驟》為基礎，他與鮑伯．多夫（Bob Dorf）在《創新創業教戰手冊》裡詳細說明了這些階段。這兩本書是當代創業思想發展的關鍵作品與里程碑。

探索實驗

類型	實驗
探究	顧客訪談 *p. 106* 專家利害關係人訪談 *p. 115* 合作夥伴與供應商訪談 *p. 114* 客戶一天的日常生活 *p. 116* 探索調查 *p. 122*
數據分析	搜尋趨勢分析 *p. 126* 網站流量分析 *p. 130* 網路論壇 *p. 134* 業務人員回饋 *p. 138* 客服分析 *p. 142*
興趣探索	線上廣告 *p. 146* 連結追蹤 *p. 152* 404 測試 *p. 160* 功能測試替身 *p. 156* 電子郵件宣傳 *p. 162* 社群媒體宣傳 *p. 168* 推介計畫 *p. 172*
討論原型	3D 列印 *p. 176* 紙上產品原型 *p. 182* 故事分鏡板 *p. 186* 數據表單 *p. 190* 紙本手冊 *p. 194* 說明影片 *p. 200* 回力鏢測試 *p. 204* 假裝擁有產品 *p. 208*
探索偏好與優先順序	產品包裝盒 *p. 214* 快艇遊戲 *p. 218* 卡片分類 *p. 222* 購買產品功能 *p. 226*

費用	準備時間	執行時間	證據強度	主題
●●○○○	●●○○○	●●○○○	●○○○○	需求性・可行性・存續性
●●○○○	●●○○○	●●●○○	●●○○○	需求性・可行性・存續性
●●○○○	●●○○○	●●●○○	●●◯◯○	需求性・可行性・存續性
●●○○○	●●○○○	●●●○○	●●●○○	需求性・可行性・存續性
●●○○○	●●○○○	●●●○○	●○○○○	需求性・可行性・存續性
●○○○○	●●○○○	●●○○○	●●●○○	需求性・可行性・存續性
●●○○○	●●○○○	●●●○○	●●○○○	需求性・可行性・存續性
●○○○○	●●○○○	●●●○○	●●○○○	需求性・可行性・存續性
●●○○○	●●○○○	●●○○○	●●○○○	需求性・可行性・存續性
●●○○○	●●○○○	●●●○○	●●○○○	需求性・可行性・存續性
●●●○○	●●○○○	●●●○○	●●●○○	需求性・可行性・存續性
●○○○○	●○○○○	●●●○○	●●●○○	需求性・可行性・存續性
●○○○○	●○○○○	●○○○○	●●●○○	需求性・可行性・存續性
●○○○○	●●○○○	●●○○○	●●●◯○	需求性・可行性・存續性
●○○○○	●●○○○	●●●○○	●●●○○	需求性・可行性・存續性
●●○○○	●●●○○	●●●●●	●●◯◯○	需求性・可行性・存續性
●●●○○	●●○○○	●●●●●	●●●●○	需求性・可行性・存續性
●●●○○	●●●○○	●●●○○	●◯○○○	需求性・可行性・存續性
●○○○○	●●○○○	●●○○○	●○○○○	需求性・可行性・存續性
●●○○○	●●○○○	●○○○○	●●○○○	需求性・可行性・存續性
●○○○○	●●○○○	●●○○○	●●●○○	需求性・可行性・存續性
●○○○○	●●●○○	●●○○○	●●●○○	需求性・可行性・存續性
●●●○○	●●●○○	●●●●○	●●◯○○	需求性・可行性・存續性
●●○○○	●●○○○	●●○○○	●◯◯○○	需求性・可行性・存續性
●○○○○	●●○○○	●●●●○	●●○○○	需求性・可行性・存續性
●●○○○	●●○○○	●○○○○	●●○○○	需求性・可行性・存續性
●●○○○	●●○○○	●○○○○	●●◯○○	需求性・可行性・存續性
●●○○○	●●○○○	●○○○○	●●○○○	需求性・可行性・存續性
●●○○○	●●○○○	●○○○○	●●○○○	需求性・可行性・存續性

探索／探究

顧客訪談

聚焦在探究顧客任務、痛點、獲益與付費意願的訪談。.

費用 ●●○○○

證據強度 ●○○○○

準備時間 ●●○○○

執行時間 ●●○○○

必要能力 研究

需求性．可行性．存續性

顧客訪談非常適合用於取得質化洞見，檢視價值主張和目標客層是否吻合，也是測試價格的好起點。

顧客訪談不適合用來了解人們的實際行為。

準備

☐ 寫一套腳本，以了解：
- 顧客任務、痛點、獲益。
- 顧客的購買意願。
- 產品與解決方案之間沒有被滿足的需求。

☐ 尋找受訪者。
☐ 為分析資料選擇時段。

執行

☐ 訪談者根據腳本提出問題，必要時深入挖掘。
☐ 記錄受訪者使用的詞彙、語調與肢體語言。
☐ 重複執行 15 ～ 20 個訪談。

分析

☐ 趁著印象還深刻時做 15 分鐘的匯報。
☐ 以相關性分類方法整理筆記。
☐ 進行排名分析。
☐ 更新價值主張圖。

費用

因為可能不需要付費給顧客，費用上相對比較低。一般來說，視訊訪談的費用會比安排見面訪談來得便宜。B2B 訪談通常會比 B2C 昂貴，因為樣本數比較少，而且企業可以撥出來的時間也比較少。

準備時間

準備顧客訪談花的時間可能很短，也可能耗時長達幾週，會根據顧客在哪裡與如何接觸而決定。你要做的是準備腳本、找到顧客，然後安排時間訪問。

執行時間

進行顧客訪談花費的時間相對短，每次只需要 15 ～ 30 分鐘。每一個訪談之間需要 15 分鐘緩衝，回顧你的發現，必要時修改腳本。

●○○○○

證據強度

顧客任務

顧客痛點

顧客獲益

前三名顧客任務、痛點與獲益的平均準確率達到 80%。你要真正接觸到目標客層，所以要把標準設得夠高。

●○○○○

顧客回饋

顧客任務、痛點與獲益本來不在你的顧客素描中，而是會由受訪者提供。

●○○○○

訪談轉介

轉介是顧客訪談的額外好處。得到轉介是好事，這樣你就不必花錢爭取更多的訪談機會。

顧客訪談是相對弱的證據，因為人們在訪談時說的話，不一定是他們真的會做的事。不過，訪談是獲得質化洞見數據的好方法，可以用來擬訂你的價值主張以及顧客任務、痛點與獲益，並且作為將來測試的參考。

必要能力

研究

要做好顧客訪談並不容易，但是幾乎每個人經過練習後都可以順利執行。如果你具備研究背景會有幫助，但那不是必要條件。你會需要寫腳本、找訪談對象、進行訪談，並且整合訪談結果。有夥伴一起做會讓過程輕鬆很多，否則你就必須錄下所有訪談內容，事後再看一遍。

需求

目標顧客

顧客訪談如果能聚焦在小範圍目標的效果最好。如果沒有鎖定客層，最後的結果會非常混亂，回饋意見也會互相衝突。訪談完再分出特定客層又會非常費時，所以，我們建議，在執行顧客訪談前，先鎖定一小群特定客層。

網路論壇
p. 134
搜尋網路論壇，找出證據證明顧客在尋求某個問題的解決方案。

業務人員回饋
p. 138
利用業務人員的回饋意見，找出顧客的行為模式。

顧客訪談

客戶一天的日常生活
p. 116
利用顧客訪談當中得到的資訊，觀察、探討人們是否言行一致。

探索調查
p. 122
執行調查。利用顧客訪談中得到的資訊，作為設計調查問卷的參考資料。

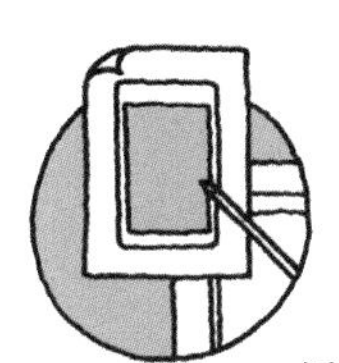

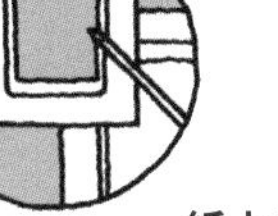

紙上產品原型
p. 182
針對顧客任務、痛點與獲益，在紙上草擬出解決方案。

搜尋趨勢分析
p. 126
針對特定任務、痛點或獲益搜尋網路流量。

寫腳本

腳本是有效率執行顧客訪談的關鍵。沒有好的腳本，訪談將淪為聊天，內容散漫，而且幾乎學不到東西。你要為構想降低風險，所以我們建議，寫腳本前先畫出價值主張圖，並且列出前三項顧客任務、痛點與獲益。

腳本範例

1. 簡介與脈絡

「你好，我是 ________，正在進行關於 ________ 的研究。」

「你不需要購買東西。」

「我不會推銷任何東西。」

2. 請受訪者說故事

「你最近一次體驗到（痛點或任務）是什麼時候？」

「你做（某項行動）的動機是什麼？」

「你如何解決它？」

「沒有解決的原因是什麼？」

3. 針對顧客任務、痛點與獲益排序

列出前三項顧客任務、痛點與獲益。

受訪者根據個人經驗為上述三項排序。

「你認為還有哪些項目應該列在清單上？」

4. 表達謝意並結束訪談

「還有哪些問題是你認為我應該提出的？」

「你方便推薦其他人讓我訪問嗎？」

「我們將來可以再跟你聯絡嗎？」

「感謝你！」

尋找受訪者

B2C 客層

我們建議先為 B2C 客層建立價值主張圖，然後進行腦力激盪，思考怎麼在線上或線下找到這些受訪者。團隊可以透過投票來決定要鎖定搜尋的目標。

B2B 客層

你也可以採用同一套方法尋找 B2B 受訪者，不過，可能比較難藉由腦力激盪找到這些受訪者。還好，一般有很多線上和線下地點都能找到 B2B 受訪者。

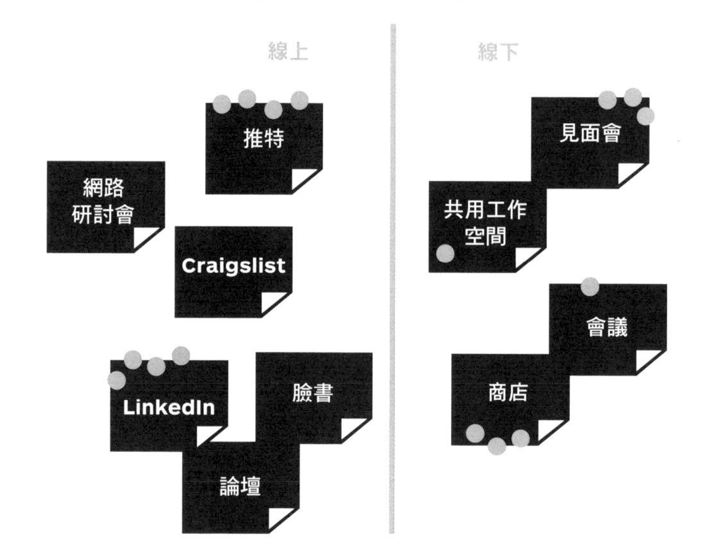

調查受訪者

調查過受訪對象並不代表就萬無一失，但是整體來說能節省時間，先過濾掉不適合的對象。你總是會選到1、2位不太理想的受訪者，但是總比訪問完全不符合資格的對象來得好。篩選受訪對象的其中一種方法是，先做一個簡單的篩選調查，確認受訪者的資格，然後再安排訪問時間。

在 Craigslist 網站上篩選

Craigslist 是一個很受歡迎的網站，可以刊登文章買賣東西，也是尋找受訪者的好地方。登入網站後，進入「社群」（Community）並點選「志願者」（Volunteers）刊登你的研究請求。貼文中要放上問卷調查的網頁連結，讓有興趣的人點選參與。這份問卷中應該列出問題，以檢測受訪者是否符合資格。

舉例來說，如果你要尋找有腳踏車的人，就問：「你有幾輛腳踏車：0、1、2或3輛以上？」

如果作答者回答0輛，你就不用花時間訪問這些沒有腳踏車的人；如果有人回答3輛以上，他們可能也不是理想的受訪對象，因為他們有太多輛腳踏車了。像這樣簡單的篩選問題，能節省你和受訪者的時間。

親自檢測篩選

線下進行篩選的方法也很類似，不過你只要先問對方這些篩選問題，不需要跑完全部訪問流程。如果對方不符合資格，就表達謝意然後尋找下一位受訪者。

角色與責任

我們建議，無論是在線上或線下進行顧客訪談，盡量不要自己一個人進行。因為不論提問、積極聆聽、記錄肢體語言以及回應受訪者，然後問下一個問題，都非常困難又耗時。就算對方同意錄音或錄影，你事後還要再次花時間聽音檔或看影片。所以，我們建議兩人一組做訪問。

記錄者

- 記筆記。
- 盡可能寫下受訪者使用的字句，不要用自己的說法來記錄。
- 描述受訪者的肢體語言。

訪問者

- 根據腳本提問。
- 必要時深入追問原因。
- 感謝對方，結束訪談。

受訪者

- 回答問題。

15 分鐘匯報

每次訪談結束後立刻向夥伴做 15 分鐘的匯報，迅速重述訪談中得到的資訊，以及提出任何需要修改的地方。

匯報要點

- 訪談中哪個部分做得很好？
- 從受訪者的肢體語言可以學到什麼？
- 我們挑選受訪對象時是否有任何偏見？
- 腳本中有沒有我們想要迅速修改的地方？

彙整回饋

除了 15 分鐘匯報之外，團隊應該把筆記整合起來，並且更新價值主張圖，作為擬訂策略的參考資料。有一項技巧可以快速整理大量質化回饋資料，那就是相關性分類整理。

相關性分類整理

安排 30 ～ 60 分鐘，請團隊中每個人帶著筆記本來參加。

- 如果是面對面開會，要確認開會地點有許多牆面空間。
- 每張便利貼寫一句引用自訪談內容的句子。
- 每張便利貼寫一個洞見。
- 每張便利貼下方寫上受訪者的姓名。
- 把所有便利貼貼到牆面上。
- 以主題的相關性，分類整理所有便利貼。

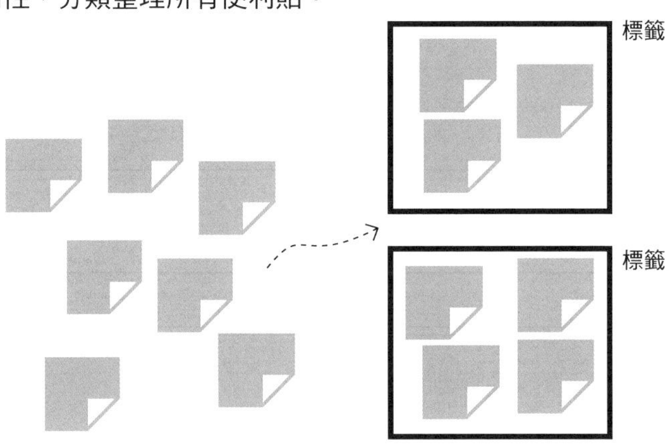

排名分析

排名並不是完美的科學方法，但是能讓你大略知道你有多接近你的顧客素描排名。把受訪者進行排序唯獨有一個缺點是，你無法得知這位受訪者感受到的任務、痛點與獲益與其他受訪者的差異。因此，追問受訪者並且注意觀察他們的肢體語言非常重要。

如果你訪問完 10 位符合顧客素描的受訪者，那麼你會希望顧客素描中的任務、痛點與獲益的排名達到 80%的準確度。這表示，你列出來的 10 個顧客任務中，要有八個排名在第一、第二、第三……以此類推。

更新圖表

將第一批顧客訪談的質化回饋資料彙整並進行排名分析後，務必回頭檢視你的價值主張圖，做出必要的修改訂正。很重要的是，你的策略設定要包含測試中獲得的資訊。

- ☐ 錄音前先請求許可。
- ☐ 先篩選受訪者的資格，以免耽誤彼此時間。
- ☐ 抱著初學者的心態。
- ☐ 聆聽，不多說。
- ☐ 尋求事實，而非意見。
- ☐ 詢問原因，以了解真實動機。
- ☐ 請求受訪者接受後續聯絡。
- ☐ 請受訪者介紹其他受訪對象。
- ☐ 詢問是否有你應該問卻沒有問到的事項。

✕

— 說得比聽得多。
— 提出解決方案。
— 想著下一個問題，而不是積極聆聽對方當下的回應。
— 在受訪者說話時，點頭表示對或錯。
— 只提出封閉式的問題。
— 把訪談排得太緊，沒有在訪談間預留匯報時間。
— 忘記根據新發現更新價值主張圖。

探索／探究

合作夥伴與供應商訪談

合作夥伴與供應商訪談跟顧客訪談很類似，但是前者會著重於商業構想在技術上是否可行。針對無法執行或是不想獨自執行的關鍵活動和關鍵資源，你要找出能夠搭配補強的關鍵合作夥伴，並且訪談他們。

需求性．可行性．存續性

費用 ●●○○○　準備時間 ●●○○○　執行時間 ●●●○○

證據強度

#關鍵夥伴報價

回應率＝報價次數 ÷ 訪談次數 ×100%

雖然在正式簽約之前還有許多細節要取得共識，但是關鍵夥伴報價是有效證據，表示他們有興趣。

關鍵夥伴回饋

訪談中關鍵夥伴說的話與回饋。

當關鍵夥伴提到可以提供哪些產品或服務，這就是相對比較有效的證據，前提是他們真的能說到做到。

專家利害關係人訪談

利害關係人訪談跟顧客訪談很類似，但是前者會著重在得到組織中關鍵人士的背書。

需求性・可行性・存續性

費用

準備時間

執行時間

●●○○○
證據強度

專家利害關係人回饋

訪談中專家利害關係人說的話與回饋。

當利害關係人表示希望在策略上參與提案，這屬於中強度的證據。當他們以行動支持他們說過的話，那就是更有效的證據。如果他們能說到做到，證據力會更強。

探索／探究

客戶一天的日常生活

這是一種質化研究方法，針對顧客進行民族誌研究，以便更加了解顧客任務、痛點與獲益。

●●○○○ 費用	●●●○○ 證據強度
●●○○○ 準備時間	●●●○○ 執行時間
必要能力 研究	

需求性・可行性・存續性

這項實驗的成本非常低，所以如果你要跟受試者一起工作或觀察他們一整天，或許要提供一點酬勞。

1. 準備

☐ 2～3人一組，決定要在哪裡觀察以及如何觀察。事先預留時間，空出幾個小時進行討論。釐清如何記錄，並且訂定基本規範，以避免對參與者產生偏見。

2. 請求許可

☐ 取得觀察對象的同意，解釋提出請求的背後原因。

3. 觀察

☐ 利用工作表記錄顧客的時間、活動、任務、痛點與獲益，並且寫下你的想法。觀察的時候不要提問或是跟對方互動。

4. 分析

☐ 觀察活動結束後，與團隊一起整理筆記。更新價值主張圖以反映最新的發現，作為未來實驗的參考資料。

費用

這項實驗的成本非常低，所以如果你要跟受試者一起工作或觀察他們一整天，或許要提供一點酬勞。

準備時間

這項實驗的準備時間比較短，但必須決定觀察對象，並且取得對方的同意，讓你觀察一整天。

執行時間

這項實驗的執行時間比其他實驗方法長一點，每天要花幾小時觀察顧客的行為。整體執行時間將長達好幾天或數週，依參與者人數而定。

證據強度

顧客任務

顧客痛點

顧客獲益

顧客當天任務、痛點與獲益的記錄與活動。

從這項實驗中得到的分類或排名結果，都是比較薄弱的證據。不過，這是在真實世界中觀察到的行為，所以比邀請受試者到實驗環境中做實驗產生的證據更有效。

顧客說的話

記錄顧客其他意見，主題不限於任務、痛點或獲益。

顧客說的話是相對薄弱的證據，可是對未來實驗的背景環境與質化洞見很有幫助。

必要能力

研究

幾乎所有人都可以採用這項實驗。如果你具備研究能力，能夠適當的蒐集或歸檔資料，這將會很有幫助。我們建議，進行這項實驗時找夥伴一起進行，並且比較彼此的筆記。

需求

取得同意

要進行這項實驗，最好先取得觀察對象的同意。你還必須與觀察對象所在地的主管和警衛協調，並取得他們的同意。舉例來說，如果你要在零售商店中觀察顧客的行為模式，就要先取得商店主管的允許。如果你希望觀察個人的購買行為，必須在對方購物前取得同意。否則，觀察過程你會顯得鬼鬼祟祟，還很有可能被警衛請出去。

客服分析

p. 142

利用客服提供的數據，確認應該注意真實生活中的哪一個面向。

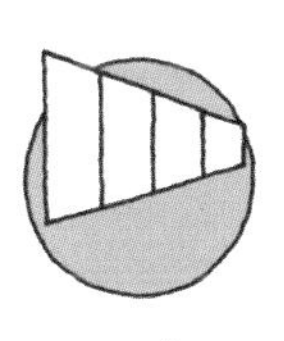

網站流量分析

p. 130

利用你從觀察中學到的資訊，檢視顧客在你的網站上的行為。

網路論壇

p. 134

搜尋網路論壇，找出還沒有被滿足的顧客需求，並且觀察這些需求是否出現在真實生活中。

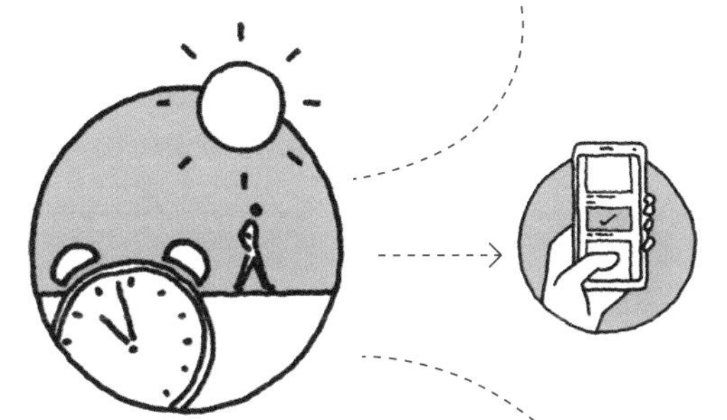

客戶一天的日常生活

社群媒體宣傳

p. 168

利用社群媒體吸引更多人，判斷他們是否出現類似的行為模式。

故事分鏡板

p. 186

根據觀察結果，利用分鏡圖解測試一系列的解決方案。

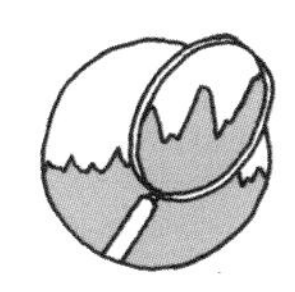

搜尋趨勢分析

p. 126

根據你發現的網路搜尋項目，觀察它是否出現在每天的日常生活當中。

客戶一天的日常生活

縮小「說」與「做」的差距

Intuit 的「跟我回家」（Follow-Me-Home）計畫

Intuit 公司提供財務、會計與稅務準備的解決方案，主要客戶是小型企業、會計師與一般人，例如 TurboTax、QuickBooks、Mint.com 等。Intuit 位在加州山景城（Mountain View）的矽谷中心地段，服務範圍超越以顧客為中心的問題解決方案，因此廣為人知。

可以請你簡短介紹 Intuit 的「跟我回家」計畫嗎？

「跟我回家」計畫是 Intuit 的「喜悅設計」（Design for Delight）專案中的一項技巧，它教導員工學會為顧客創造極佳產品的技能。「喜悅設計」包括三項核心原則：以同理心深刻了解顧客感受（Deep Customer Empathy）、由大見小（Go Broad to Go Narrow），以及與顧客一起快速實驗（Rapid Experimentation with Customers）。「跟我回家」是「喜悅設計」的「以同理心深刻了解顧客感受」原則中最強大的技巧。我們嘗試解決顧客的問題與痛點，最有效的方法就是實際觀察客戶在什麼時候、在哪裡體驗到痛點與問題。

我們把「跟我回家」的技巧教給公司所有員工，每一位新進員工都會在員工訓練中學習到這項技巧。事實上，每位新人不論職等或資歷，進入 Intuit 後都會在最初幾週至少進行兩次「跟我回家」。從菜鳥工程師到人資老鳥，從產品經理到最資深的領導人，每個人都要學會怎麼做「跟我回家」。

「跟我回家」計畫的起源是？

Intuit 公司創辦人史考特・庫克（Scott Cook）從豐田汽車（Toyota）的類似技巧得到啟發。創辦 Intuit 早期，史考特都在思考這項技巧是否能夠改善 Intuit 的產品，所以當他建立早期的產品，例如 Quicken 與 QuickBooks 時，就一邊開始測試「跟我回家」。那時，軟體還是透過磁碟安裝在實體電腦上（聽起來很不可思議吧？），所以史考特和產品團隊找到實際購買產品的顧客，詢問是否可以觀察他們購買軟體後會如何安裝。

透過觀察，產品團隊發現新的洞見，顧客實際使用軟體的方式徹底顛覆他們的想像。這些洞見通常能讓產品更加進步，所以「跟我回家」就成為公司規範，並且分享給員工。「跟我回家」的技巧隨著時間持續進化，但是精神一直沒有改變，都是要觀察顧客體驗到的痛點或問題，並且必須從中學習。

你在這項計畫中扮演什麼角色？

我的團隊主管是迪亞哥・羅德奎茲（Diego Rodriguez），他是 Intuit 的主要產品與設計的最高主管。我們的任務是要培養 Intuit 的創新文化，主要透過「喜悅設計」等專案，以及專家團隊「創新觸媒教練」（Innovation Catalyst Coaches），還有高衝擊的訓練課程等，確保每位員工都有機會學習，並且將最有效的創新技巧運用在日常工作上，例如「跟我回家」計畫。我們會隨著世界的改變持續改善這些技巧。

我們更與其他組織建立夥伴關係以達成目標，例如人資、學習與發展，以及功能型社區（functional community），不過我們的團隊專長是確保 Intuit 的創新火花永遠都能發光發亮。我跟很棒的團隊一起工作，所有人都致力於完成目標，所以我的任務就是與團隊一起繼續學習、取得進步。我們總是有辦法把事情做得更好。

訓練員工執行這項技巧時，你覺得哪個部分最有挑戰性？

任何人都可以學會「跟我回家」的技巧，但是，新技巧總是需要持續練習才能熟悉。在學習階段的早期，人們通常會誤解「跟我回家」的執行細節，需要一段時間才能讓這套最佳做法養成習慣。

舉例來說，要把「跟我回家」做好有一個非常重要的面向是專注於觀察，而不是傳統的訪談（說話）。我們會教員工首先專注觀察，了解顧客在某個真實情境中實際上會使用什麼工具、採用哪些方法流程，而不是照著腳本過度刻意模擬情境，也不要提問。等到觀察結束，才可以提出訪談式的問題；而且，提問時要專注在你觀察到的行為背後的原因動機，而不是以推斷或主觀意見為基礎。當員工第一次學習執行「跟我回家」時通常會問太多問題，而沒有專注在觀察他們想要研究的行為。這種錯誤只是其中一個例子。

我們也知道，並不是每個人都喜歡走出辦公室去跟陌生人談話。最剛開始執行「跟我回家」的確需要一點勇氣，所以我們特別努力讓員工擺脫最初的不情願，並且鼓勵他們多多練習。好消息是，大部分員工都說「跟我回家」徹底改變了他們，而且他們會開始自動自發執行「跟我回家」，最後真的愛上這項技巧。

你認為像這樣的計畫未來會如何演變？

過去幾年來我們逐漸改善「跟我回家」的做法，隨著世界進化，我們還會繼續改進。舉例來說，Intuit 公司在全世界各地的顧客都在增加當中，於是我們調整做法，運用視訊鏡頭與螢幕分享等科技，執行遠距的「跟我回家」。我們也調整心態，確保過程完全尊重當地文化與傳統。隨著世界持續變平、科技不斷改變，我們會繼續調整做法。但是，我們的精神不會改變，還是會繼續親自觀察顧客。

對於想要在組織內嘗試這項技巧的讀者，你有什麼建議嗎？

簡單來說，放手嘗試吧！先從小地方著手，從你手上的幾項專案開始嘗試，這樣你就能學到在現今組織架構中哪些方法有效、哪些會行不通。接著，你可以根據學習到的東西來建立一項正式的專案，或是繼續使用這項技巧，你可能會因此成為組織中最有效率的工作者。

本書各位讀者應該都很熟悉創新的最佳實務做法，所以我只有一個建議，那就是把這些最佳實務做法應用到未來的「跟我回家」計畫中，把它當作一項「新產品」。請記得，「跟我回家」只是有效率的創新工作者必備的其中一項技能，它並不會讓你一夜成功。你可能必須發展支援型專案，以及打造能夠擁抱這些技巧類型的文化。好消息是，「跟我回家」等相關技巧非常快就能執行、又有彈性，而且花費成本比推出失敗產品還要便宜很多。不妨走出去試試看吧！

——班奈特・布蘭克（Bennett Blank）
Intuit Inc. 創新領導人

探索／探究

探索調查

從顧客中選出一小群人作為樣本，使用開放式問卷蒐集資訊。

●●○○○ 費用	●○○○○ 證據強度
●●○○○ 準備時間	●●○○○ 執行時間
必要能力 產品／行銷／研究	

需求性．可行性．存續性

探索調查最適合用來發掘你的價值主張以及顧客任務、痛點與獲益。

探索調查不適合用來確認人們的實際行為，只顯示人們說出他們會怎麼做。

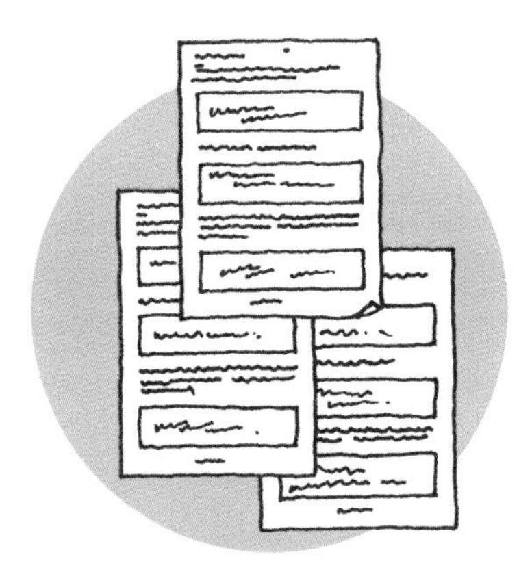

問卷調查的提問範例

- 你上一次 ____________ 是什麼時候？
- 請你解釋過程中發生哪些事，以及它對你有什麼影響？
- 你有尋找過其他選項嗎？為什麼？
- 如果你有魔杖可以改變過去，你會希望發生什麼事？
- 除了這些問題之外，你還希望我們提出哪些問題？

準備

☐ 決定問卷調查的目標，釐清你想要知道哪些事。
☐ 找出這份調查的目標受試者。
☐ 根據 10 ～ 20％的預設回應率，計算應該發放多少份問卷。
☐ 設定問卷調查開始與結束的時間。
☐ 製作問卷。

執行

☐ 把問卷寄給顧客。

分析

☐ 運用相關性分類整理，把收到的問卷按照主題分門別類。不要在整理前就先下標籤，而是讓標籤在整理過程中逐漸浮現。
☐ 運用文字雲或文本分析工具，將顧客使用最多的字詞迅速視覺化。
☐ 與團隊一起檢視主題和顧客說的話，選出 1 ～ 3 項主題，利用接下來的實驗繼續探究細節。
☐ 根據你的發現更新價值主張圖。

費用

探索調查並不是非常昂貴，市面上也有許多免費或便宜的問卷服務，讓你可以選擇並且寄給顧客。大部分的費用會花在接觸目標受試者上，如果你的目標受試者是專業工作者或是 B2B 領域的公司，成本將會更高昂。而且，由於樣本數比較少，你可能要花一點時間和金錢才能接觸到受試者。

準備時間

探索調查不需要花很長的時間來準備與配置。許多問卷都是開放式的題目，只需要幾小時，最多只要一天。

執行時間

探索調查的執行時間多半是以顧客群大小，以及接觸的難易程度來決定。一般應該只要幾天就能完成，但是如果你回收的問卷不夠多，可能就需要更久。

證據強度

●○○○○

＃免費的文字問卷回覆

洞見

注意觀察回收的問卷中重複出現的作答模式。在相似的目標受試者當中，看到第五份問卷時，你就應該可以看出寫作方法相異，但作答模式相同的內容。

＃願意接受後續聯繫的受訪者

有效的郵件地址

理想的狀態是，大約有 10%的受訪者願意接受後續的聯絡。

必要能力

產品／行銷／研究

探索調查需要的能力是，撰寫出開放式問卷的題目，並且避免使用負面語氣。你還要找出受訪者，解讀回收的問卷，以相關性分類整理技巧或是文字雲，找出問卷回饋內容中呈現的模式。

需求

質化資料

一般來說，當你已經透過其他方法得到規模較小的質化洞見，這時進行問卷調查會比較顯著有效。請將質化洞見資料提供給問卷設計作參考。

接觸調查受試者

找到正確的受試者跟設計問卷一樣重要。如果你已經有一個流量很大的網站，那麼可以利用它來找到受試者。如果你沒有這種優勢，或者你的目標是新市場，那麼在設計問卷之前要先腦力激盪，找出可以接觸到受試者的通路。

顧客訪談

p. 106

利用訪談筆記，作為設計探索調查實驗的參考資料。

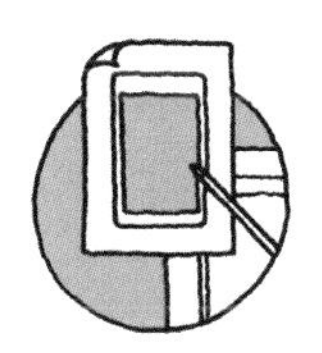

紙上產品原型

p. 182

聯絡對你的價值主張有興趣的人，找他們測試你的低擬真度解決方案。

快艇遊戲

p. 218

從小規模調查開始，找出幫助或阻擋受試者的事物，以此作為參考資料，協助你製作大規模的問卷調查。

探索調查

可點擊的產品原型

p. 236

聯絡對你的價值主張有興趣的人，找他們測試可點擊的產品原型。

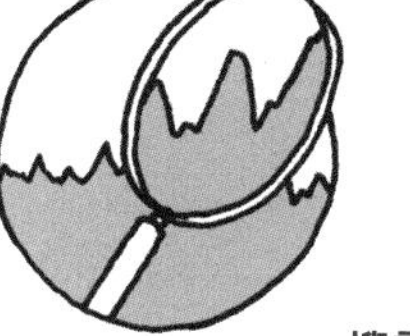

搜尋趨勢分析

p. 126

確認受試者列出來的任務、痛點與獲益是不是網路上的熱門搜尋趨勢。

社群媒體宣傳

p. 168

利用社群媒體，為探索調查找到受試者。

探索／數據分析

搜尋趨勢分析

利用搜尋數據調查搜尋期間內，搜尋者與搜尋引擎或搜尋內容之間的特定互動。

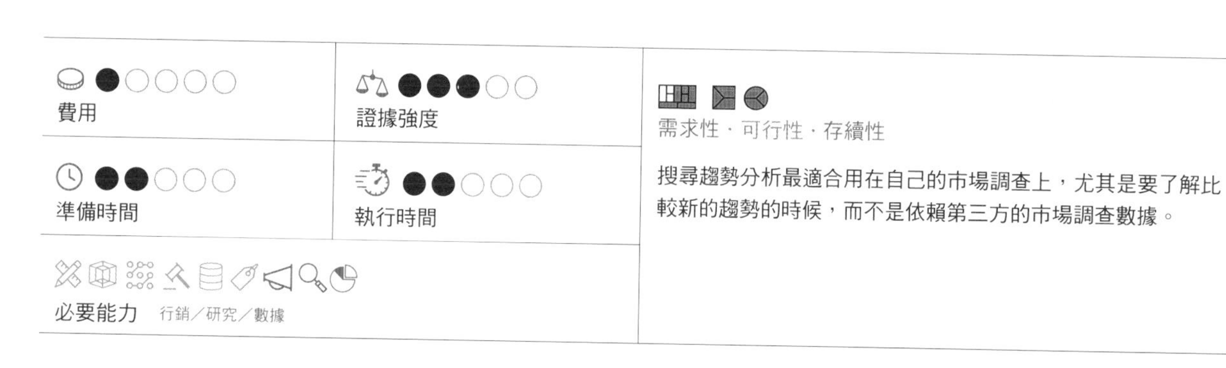

費用 ●○○○○

證據強度 ●●●○○

準備時間 ●●○○○

執行時間 ●●○○○

必要能力 行銷／研究／數據

需求性・可行性・存續性

搜尋趨勢分析最適合用在自己的市場調查上，尤其是要了解比較新的趨勢的時候，而不是依賴第三方的市場調查數據。

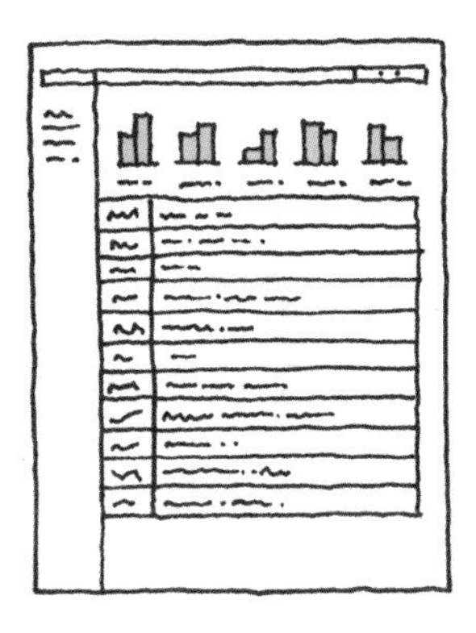

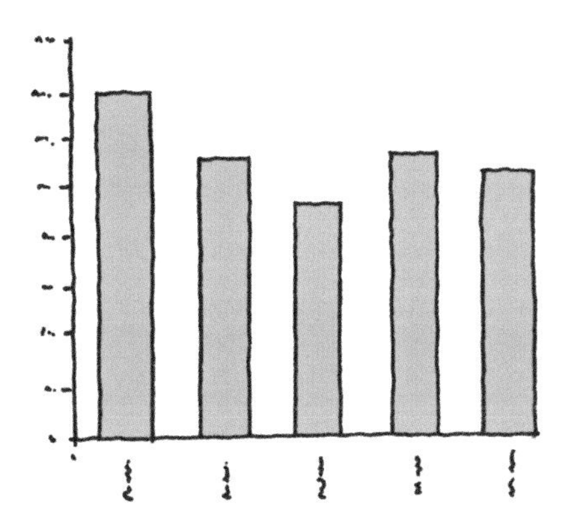

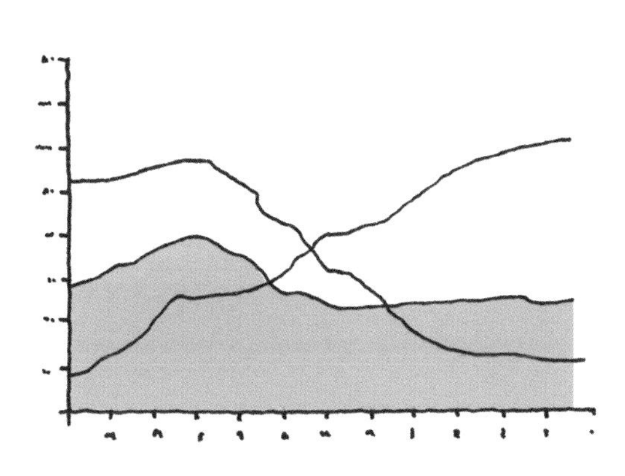

準備

- ☐ 找出要使用的工具（Google Trends 或 Google Keyword Planner 等）。
- ☐ 決定要搜尋的地理區域。
- ☐ 列出想探究的主題，例如：
  - 正要試著解決顧客任務的人。
  - 需要解決顧客痛點的人。
  - 想要創造顧客獲益的人。
  - 不滿意現有解決方案的顧客。

執行

- ☐ 搜尋跟你的主題相關的字詞。
- ☐ 將螢幕畫面截圖，並且匯出結果。
- ☐ 研究時寫下筆記，記錄下讓你覺得驚訝的部分。

分析

- ☐ 彙整你的發現。
- ☐ 考慮聚焦在問題的大小，而不是市場的大小。某個典型問題最多有多少搜尋量？對你來說，這會是一個有意義的商業機會嗎？
- ☐ 選出搜尋量排名前三名的問題等，利用接下來的實驗繼續探究細節。

費用

自己做搜尋趨勢分析的話，費用會相對低廉，因為有現成的免費或便宜工具可以使用。Google Trend 和 Google Keyword Planner 目前仍然可以免費使用。

設定時間

準備搜尋趨勢分析的時間相對短，大約幾分鐘到幾小時就可以完成。但是你必須定義搜尋標準，並且選擇工具。

執行時間

執行搜尋趨勢分析的時間也相對短，大約幾小時到幾天就可以完成，但實際時間取決於你要探究的主題數量和地理區域，數量愈多、規模愈大，就愈花時間。

證據強度

搜尋量

＃一段時間內的關鍵字搜尋量

不同地理位置、不同時間、不同產業的搜尋量都不同，所以要把你的結果跟別人的結果進行比較，才能完整理解搜尋者的興趣。

相關疑問

除了你調查的字詞之外，使用者還會搜尋哪些疑問。

如果執行得當，搜尋量與相關疑問的證據強度，會比其他小型質化研究方法的證據力更強。

必要能力

行銷／研究／數據

只要願意學習使用網路趨勢分析工具，幾乎所有人都可以做搜尋趨勢分析。大部分的工具，例如 Google Trend 和 Google Keyword Planner，都有結構完整的協助頁面幫助你跑完全部的流程。不過，你還是需要自行解讀分析結果，所以如果具備行銷、研究與數據背景會很有幫助。

需求

線上顧客

搜尋趨勢分析是挖掘顧客任務、痛點與獲益非常有效的工具，甚至可以揭露顧客付費購買解決方案的意願。不過，這項證據必須透過網路搜尋才能產生，所以如果你鎖定的是小眾利基市場、B2B 或是以線下顧客為主，就得不到明顯有效的搜尋量。

顧客訪談

p. 106

利用訪談筆記作為搜尋條件的參考資料。

線上廣告

p. 146

使用你發現的關鍵字來做線上廣告，把網路流量引導到某項實驗。

探索調查

p. 122

利用先前的探索調查結果作為搜尋條件的參考資料。

簡單的到達頁面

p. 260

做一個簡單的到達頁面，它必須按照你發掘的特定顧客素描量身打造。

社群媒體宣傳

p. 168

利用搜尋趨勢分析的結果，透過社群媒體鎖定地區和顧客的興趣。

網路論壇

p. 134

使用你從瀏覽網路論壇得到的資訊，為搜尋條件提供參考，並且決定問題的大小。

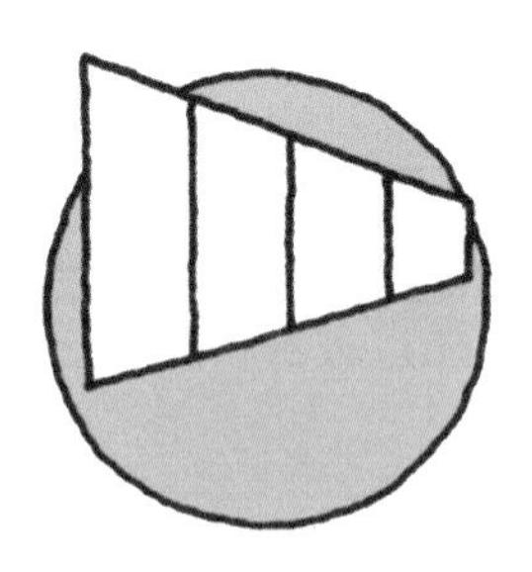

探索／數據分析

網站流量分析

蒐集、報告與分析網站數據，找出顧客的行為模式。

費用 ●●○○○	證據強度 ●●●●○	需求性・可行性・存續性
準備時間 ●●○○○	執行時間 ●●●○○	蒐集、報告與分析網站數據，找出顧客的行為模式。
必要能力 科技／數據		

準備

- □ 找出聚焦的區域與相關顧客事件，要注意的是：
  - 訂戶人數增加。
  - 下載量增加。
  - 購買量增加。
- □ 釐清造成事件發生的演進過程。
- □ 選擇要分析的時段。

執行

- □ 使用網站分析軟體，在定義好的路徑上執行分析。
- □ 注意用戶跳離網站的時間點與比例。

分析

- □ 在你設定的網站使用流向中，使用者多半在哪個部分跳離網站？
- □ 可以做什麼實驗來改善這個數字？

費用

網站流量分析的費用較低，而且可以使用免費工具，例如 Google Analytics。如果你需要更深入的事件追蹤分析報告，也願意付費，相關分析工具的費用則是有高有低；有些工具剛開始很便宜，但是一旦顧客流量增加，費用也會隨之升高。如果你想做熱點圖分析（heat map analysis），以了解人們如何使用網頁，市面上也有費用低廉的選擇。

準備時間

網站流量分析的準備時間相對短，幾小時至數天就可以完成。你要做的是把工具整合到網站上，登入後台查看數據。根據工具的不同，產生數據的時間可能需要一天或一天以上不等。

執行時間

網站流量分析的執行時間比較長，通常耗時數週到幾個月，多半根據網站流量而定。但是，基本上，你不會只看少數幾天的數據就做出高風險的決定。

證據強度

●○○○○

#停留時間

一段時間內使用者與你的網站互動多寡，通常以 30 分鐘為計算區間。

●○○○○

#跳離率

當使用者離開你預設的流向時，就是跳離。你要分析它發生在哪個步驟，以及使用者是否完全離開你的網站。

你的網站有多少顧客、在哪裡跳離，都是相對有效的證據，因為它測量的是顧客的實際行為。但是，他們這樣做的原因，你要去問才會知道。

●●●●○

注意力

注意力可以呈現好幾種使用者行為，通常包括使用者停留在某個網頁的時間，以及使用者點擊的地方。使用者不會每次都點擊按鍵或連結，所以如果能透過熱點圖數據，了解網站如何獲得與失去使用者的注意力，就能獲得很棒的洞見。

注意力也是相對有效的證據，不過它跟停留時間與跳離率一樣，只能告訴你發生了什麼事，不能告訴你為什麼發生。

必要能力

科技／數據

網站流量分析的學習曲線很有可能迅速爬升，尤其是探索的領域超出基本使用者行為的時候。我們建議要具備操作整合分析軟體的能力，還要有數據覺察力，才能分析結果。例如，熱點圖數據會顯示使用者點擊的地方，但是你要從源頭分析數據，了解使用者的點閱行為，像是從線上廣告連結過來的使用者和從電子郵件連結過來的使用者，是否點擊不同的地方。

需求

流量

要進行網站流量分析，需要一個已經有活躍使用者的網站，否則無法蒐集到任何證據。想要引導流量到你的網站，跟引導流量到簡單到達頁面的做法類似，我們建議利用：

- 線上廣告。
- 社群媒體宣傳。
- 電子郵件宣傳。
- 網路口碑。
- 網路論壇。

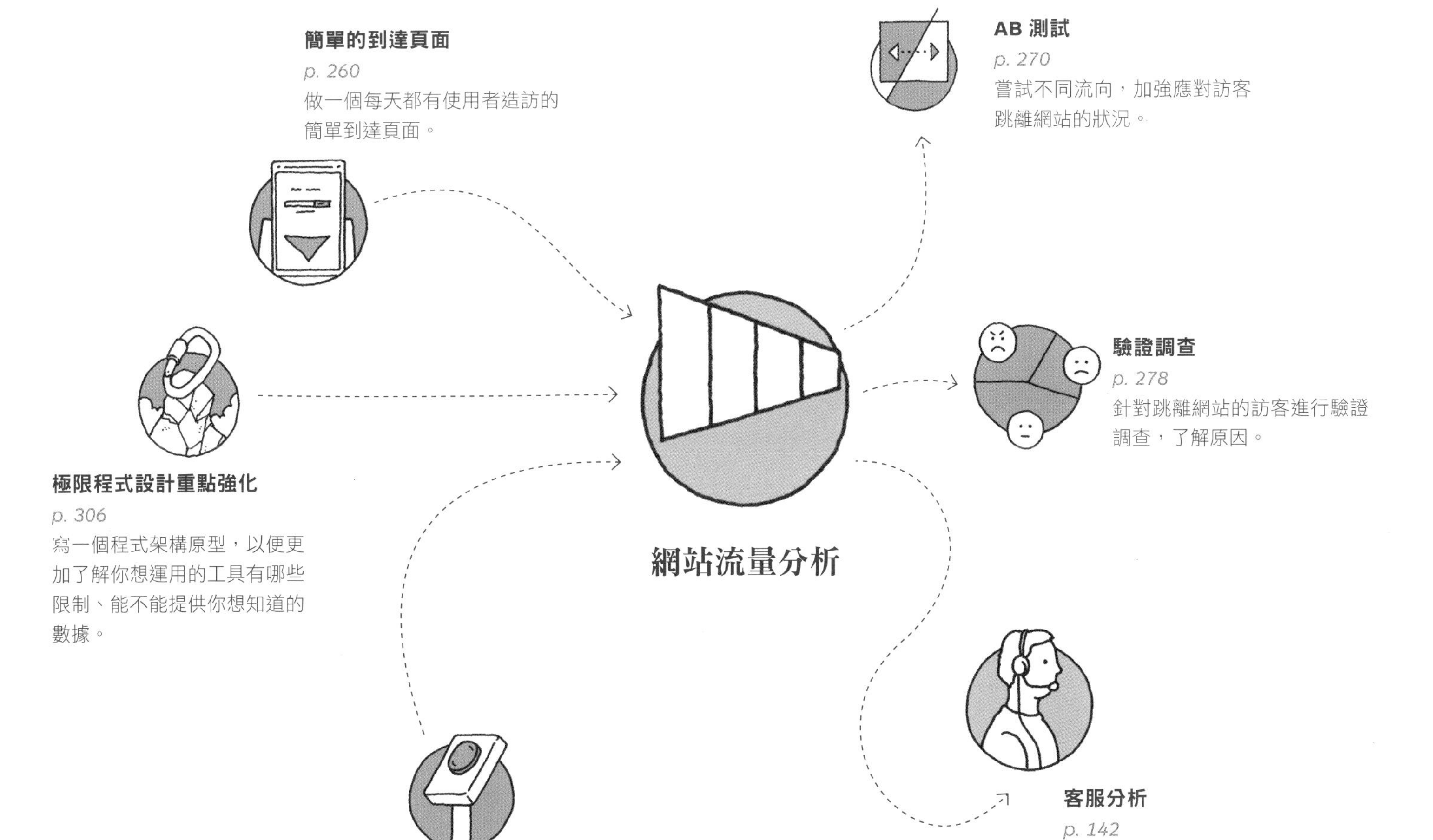

客服分析

p. 142

檢視客服數據，進一步了解顧客在網站上做出這些行為背後的原因。

單一功能最小可行產品

p. 240

在網站推出單一功能最小可行產品，深入了解網站訪問者的動向，並且吸引顧客使用產品。

探索／數據分析

網路論壇

使用網路論壇發掘某項產品或服務中沒有被滿足的任務、痛點與獲益。

費用 ●○○○○	證據強度 ●●◉○○	需求性・可行性・存續性
準備時間 ●●○○○	執行時間 ●●●○○	網路論壇適合用來找出沒有被滿足的需求，用在你現有的產品或是競爭者的產品上都可以。
必要能力 研究／數據		

準備

- ☐ 討論你想用來分析的網路論壇（內部 vs. 外部）。
- ☐ 訂定你想回答的問題，例如是否有證據顯示：
  - 你沒有解決排名最前面的顧客任務？
  - 你沒有對應到最主要的顧客痛點？
  - 你沒有創造顧客獲益？
  - 顧客自行創造暫時的解決方案來對應你的產品缺陷？

執行

- ☐ 在網路論壇搜尋跟你的問題有關的字詞。
- ☐ 將螢幕畫面截圖，並且匯出結果。
- ☐ 記錄討論串裡的急迫感與語調。

分析

- ☐ 根據你的發現，更新價值主張圖。
- ☐ 直接發訊息給論壇上的貼文者，問他們能否能跟你詳談細節。
- ☐ 如果對方願意，請他們當受試者做實驗，以協助縮小數據差距。

費用

這項實驗的費用相對低廉，因為基本上只要分析網路論壇，發掘沒有被滿足的需求。如果這是你的網路論壇，那麼費用應該相對節省，而且後台軟體中可能已經具備分析工具。如果你要分析競爭對手或其他社群的論壇，可以使用價格低廉的工具抓取網頁內容，或是自己動手蒐集資料。自己做比較省錢，但是可能比較花時間。

準備時間

分析網路論壇的準備時間相對較短。你要決定問題，還要找出需要分析的網路論壇。

執行時間

分析網路論壇的執行時間相對較短。但是，如果你決定不使用網頁抓取工具，就會比較花時間。所以，我們建議，可能的話，盡量採用自動化工具縮短執行時間。你要找的是沒有被滿足的顧客任務、痛點與獲益的模式。

證據強度

應急解決方案

找出應急解決方案的運作模式，或是調整產品以符合人們的需求，這可以為改善產品或服務提供洞見。

史蒂夫．布蘭克說：「提出解決方案來解決問題。」同樣的道理，如果人們用自己的方法來解決產品沒有完全應對到的問題，這就是有效的證據。

產品功能要求

找出網路論壇使用者要求最多的前三項產品功能，並釐清這些功能要解決的是什麼痛點與潛在任務。

產品功能要求的證據力相對弱，你必須針對各項功能要解決的潛在任務和痛點做更多實驗。

必要能力

科技／數據

你會需要找到網路論壇、收集並且分析數據的能力，還要知道如何抓取網頁資料，以及檢視資料時要問什麼問題，所以，具備研究數據資料的能力會很有幫助。

需求

網路論壇數據

分析網路論壇資料時，最重要的條件是具備現有的網路論壇，以分析你需要回答的問題。如果你覺得競爭對手的產品還有需求沒有被滿足，那麼就到網路社群與客服論壇查看他們的顧客張貼的文章主題。如果你有網路論壇，這應該也是很棒的資料來源。

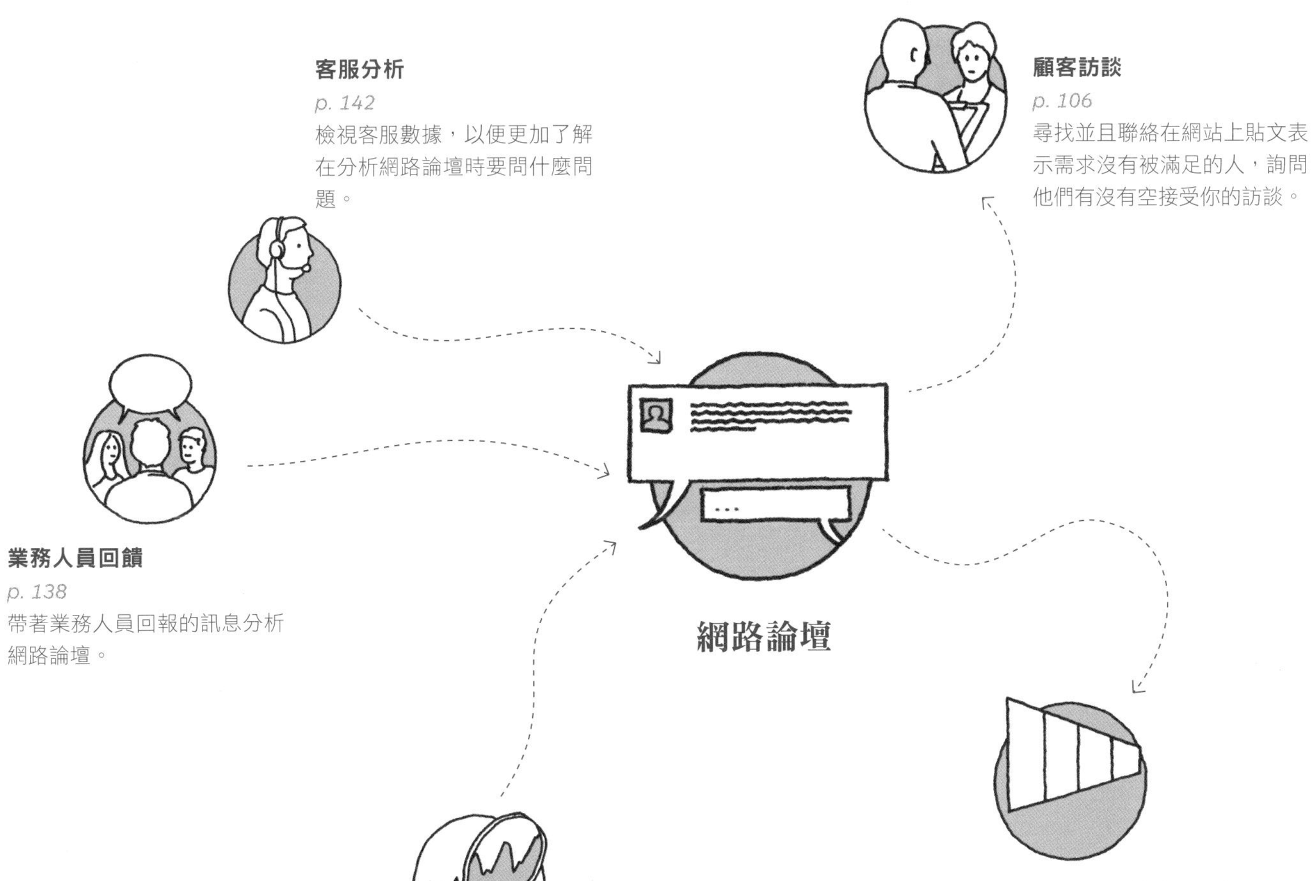

客服分析

p. 142

檢視客服數據，以便更加了解在分析網路論壇時要問什麼問題。

顧客訪談

p. 106

尋找並且聯絡在網站上貼文表示需求沒有被滿足的人，詢問他們有沒有空接受你的訪談。

業務人員回饋

p. 138

帶著業務人員回報的訊息分析網路論壇。

網站流量分析

p. 130

將你從網路論壇得到的資訊與網站上的顧客行為進行比對、檢查。

搜尋趨勢分析

p. 126

搜尋網站以了解人們如何回應你或是競爭者的產品。

探索／數據分析

業務人員回饋

利用業務同事的回饋，挖掘出產品或服務中沒有被滿足的任務、痛點與獲益。

●●○○○ 費用	●●◉○○ 證據強度	需求性．可行性．存續性 業務人員回饋最適合有一群業務人員支援的事業體使用。
●●○○○ 準備時間	●●●○○ 執行時間	
必要能力 業務／研究／數據		

準備

- ☐ 根據業務同事的資訊，釐清你想回答的問題：
  - 是否解決首要的顧客任務？
  - 是否應對到主要的顧客痛點？
  - 是否創造顧客獲益？
- ☐ 如果你經營的是複雜的B2B企業，請進一步區分提問對象，並納入下列角色：
  - 決策者。
  - 預算控管採購決策者（economic buyers）。
  - 推薦人。
  - 有影響力的人。
- ☐ 安排時間與業務人員見面，請他們回答問題。

執行

- ☐ 與業務同事討論，了解他們對這些問題的想法。
- ☐ 請他們提出證據，為他們在電話推銷、業務報表、電子郵件等方面的說法背書。
- ☐ 感謝業務同事撥空協助。

分析

- ☐ 根據你的發現，更新價值主張圖。
- ☐ 利用你得到的資訊，尋找適合的實驗來改善價值適配。

費用

這項實驗的費用相對低廉，資金大部分會用在向業務同事蒐集數據。要分析這些回饋，也不需要動用到昂貴的軟體或是顧問服務就可以進行。

準備時間

業務人員回饋的準備時間相對短，只是要訂定分析的時間區間，以及想在回饋中找尋的特定項目。

執行時間

一旦你準備好之後，業務人員回饋的執行時間也相對較短。你要找的是沒有被滿足的任務、痛點與獲益的模式。

證據強度

#差點錯失的資訊

差點錯失的回饋

業務團隊達成銷售目標時，請想想有哪些因素差點阻礙他們的成功？你要記錄有多少筆差點錯失的訂單，以及顧客「差點不買」的意見，才能進一步了解價值適配。

顧客「差點不買、但是最後還是買了」的原因屬於非常有價值又有效的證據。因為他們改變心意，所以這些資訊比任何回饋意見都還要有效。

產品功能要求

找出銷售過程中顧客要求的前三項產品功能，並且了解它們能解決什麼痛點與潛在任務 。

產品功能要求的證據力相對比較弱，你必須針對這項功能要解決的潛在任務和痛點做更多實驗。

必要能力

研究／數據

你需要收集、分類以及分析業務人員回饋的能力。如果了解銷售如何進行，以及要回答什麼問題，將會很有幫助。

需求

業務人員數據

分析業務人員回饋最重要的條件是，要有願意密切配合的業務團隊，可以清楚說明回饋資訊，或是懂得透過客戶關係管理（CRM）軟體釐清重點。

顧客訪談

p. 106

運用顧客訪談的筆記，確認在業務人員的回饋意見當中應該尋找哪些沒有被滿足的顧客任務、痛點與獲益。

購買產品功能

p. 226

邀請沒有改變心意的顧客參與活動，以便更加了解他們需要的產品功能。

驗證調查

p. 278

運用問卷調查的發現，確認在業務人員的回饋意見當中應該尋找哪些沒有被滿足的顧客任務、痛點與獲益。

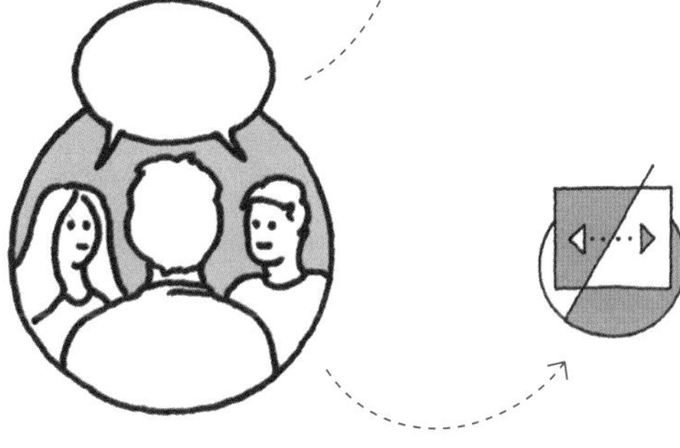

業務人員回饋

AB 測試

p. 270

在銷售過程中執行 AB 測試，對顧客測試不同版本的價值主張。

專家利害關係人訪談

p. 115

運用利害關係人的訪談筆記，以便更加了解他們的需求有沒有轉換成銷售數字。

探索／數據分析

客服分析

使用客服的數據，挖掘出產品或服務中沒有被滿足的任務、痛點與獲益。

費用 ●●○○○	證據強度 ●●○○○
準備時間 ●●○○○	執行時間 ●●●○○
必要能力 業務／行銷／研究／數據	

需求性．可行性．存續性

客服分析最適合用在已經擁有不少現有顧客的事業中。

準備

- ☐ 從客服數據中找出要回答的問題：
  - 是否解決首要的顧客任務？
  - 是否應對到主要的顧客痛點？
  - 是否創造顧客獲益？
- ☐ 安排時間與客服人員見面、回答問題。

執行

- ☐ 與客服團隊討論，了解他們對這些問題的想法。
- ☐ 請客服根據客服電話、報表、電子郵件等方面，提出所有證據來支持他們提供的答案。
- ☐ 感謝客服人員撥空協助改善經驗。

分析

- ☐ 根據你的發現，更新價值主張圖。
- ☐ 利用你學到的資訊，找到實驗來改善價值適配。

費用

費用相對低廉，大部分會用在收集歷年來的客戶資料。分析客服數據也不需要昂貴的軟體或顧問。

準備

一旦有了數據，客服數據分析的準備時間會比較短。只是要定出分析的時間區間，以及想在客服數據中找尋的特定項目。

執行

準備完成後，客服數據分析的執行時間也會比較短。你要找的是未被滿足的任務、痛點及獲益的模式

證據強度

●●○○○

顧客回饋

指的是在客服電話中，顧客提到他們試圖完成的任務、覺得沒有被處理到的痛點，以及沒有被滿足的獲益。

客服數據中的顧客回饋屬於相對較弱的證據，但是可以作為未來的實驗參考資料。

產品功能要求

找出前三項產品功能要求，以及它們可能解決的痛點和潛在任務。

產品功能要求是相對薄弱的證據，所以必須針對產品功能試圖解決的潛在任務或痛點進行更多實驗。

必要能力

研究／行銷／業務／數據

你必須能收集、整理與分析客服數據。這對於了解銷售方式、產品行銷的市場，以及從數據中看出要回答什麼問題等，都會很有幫助。

需求

客服數據

客服分析最重要的條件是，已經擁有可以分析的客服數據。客服數據有很多種形式，例如客服團隊的電話錄音、電子郵件，或是顧客提出的系統錯誤和功能要求等。你要分析的數據資料，不應該只是客服跟幾位顧客之間僅只一次的閒談對話。

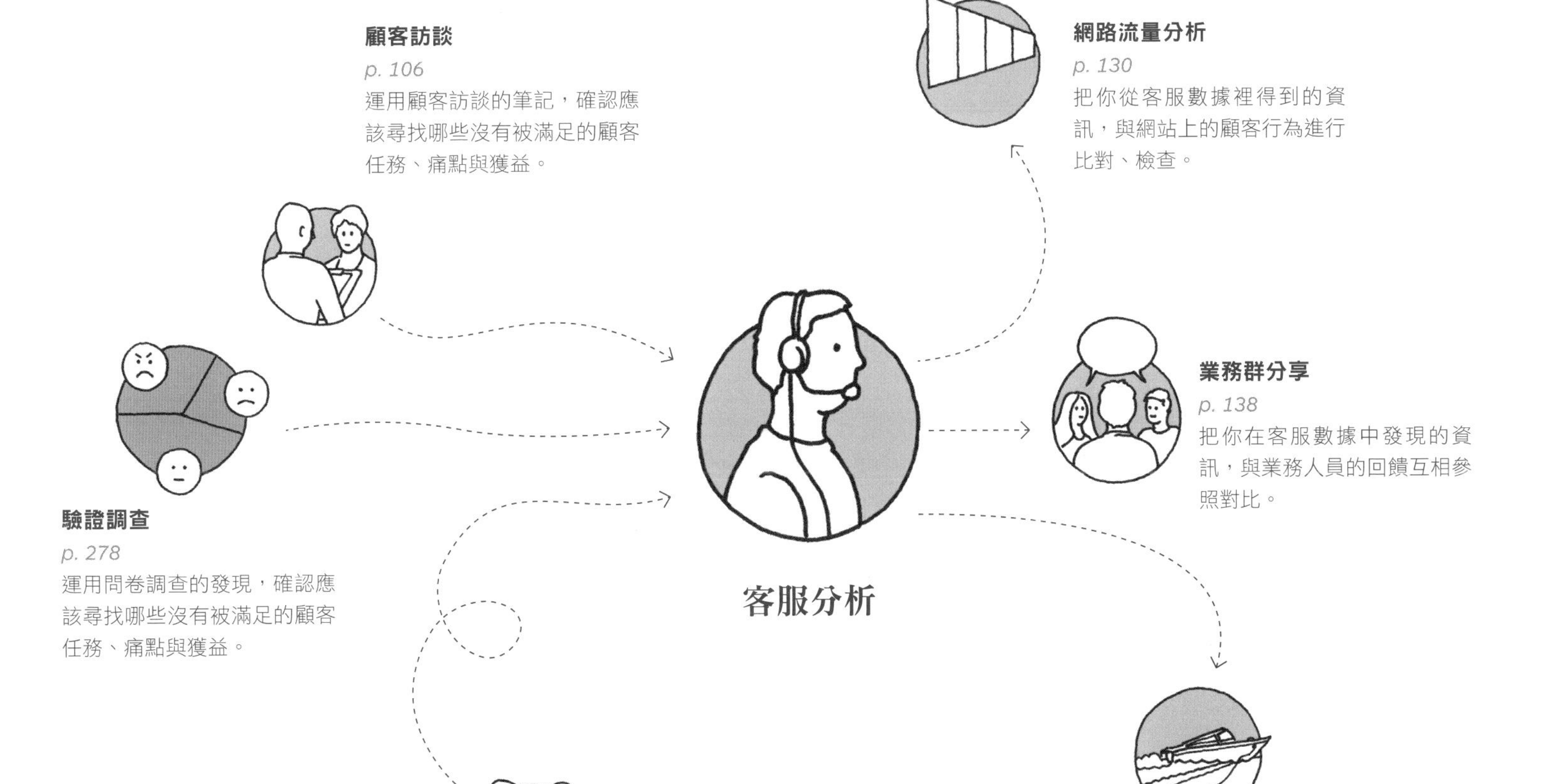

客服分析

顧客訪談

p. 106

運用顧客訪談的筆記，確認應該尋找哪些沒有被滿足的顧客任務、痛點與獲益。

網路流量分析

p. 130

把你從客服數據裡得到的資訊，與網站上的顧客行為進行比對、檢查。

業務群分享

p. 138

把你在客服數據中發現的資訊，與業務人員的回饋互相參照對比。

驗證調查

p. 278

運用問卷調查的發現，確認應該尋找哪些沒有被滿足的顧客任務、痛點與獲益。

專家利害關係人訪談

p. 115

運用訪談筆記，以便更加了解利害關係人的需求是否符合你從顧客那邊聽到的回饋。

快艇遊戲

p. 218

與其只是讓顧客指出他們認為產品缺乏什麼條件，不如邀請他們加入快艇遊戲活動，以便更加了解產品的哪些方面能協助他們衝得更快、哪些方面拖慢他們的腳步。

探索／興趣探索

線上廣告

針對某個目標客層，以簡單明瞭的行動呼籲，清楚傳達價值主張。

●●●○○ 費用	●●●○○ 證據強度	需求性・可行性・存續性
●●○○○ 準備時間	●●●○○ 執行時間	線上廣告最適合針對網路顧客大規模迅速測試你的價值主張。
必要能力 設計／產品／行銷		

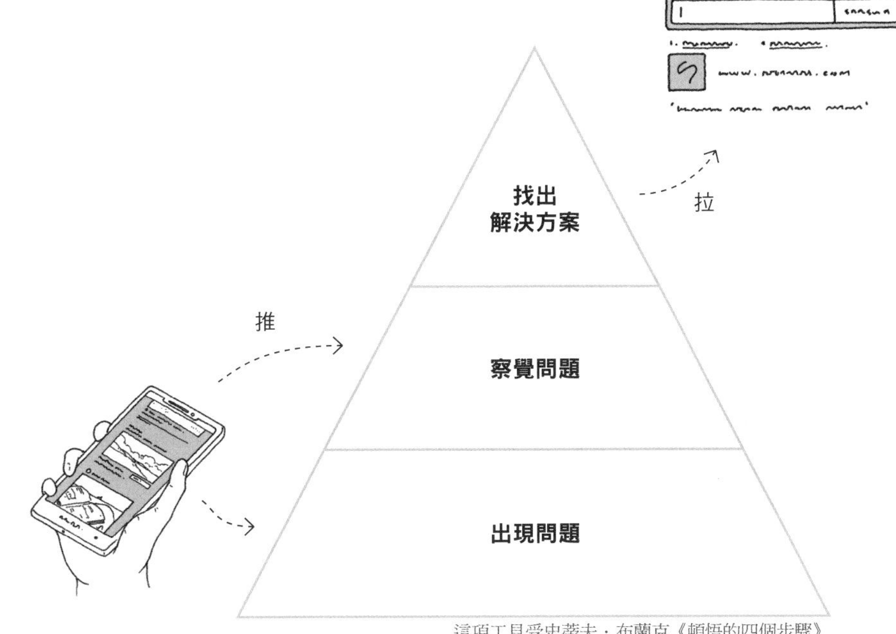

這項工具受史蒂夫・布蘭克《頓悟的四個步驟》
第 3 章第 47 頁圖 3.1「早期忠實客戶的特徵」所啟發。

找到目標顧客

要在網路上找到目標客層的挑戰性不小，但是，善用創造性和毅力還是做得到。你可以早一點開始思考這個問題，甚至在實驗設計開始之前就思考。

例如，在建立價值主張圖時就先花時間腦力激盪，思考網路上哪些地方可以找到目標客層，然後讓團隊投票決定要先測試哪一個管道來尋找顧客。

顧客處在哪個階段？

決定好要先在哪裡尋找目標客層之後，要根據顧客所處的階段打造客製化路徑。你可以運用史蒂夫・布蘭克的模型來擬訂吸引顧客的策略。

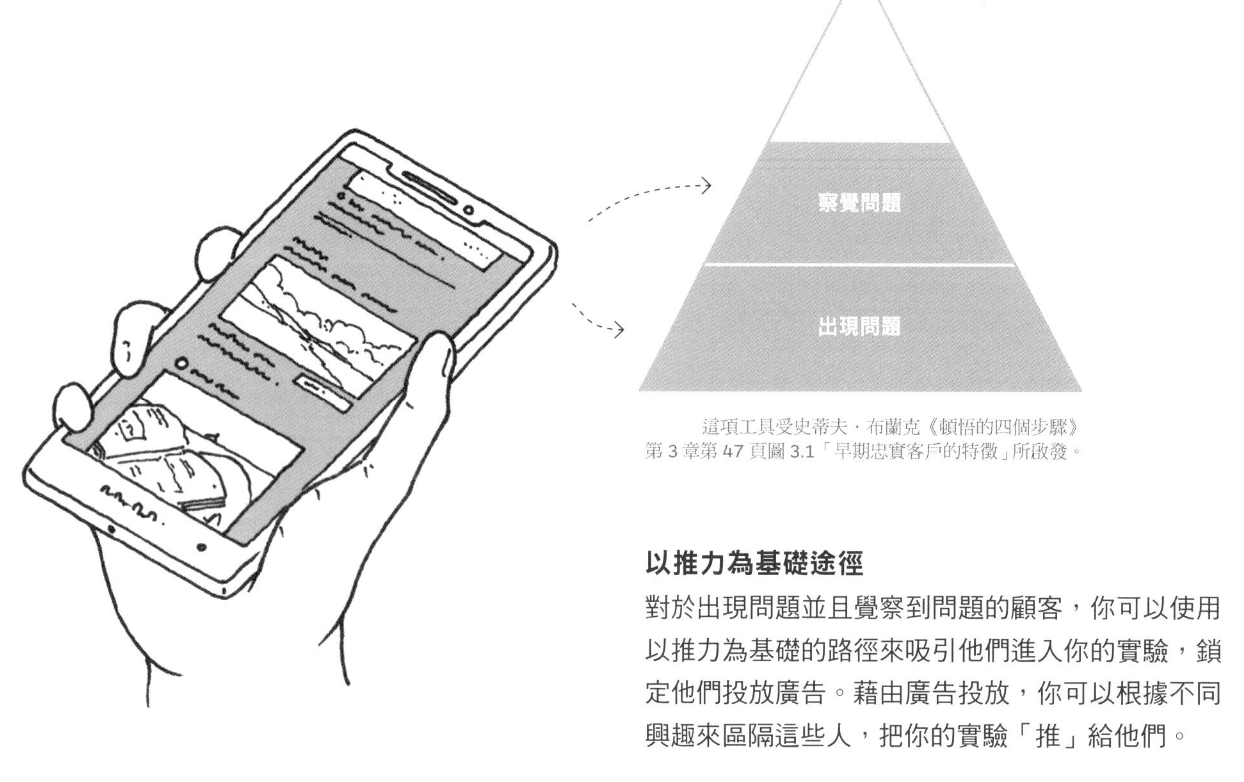

這項工具受史蒂夫・布蘭克《頓悟的四個步驟》第 3 章第 47 頁圖 3.1「早期忠實客戶的特徵」所啟發。

以推力為基礎途徑

對於出現問題並且覺察到問題的顧客，你可以使用以推力為基礎的路徑來吸引他們進入你的實驗，鎖定他們投放廣告。藉由廣告投放，你可以根據不同興趣來區隔這些人，把你的實驗「推」給他們。

社群媒體廣告

準備

- ☐ 決定投放廣告的社群媒體平台。
- ☐ 創造目標受眾、廣告宣傳長度以及預算。
- ☐ 選擇「點擊收費」（Cost Per Click，簡稱 CPC）功能。
- ☐ 加上企業名稱與商標。
- ☐ 根據價值主張圖撰寫價值宣言，適切傳達你提供的產品或服務。
- ☐ 創造引人注目的圖像，加強你的價值宣言。
- ☐ 加上網址，引導受眾到到達頁面。

執行

- ☐ 廣告審核通過後在社群媒體上線。
- ☐ 監看每天的廣告表現：
  - 廣告費用。
  - 曝光。
  - 點擊率。
  - 留言與分享。

分析

- ☐ 分析每天的廣告表現。
- ☐ 如果你花掉一大筆費用，點擊率卻很低，就暫停這波廣告宣傳，重新設計文案和圖像，然後再做一波廣告宣傳。

搜尋引擎廣告

準備

- □ 決定投放廣告的搜尋平台。
- □ 創造目標受眾、廣告宣傳影片以及預算。
- □ 選擇「點擊收費」功能。
- □ 加上你的企業名稱與商標。
- □ 根據價值主張圖寫出價值宣言，適切傳達你提供的產品或服務。
- □ 加上網址，引導受眾到到達頁面。
- □ 寫一段簡短的價值宣言，當作價值主張的標題。
- □ 提交廣告以供審核。

執行

- □ 審核通過後在搜尋平台上線。
- □ 監看每天的廣告表現：
  - 廣告費用。
  - 曝光。
  - 點擊率。

分析

- □ 分析每天的廣告表現。
- □ 如果你花掉一大筆費用，點擊率卻很低，就暫停這波廣告宣傳，重新設計文案和圖像，然後再做一波廣告宣傳。

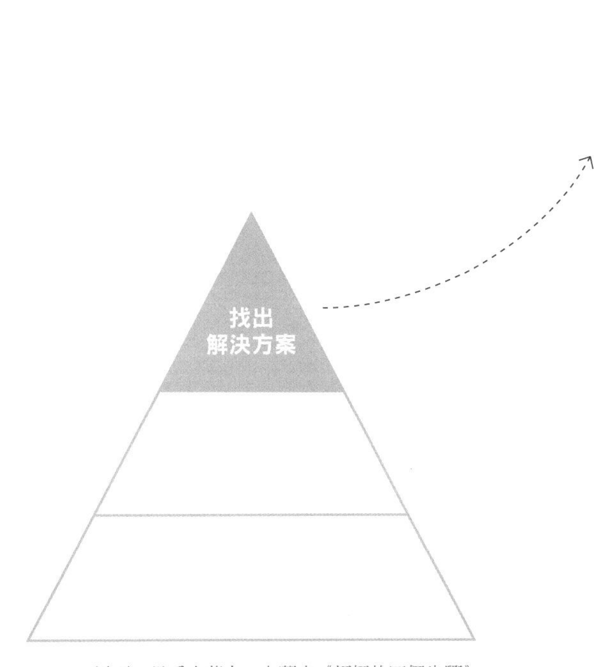

這項工具受史蒂夫．布蘭克《頓悟的四個步驟》第 3 章第 47 頁圖 3.1「早期忠實客戶的特徵」所啟發。

以拉力為基礎途徑

針對已經在尋找問題解決方案的人，你可以採用稍微不同的路徑，與使用推力獲取顧客的路徑相反。當他們在尋找解決方案時，你必須站到他們面前。

以拉力獲取顧客的意思是，當人們上網尋找問題的解方時，你要確保他們能夠看見實驗。他們主動尋求解方時，你可以使用網路搜尋廣告鎖定關鍵搜尋詞彙，把他們「拉」到你的價值主張面前。

費用

依你選擇的廣告方式，如展示型廣告或搜尋廣告，以及你下的關鍵字、產業中每次點擊廣告的平均費用，成本將各有不同。整體來說，事業早期應該避免投放非常昂貴的線上廣告。不要養成付費獲得顧客的習慣，否則往後擴大規模時會碰到麻煩。

準備

如果你的廣告只有文字，或許可能在幾分鐘之內就做出來；如果你的廣告包含圖像，自然會花費比較長的時間才能找到或是製作出適合廣告的圖像。

執行

依平台而定，廣告審核可能要花1～3天。通過審核後，通常也要讓廣告出現至少一週，並且每天監看它的表現。

證據強度

#不重複的瀏覽數

#點擊數

點閱率（Click Through Rate，簡稱 CTR）＝點擊次數 ÷ 廣告曝光次數 ×100%。

每個產業的點擊率不同，所以要上網研究適用於你的產品的點擊率，作為參考比較。

使用者點擊廣告是相對薄弱的證據，但還是有必要用它來測試獲得顧客的管道。它也可以結合簡單到達頁面的轉換率，使整體證據更有效。

必要能力

設計／產品／行銷

現在要執行線上廣告比過去更容易，主要是因為線上廣告平台會提供操作步驟，讓使用者更方便管理廣告。不過，你還是要設計出精準傳達價值主張的廣告，而且要有正確的行動呼籲以及目標受眾。這表示你必須具備產品、行銷與設計技能，否則廣告不會轉換成銷售數字。

需求

目的地

受眾點擊廣告後，你需要提供一個目的地讓他們造訪。在大多數情況中，目的地會是某種類型的到達頁面。近幾年來，各平台設下許多限制，所以網頁必須切合廣告的整體價值主張，才能符合網站平台對於廣告目的地的要求。在廣告上線前務必檢查這些要求，否則將會無法通過審查。

顧客訪談

p. 106

運用顧客訪談的筆記，構思你的廣告文案。

社群媒體宣傳

p. 168

運用你從線上廣告學到的資訊，為社群媒體宣傳提供參考。

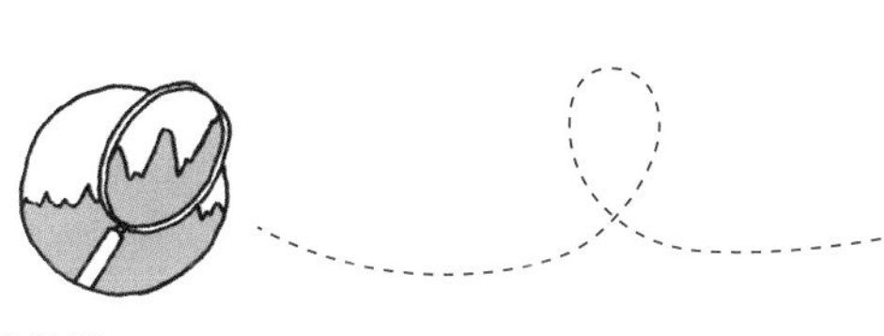

搜尋趨勢分析

p. 126

找出關鍵字與搜尋趨勢，以便更精準鎖定網路上的受眾。

線上廣告

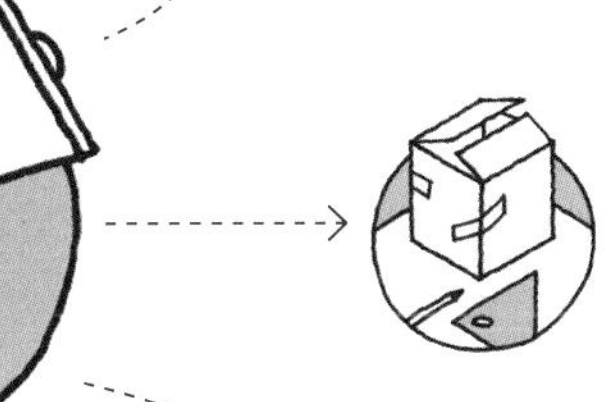

產品包裝盒

p. 214

舉辦產品包裝盒活動，以便更加了解如何在廣告中傳達出你設定的價值主張。

簡單的到達頁面

p. 260

製作簡單的到達頁面作為廣告的目的地。

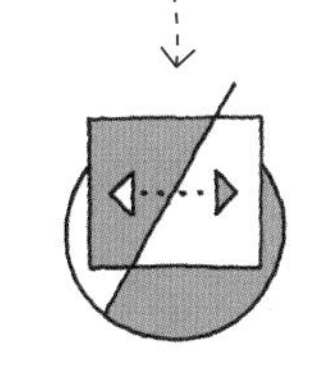

AB 測試

p. 270

嘗試不同版本的線上廣告，測試顧客對哪個廣告的迴響比較大。

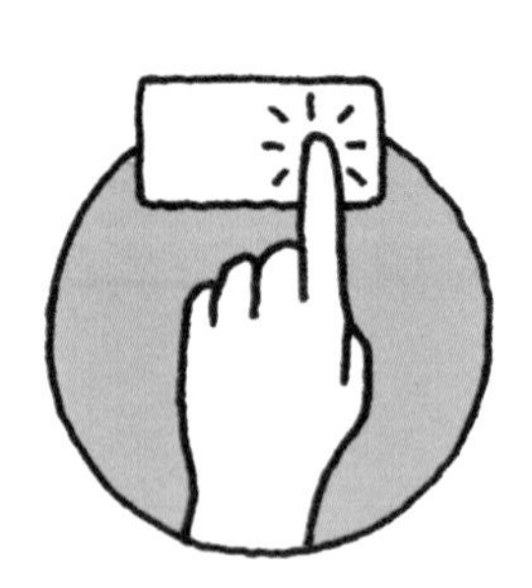

探索／興趣探索

連結追蹤

可追蹤且不重複的超連結，由此獲得價值主張更多的細節資訊。

●○○○○ 費用	●●●○○ 證據強度
●○○○○ 準備時間	●●●○○ 執行時間
必要能力 科技／數據	

需求性・可行性・存續性

連結追蹤最適合用來測試顧客行動，以收集量化數據。

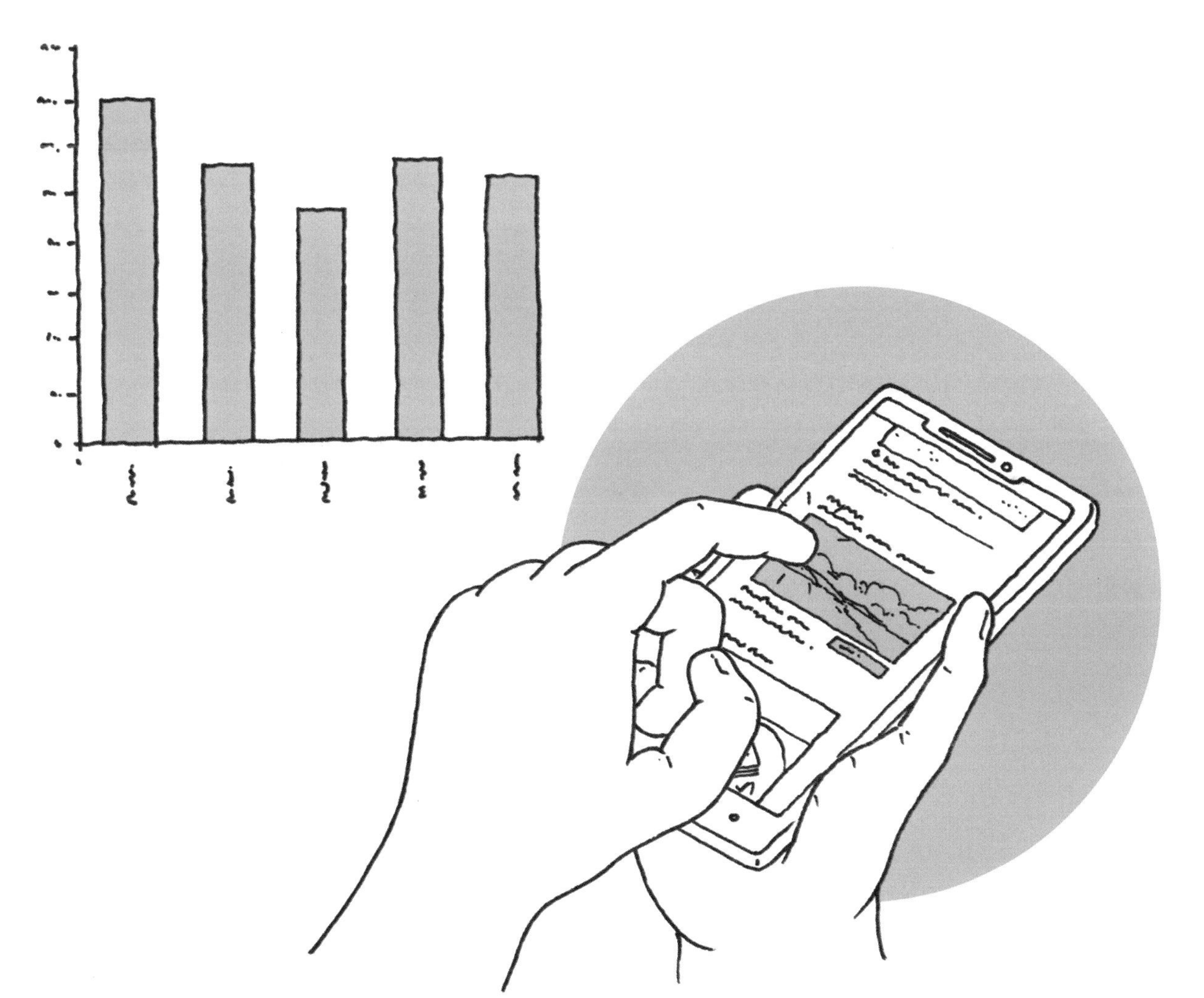

準備

- ☐ 決定放置連結的地方。
- ☐ 為連結做出清楚的行動呼籲。
- ☐ 整合分析工具來追蹤連結瀏覽與點擊量。
- ☐ 製作目的地網站，讓點擊連結的顧客進入。

執行

- ☐ 讓連結生效，並提供給顧客。
- ☐ 連結要持續有效幾天或幾週，讓人們有時間點擊。

分析

- ☐ 計算點擊連結的轉換率。
- ☐ 比較連結跟目的地網頁上的顧客行為。
- ☐ 利用你學到的資訊，仔細修改連結文案，並且進行 AB 測試。

費用

連結追蹤的費用相對低廉。大部分網路分析工具、線上廣告與電子郵件軟體都可以用來追蹤、排除重複的 URL 連結。

準備

如果你使用現有的軟體，連結追蹤的準備時間相對較短。但是，你會需要為不同的數位媒體格式製作連結。

執行

連結追蹤的執行時間通常需要數週。人們需要時間看到連結，並決定要不要點擊。

證據強度

不重複的瀏覽數

點擊率（click rate）＝連結點擊的人數 ÷ 瀏覽連結的人數 ×100%。

點擊率依產業而有不同。根據產業指引來決定你的實驗適用的平均數值。

連結點擊的證據強度為中等。你會知道人們做了什麼，但是除非跟他們談過，否則不知道他們為什麼這樣做。

必要能力

科技／數據

追蹤連結不需要很深的專業知識，因為大部分軟體都已經可以辦到。但你會需要做出可追蹤的連結，並且解讀結果的能力。

需求

行動呼籲

如果沒有清楚的行動呼籲以及價值主張，連結追蹤不會成功。你要在內容與圖像中清楚傳達這兩點，同時提供連結把顧客帶到網頁。

顧客訪談

p. 106

從顧客訪談收集電子郵件地址，寄出含有連結追蹤的後續郵件。

AB 測試

p. 270

利用連結追蹤的分析，對不同版本進行 AB 測試。

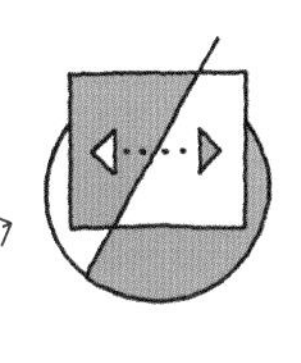

連結追蹤

線上廣告

p. 146

製作一個含有可點擊連結的線上廣告，用以追蹤點擊率。

簡單的到達頁面

p. 260

網頁內要附上連結追蹤，以了解點擊線上廣告的顧客在網頁上的轉換狀況。

電子郵件宣傳

p. 162

在電子郵件內附上連結追蹤，以了解你的電子郵件宣傳有多少人點擊連結。

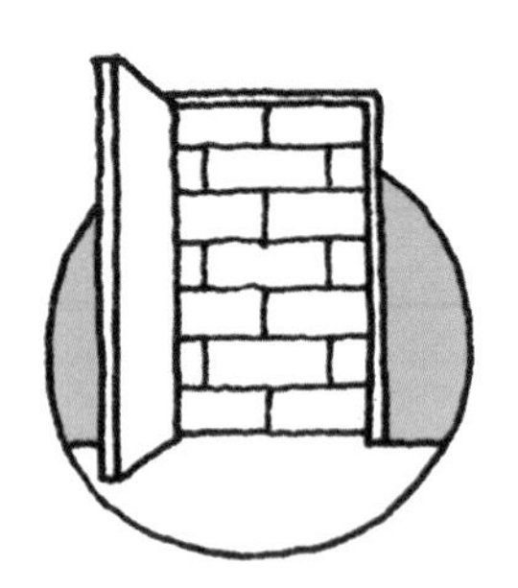

探索／興趣探索

功能測試替身

對於即將推出的功能進行小測試，其中包括非常初期的用戶體驗。測試替身通常以按鍵的形式呈現。

●○○○○ 費用	●●●◉○ 證據強度
●●○○○ 準備時間	●●○○○ 執行時間

必要能力 設計／產品／科技

需求性．可行性．存續性

功能測試替身最適合用來迅速測試已經推出的產品或服務當中的一項新功能。

功能測試替身不適合用來測試產品中最重要的功能。

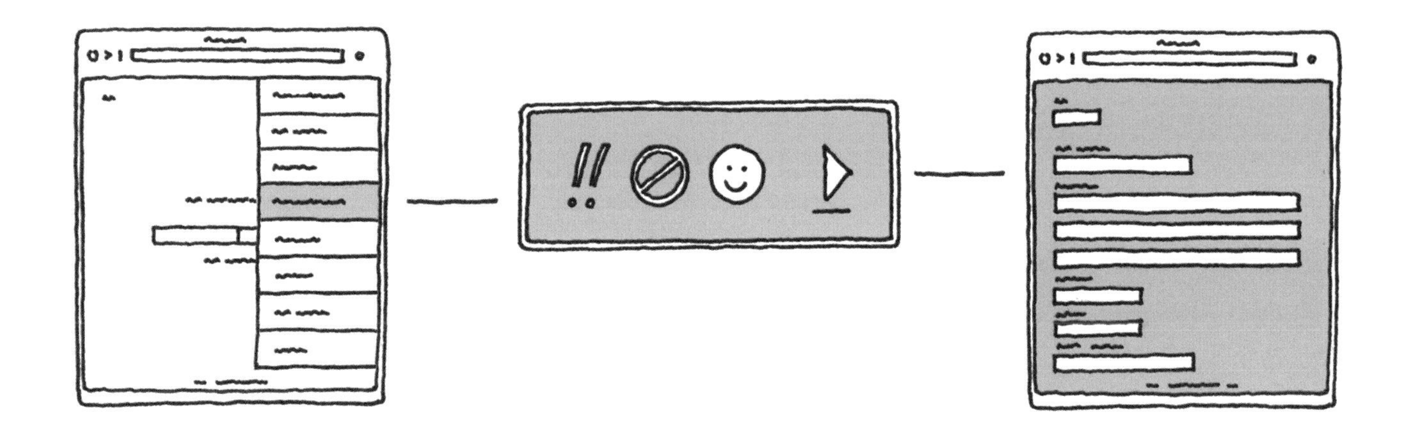

準備

- ☐ 決定要在哪裡加入功能測試替身。它最好是產品中的一部分，放在顧客工作流程（workflow）中最需要它的地方。
- ☐ 決定功能測試替身的測試時間與流程。
- ☐ 功能測試替身的視覺風格要配合產品的其他部分。
- ☐ 顧客點擊時，必須跳出說明訊息，表示這項功能還在施工中。
- ☐ 加上「了解更多」連結，檢測人們是否非常有興趣，願意再點擊一次。或是跳出問卷調查，詢問使用者的興趣意願，並且附上電子郵件訂閱選項。
- ☐ 使用整合分析工具追蹤瀏覽數與點擊數。
- ☐ 安裝功能切換鍵（feature toggle），讓你可以迅速開啟與關閉功能測試替身。這個步驟很重要！

執行

- ☐ 透過功能切換鍵打開功能測試替身。
- ☐ 每個小時密切監控這個連結的使用活動情形。

分析

- ☐ 計算測試用按鈕、「了解更多」連結或是顧客調查等項目的轉換率。確認這些做法是否達到團隊設定的成功標準？
- ☐ 與團隊一起檢視測試結果，確認是否值得繼續開發這項功能。

費用

功能測試替身通常非常便宜，因為你不用做出完整的功能，只是做出它的入口連結。

準備

應該只需要幾小時，就能把功能測試替身放到現存的產品或服務中。如果你花的時間更久，可能需要重新思考實驗流程的結構（architecture）。

執行

功能測試替身的執行時間不應該超過 1 ～ 3 天，因為它本來就是為了迅速收集證據而做的簡單實驗。

如果執行超過 3 天，顧客會一直期待替身真的有作用而覺得挫折。

證據強度

不重複的瀏覽數

按鍵點擊數

按鍵轉換率百分比

轉換率（conversion rate）= 不重複的瀏覽數 ÷ 按鍵點擊數 ×100%；目標是 15%。

按鍵的瀏覽數和點擊數是相對薄弱的證據，不過這些數字確實能顯示出人們對於某項產品功能的興趣。

「了解更多」按鍵點擊數

「了解更多」轉換率百分比

轉換率 =「了解更多」按鍵的不重複瀏覽數 ÷ 連結點擊數 ×100%；目標是 5%。

比起看到訊息就關掉，「了解更多」按鍵的點擊數更能顯示人們是否有興趣。

調查完成次數

調查回饋

轉換率 = 調查完成次數 ÷「了解更多」按鍵的不重複瀏覽數 ×100%；目標是 3%。

比起看到跳出訊息就關掉的狀況，點擊「了解更多」按鍵並填寫問卷調查的證據力度更強。人們自願點擊連結並填寫問卷，表示他們想看到產品具備的功能，你能從中學到有價值的洞見。

必要能力

設計／產品／科技

你需要設計一個適合現有產品的按鍵。當人們按下按鍵時，還要有一個視窗跳出來說明這項功能尚未完成，此外，你也可以請顧客填寫問卷。但最重要的是分析能力，你必須能夠測量功能測試替身的表現。

需求

現存產品

功能測試替身需要一項已經有每日活躍使用者的產品，如果你缺乏具有穩定使用者的產品，會很難測驗出顧客的興趣。顧客必須在產品中看到這項功能測試替身，才能產生可信的證據。

整合與分析工具

功能測試替身必須要能隨時加入或移除，這是必備的條件，而且要確認系統在放上替身之前就可以運作。此外，你還需要分析工具來測量顧客對這項功能的興趣。

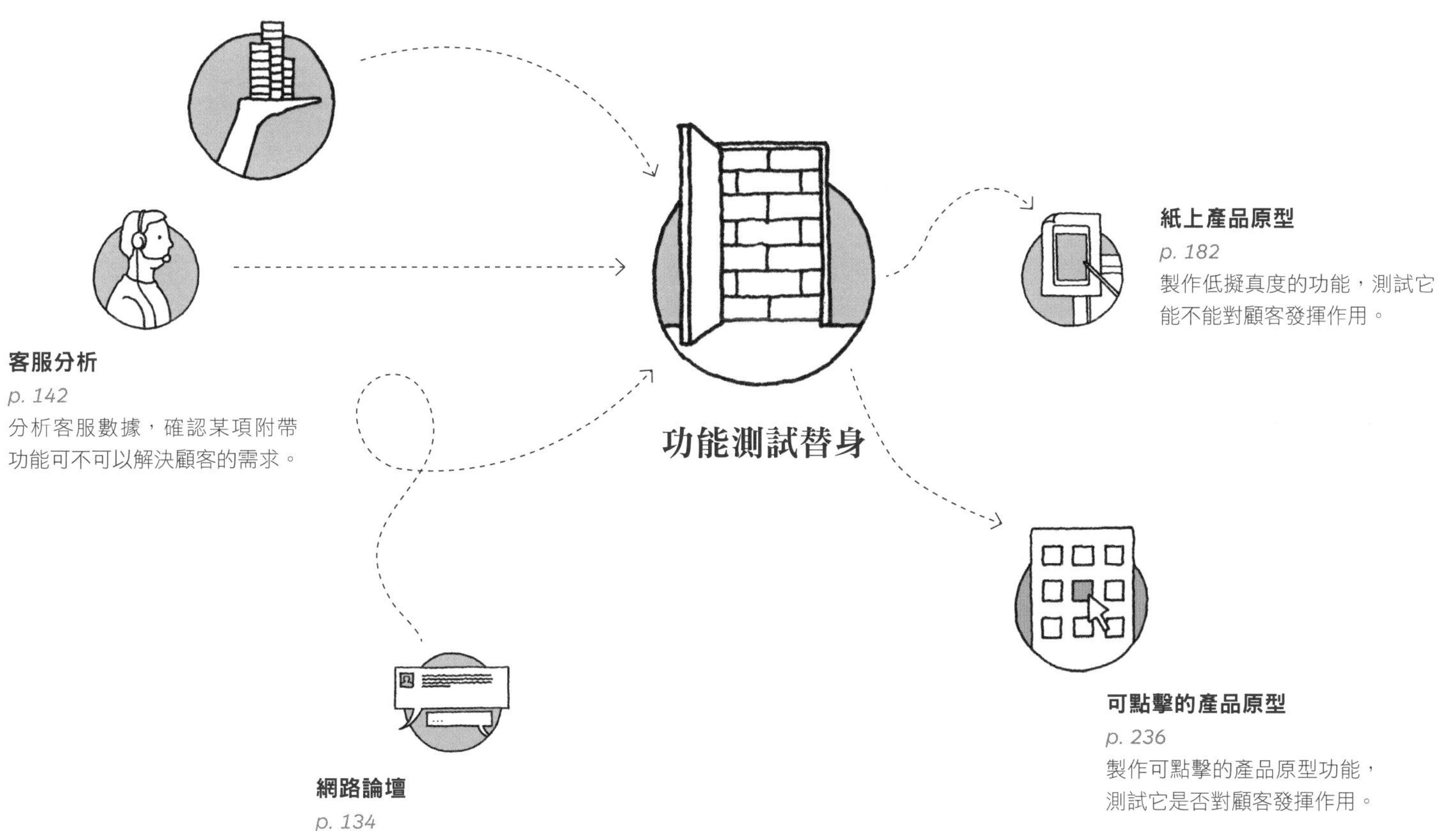

購買產品功能
p. 226
舉辦顧客活動，確認這是不是
顧客最想要的功能。
客服分析
p. 142
分析客服數據，確認某項附帶
功能可不可以解決顧客的需求。
網路論壇
p. 134
搜尋網路論壇，看看顧客是不
是已經發揮創意，找到方法應
對產品的缺陷。
功能測試替身
紙上產品原型
p. 182
製作低擬真度的功能，測試它
能不能對顧客發揮作用。
可點擊的產品原型
p. 236
製作可點擊的產品原型功能，
測試它是否對顧客發揮作用。

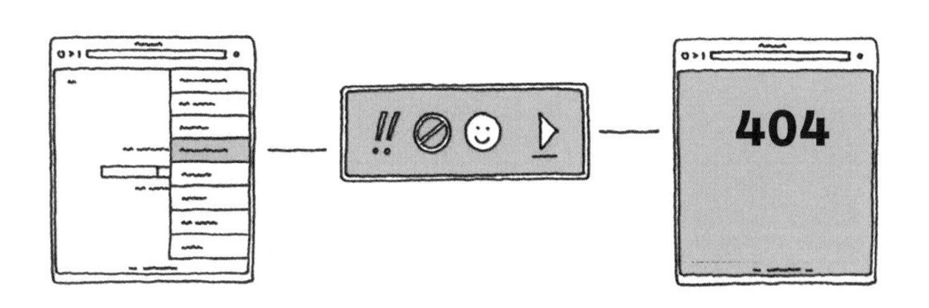

探索／興趣探索

404 測試

功能測試替身有另一種類似的實驗方法叫做 404 測試，它比較快、但是風險比較高。這兩項實驗非常類似，但是在 404 測試中，按鍵或是連結的背後不需要準備任何內容，使用者每次點擊按鍵或連結，會跳出「404 錯誤」訊息，所以這項實驗才被稱為 404 測試。如果想知道人們有多想要某項產品功能，只要計算 404 錯誤訊息產生的次數就可以。

這項變化版實驗有好處也有壞處。一方面，你可以對顧客快速、大規模的測試某項功能；另一方面，它會給人產品壞掉的印象。

404 測試的執行時間不要超過幾個小時。

費用

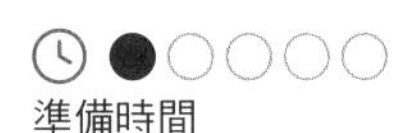
準備時間

執行時間

證據強度

迅速測試的觀念，解決掉無數次會議上的激烈辯論與邏輯爭論。

——史蒂芬．考佛（Stephen Kaufer）
貓途鷹（TripAdviser）執行長

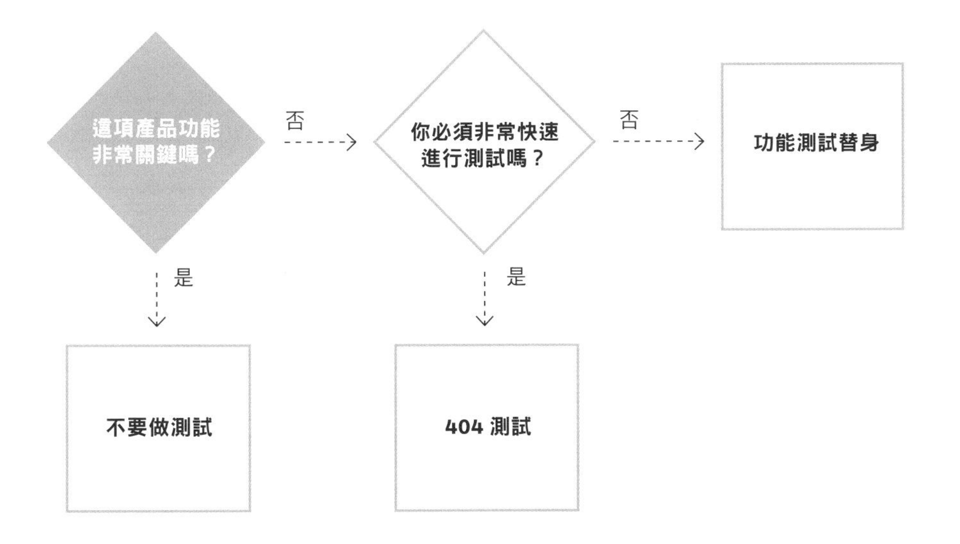

永無止盡的會議

你有沒有碰過團隊成員在會議中爭論不下，辯論要不要為顧客開發某項功能？

如果沒有證據，辯論就會陷入無限迴圈，所有人都只是用自己的意見在做決定。而功能測試替身可以產生數據，協助你評估需求。

如果測試非常成功，顧客紛紛詢問新功能什麼時候可以上線呢？這可以協助你打破永無止盡的開會討論。

如果測試失敗，根本沒有人點擊這項功能呢？那麼這也可以讓會議中的對話繼續前進。

測試不是為了釐清誰對誰錯，讓人在會議上對同儕洋洋得意的說自己的預測正確無誤；測試的目的在於，利用數據協助會議中的對話能夠繼續前進。不論測試結果如何，取得進展比釐清對錯更重要，而功能測試替身就是幫我們取得進展的好方法。

探索／興趣探索

電子郵件宣傳

在一段特定的時間內傳送給顧客的電子郵件訊息。

●○○○○ 費用	●●●○○ 證據強度
●●○○○ 準備時間	●●●○○ 執行時間
必要能力 設計／產品／行銷	

需求性．可行性．存續性

電子郵件宣傳最適合用來針對某個目標客層快速測試價值主張。

電子郵件宣傳不適合用來取代面對面的顧客互動。

準備

- ☐ 定義電子郵件宣傳的目標。
- ☐ 規劃一系列涓滴式行銷的電子郵件（drip emails），分別在數天或數週內寄給顧客，以傳達價值主張。
- ☐ 寄出測試用的電子郵件給內部人員檢查內容與圖像。

執行

- ☐ 寄信給顧客執行電子郵件宣傳。
- ☐ 積極回應顧客提供的所有回覆。

分析

- ☐ 分析表現得最好的電子郵件。
- ☐ 什麼類型的內容最能吸引收件者開啟信件？
- ☐ 什麼類型的內容得到最多點擊數？
- ☐ 什麼類型的內容得到最多回覆？
- ☐ 跟團隊一起回顧測驗，確認下一波宣傳內容要修正的部分。

費用

電子郵件宣傳的費用相對低廉，有許多服務既便宜又方便，可以製作與寄送大量電子郵件，以及分析大量訂閱者的電子郵件。

準備時間

使用現有的電子郵件工具，只需要幾分鐘或幾小時就能寫出一份電子郵件宣傳文宣。你可以使用自動寄信系統，按照設定好的時程寄出郵件，完全不用手動操作。

執行時間

根據電子郵件宣傳的本質不同，可能會花 1～2 天或 3～4 週。

證據強度

開啟郵件

點擊

回覆

取消訂閱

開啟率＝不重複的點擊數 ÷ 不重複的郵件開啟數 ×100%。

點擊率＝在郵件中至少點擊一個連結的人數比例。

開啟率與點擊率會因為產業而不同，所以要利用產業指標，確認這項實驗的平均數字應該落在哪個區間。大部分電子郵件服務工具都有相關資訊，通常包含在回報服務當中。

電子郵件開啟率和點擊率的證據屬於中等強度。

必要能力

設計／產品／科技

現在電子郵件宣傳的製作和管理相對容易，有許多專門的工具和服務可以選擇。不過，你還是必須寫出清楚、連貫的文字，搭配引人注目的圖像與強力的行動呼籲。此外，網路上有許多種格式的模板可以套用。

需求

訂閱名單

在有效發揮電子郵件宣傳的功能前，首先你需要一群訂閱者。你可以從下列幾個不同的管道獲得訂閱者：

- 社群媒體宣傳。
- 網站訂閱。
- 附有電子郵件訂閱的部落格貼文。
- 口碑。
- 網路論壇。

宣傳目標

電子郵件宣傳需要目標，否則它不一定能協助你取得進展。目標可能非常不同，從引導流量到某個網頁進行轉換、讓新顧客上門、建立信任，或是學習顧客需求藉此再次吸引現有或流失的顧客等。不過，花力氣做電子郵件宣傳前，要先擬訂目標。

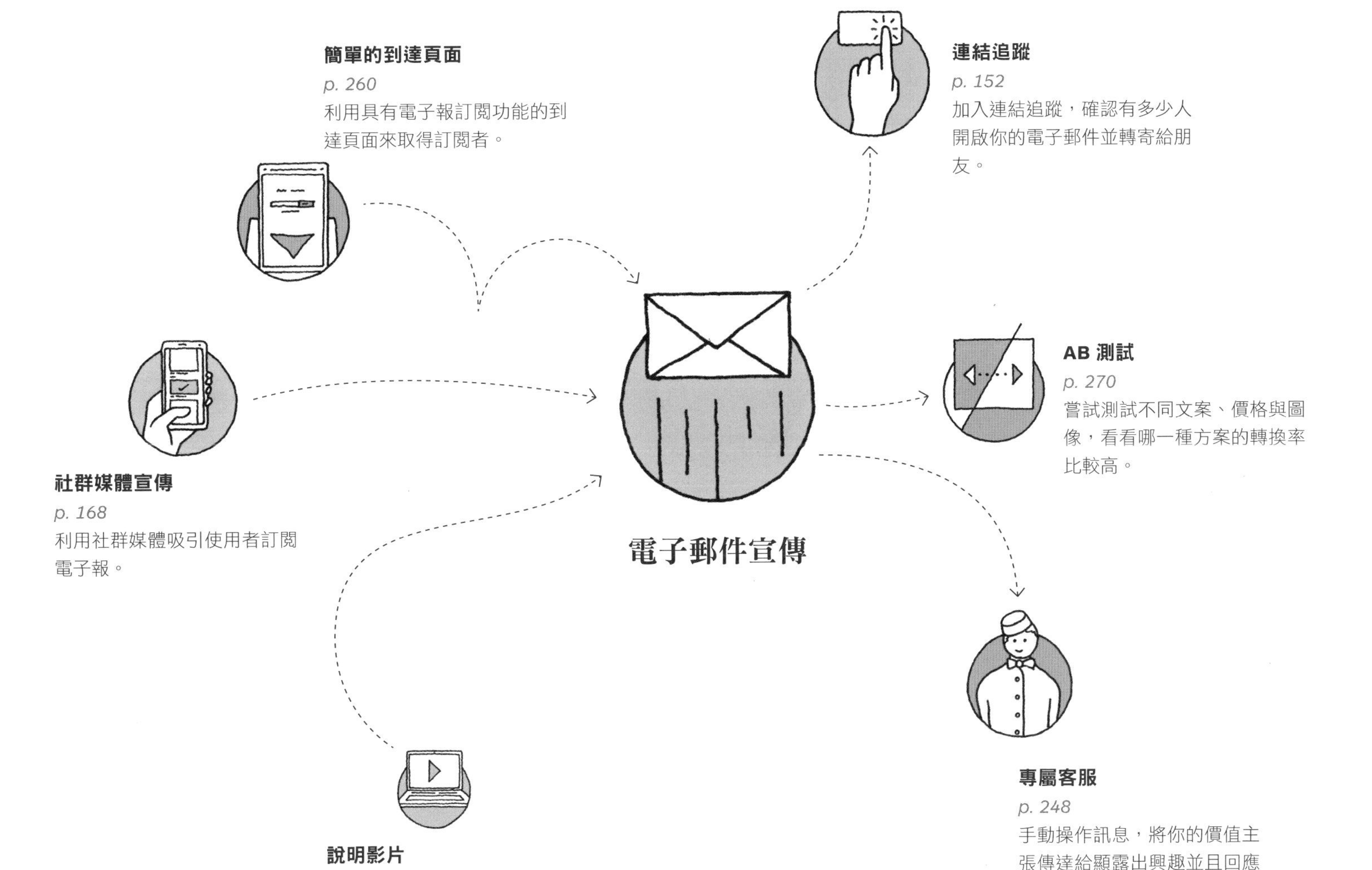
簡單的到達頁面
p. 260
利用具有電子報訂閱功能的到達頁面來取得訂閱者。
連結追蹤
p. 152
加入連結追蹤，確認有多少人開啟你的電子郵件並轉寄給朋友。
社群媒體宣傳
p. 168
利用社群媒體吸引使用者訂閱電子報。
AB 測試
p. 270
嘗試測試不同文案、價格與圖像，看看哪一種方案的轉換率比較高。
電子郵件宣傳
專屬客服
p. 248
手動操作訊息，將你的價值主張傳達給顯露出興趣並且回應郵件宣傳的人。
說明影片
p. 200
在人們觀看影片之前，以電子郵件訂閱作為觀看影片的必要條件。

電子郵件宣傳

分享、探索、討論新產品

產品狩獵（Product Hunt）

產品狩獵是一個讓使用者分享與發現新產品的網站，自 2013 年上線以來，已經出現大幅成長，因此成為推出新產品的平台。有趣的是，這間公司源自雷恩．胡佛（Ryan Hoover）在菲爾茲咖啡館（Philz Coffee）進行的一項 20 分鐘的實驗，而且實驗主要是透過電子郵件進行。

假設

雷恩認為產品開發人員會加入網路社群分享、探索與討論有趣的新產品。

實驗

做出第一版產品狩獵，進行電子郵件宣傳。

短短 20 分鐘內，雷恩就在 Linkydink 上建立了一個群組。Linkydink 是一個連結分享工具，由 Makeshift 公司的員工建立，當時，使用者可以用它分享連結給整個群組的人，連結還可以透過每日電子郵件的方式寄出。雷恩接著邀請一些新創圈的朋友加入群組、做出貢獻。為了推廣產品，雷恩在一個關注科技的網路社群 Quibb 以及推特上公布這項實驗。

證據

開啟、點擊與分享。

在兩週內，已經有超過 200 人訂閱這份發掘產品的電子報。產品資訊來自 30 位精心挑選的合作夥伴，其中包括創業者、創投人士與知名部落客。

雷恩也收到好幾封電子郵件，還有不少人主動表示要當面談談，都是為了表達他們對這項專案的喜愛與支持。

洞見

它就在那裡。（There is a there, there.）

雷恩得到一面倒的正面回饋，而且他的電子郵件不像大部分電子郵件那樣，使用者只是打開、點擊（或不點擊），雷恩有一大群使用者願意公開提供協助，並且透過電子郵件分享連結。多年下來，他建立起一個網絡，成員都是飢渴的創業家與產品人員。很明顯，從雷恩的電子郵件名單人員之間的大量活動看來，這個社群的人對產品的熱情並沒有得到滿足。

行動

把使用者行為從電子郵件轉到平台上。

雷恩把他從實驗中學到的資訊，用來作為產品狩獵的設計與技術基礎，建立起一個社群平台。

與此同時，產品狩獵從 Y Combinator（YC S14）畢業，2016 年被 AngelList 收購，根據報導，收購金額是 2,000 萬美元。最後，產品狩獵成為製作者和創業者推出新產品的平台，服務對象是來自全球的創業家、新聞記者、投資人與熱愛科技的人。

探索／興趣探索

社群媒體宣傳

在某段時間內透過社群媒體傳達訊息給顧客。

費用 ●●○○○

證據強度 ●●◎◎○

準備時間 ●●◎○○

執行時間 ●●●●●

必要能力 設計／行銷

需求性．可行性．存續性

社群媒體宣傳最適合用來獲取新顧客、增加品牌忠誠度與刺激銷售。

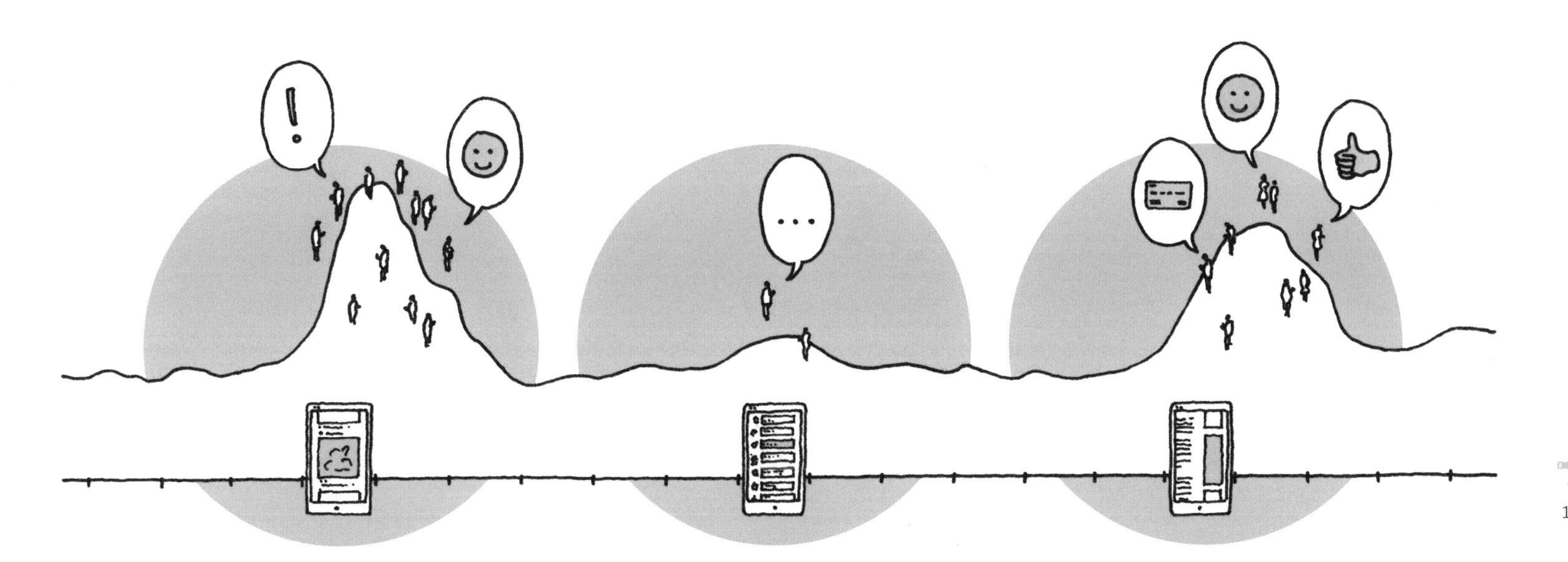

準備

- ☐ 決定社群媒體宣傳的目標。
- ☐ 找到你要使用的宣傳平台。
- ☐ 製作內容行事曆與進度。
- ☐ 創作社群媒體內容。

執行

- ☐ 按照進度將內容貼到平台上。
- ☐ 監控、回應並且與留下評論的人互動。

分析

- ☐ 分析表現得最好的貼文與平台。
- ☐ 哪種內容得到最多分享？
- ☐ 哪種內容得到最多點擊？
- ☐ 哪種內容得到最多留言？
- ☐ 哪種內容得到的轉換率最高？
- ☐ 跟團隊一起回顧測試，確認下一波宣傳要修正的部分。

費用

如果你自己操作、沒有支付社群媒體廣告費，這項實驗的費用不算太貴。不過，如果你付錢請人管理、創作內容，費用可能會很快升高，一個月從 5,000 到 2 萬美元不等。

準備時間

準備社群媒體宣傳可能要花幾天或是幾週，根據你需要的內容量而定。如果你要在很多平台上貼文，準備時間也會拉長。

執行時間

執行社群媒體宣傳的時間比較長，通常需要數週或數月。你必須在社群媒體上貼文、閱讀與回應使用者。此外，你也需要檢測這個做法對商業目標有多少效果。

證據強度

●●○○○

#瀏覽數

#分享數

#評論數

互動（engagement）指的是顧客閱讀、分享與回應社群媒體貼文的行為。

社群媒體互動是比較薄弱的證據，但你可以從留言當中得到質化洞見，作為價值主張的參考。

#點擊／閱數

點閱率＝點擊數 ÷ 社群媒體貼文瀏覽數 ×100%。

●●●●○

#轉換數

轉換率＝透過連結訂閱或購買的人數 ÷ 點擊社群媒體連結的人數 ×100%。

轉換率是強力的證據，可以協助你決定使用哪一個社群媒體平台最有可能獲利。

必要能力

設計／行銷

社群媒體宣傳很需要行銷與設計能力：在多個平台上創作、回應與管理社群媒體需要行銷能力；貼文前安排內容、將內容視覺化則需要設計能力。

需求

內容

社群媒體宣傳不只是到處貼文而已，而是要在數週至幾個月內安排內容上線。要是沒有內容，宣傳不會成功，所以，開始宣傳前，要確定你已經先擬好計畫、掌握資源用來製作內容。

說明影片

p. 200

使用社群媒體宣傳，將流量導引到你的影片。

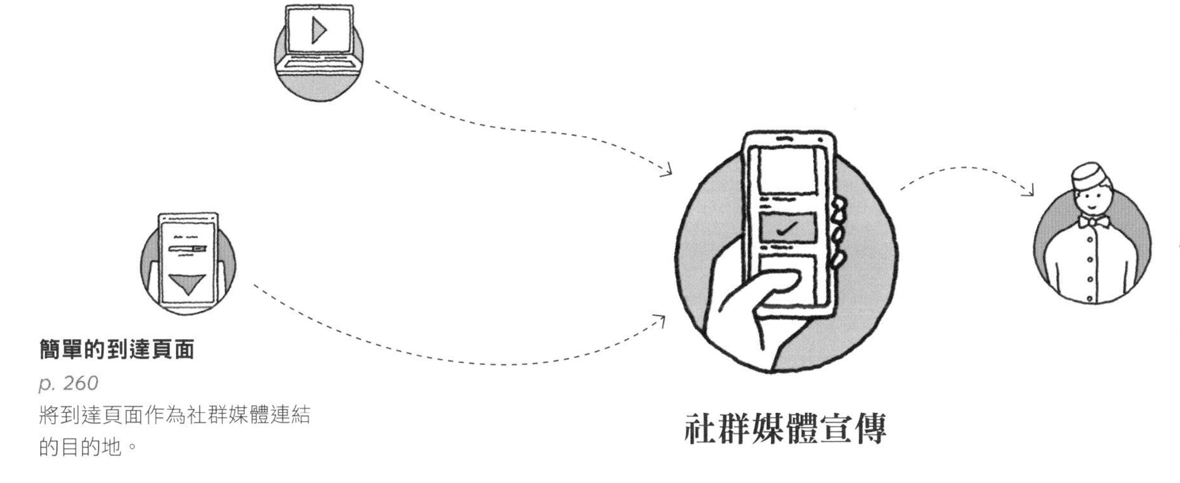

簡單的到達頁面

p. 260

將到達頁面作為社群媒體連結的目的地。

社群媒體宣傳

專屬客服

p. 248

安排人員操作訊息，將價值主張傳達給透過社群媒體宣傳轉換而來的顧客。

探索／興趣探索

推介計畫

透過介紹、口碑或數位代碼，推廣產品或服務給新顧客的方法。

●●●○○ 費用	●●●●○ 證據強度	需求性．可行性．存續性
●●○○○ 準備時間	●●●●● 執行時間	推介計畫最適合用來對顧客進行測試，探索如何漸進、有組織的拓展商業規模。
必要能力 設計／產品／行銷		

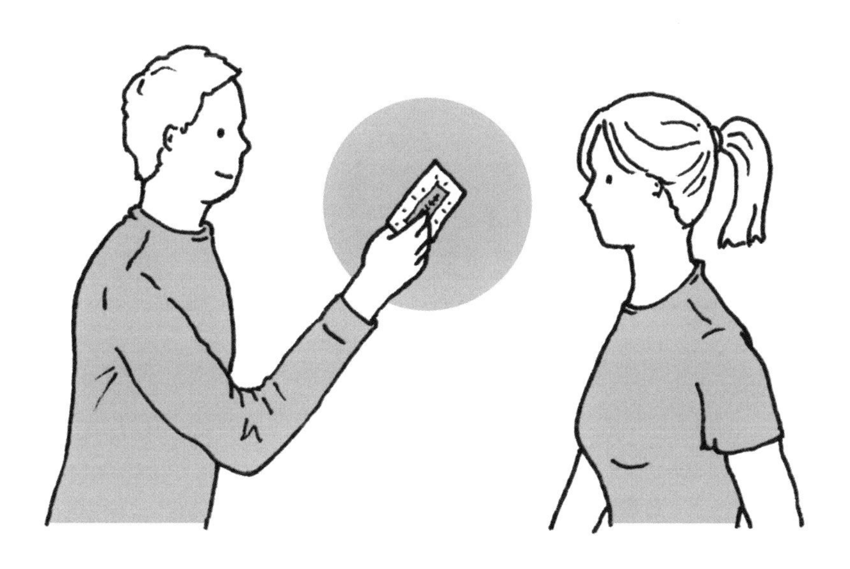

準備

- ☐ 決定推介計畫的轉換目標。
- ☐ 找出推薦人並寄出推介代碼給對方。
- ☐ 製作不重複的推介代碼，並且整合分析工具。

執行

- ☐ 將推介代碼提供給推薦人。
- ☐ 執行數週，讓推薦人的朋友有時間考慮並點擊連結。

分析

- ☐ 計算推薦人的分享率。
- ☐ 計算推薦人的朋友的點擊率。
- ☐ 計算推薦人的朋友的轉換率。
- ☐ 比較預設的轉換率目標與實際轉換率。
- ☐ 利用你學習到的資訊進行細部修正，針對另一項推介計畫進行 AB 測試。

費用

推介計畫的費用不算太貴。但是，如果你要讓顧客有誘因推介產品，通常會提供折扣給推薦人與另一位顧客（推薦人的朋友），這樣就會產生費用。不過，市面上也有便宜的軟體可以協助你管理推薦人，並且提供數據，分析這項實驗計畫的表現。

準備時間

推介計畫的準備時間比較短。你要做的是分配推介代碼，並且選擇要寄送代碼給哪些推薦人。

執行時間

推介計畫的執行時間比較長，通常會持續數週或幾個月。你要讓推薦人有時間介紹產品，他們的朋友也需要時間來決定是否根據推薦來行動。

證據強度

＃推薦人人數

＃推薦人分享量

推薦人是你提供推介代碼、讓他們分享給朋友的人。分享量則是有多少推薦人分享代碼給朋友。

推薦人分享率＝分享代碼給朋友的推薦人人數 ÷ 收到代碼的推薦人人數 ×100%。請以 15 ～ 20%為目標。

推薦人同意接受與分享代碼屬於相對強力的證據，因為他們採取行動，把你的產品介紹給朋友。

＃朋友數

＃朋友點擊量

＃朋友轉換量

朋友是指從推薦人那裡得到代碼的人。

朋友點擊率＝點擊代碼的人數 ÷ 收到代碼的朋友數 ×100%。管道不同，點擊率也會不同；請以 50 ～ 80%為目標。

朋友轉換率＝透過代碼註冊或購買產品的人數 ÷ 點擊代碼的人數 ×100%。請以 5 ～ 15%為目標。

朋友接受推介代碼並且轉換成購買或註冊的行動屬於強力證據。不過，他們透過推介而採取行動是因為有誘因，所以還需要觀察一段時間，看他們會不會留下來。

必要能力

設計／產品／科技

推介計畫大多需要產品與行銷能力。你要能夠清楚溝通為什麼要提供折扣，以及推薦人的朋友會得到那些利益。此外，如果在這項計畫中你必須管理給顧客的電子郵件、社群媒體貼文或專屬網頁，也需要具備設計能力。

需求

熱情的顧客

顧客通常不會一開始就對你的產品有興趣。他們需要時間才會對產品感到滿意，並且漸漸成為熱情的顧客。因此，我們建議，在隨機送出推介代碼前就要先評估這一點。代碼應該只給你認為真的會把產品介紹朋友、並且以正面態度介紹產品的人。

連結追蹤

p. 152

準備好連結追蹤，確認哪些顧客最活躍。

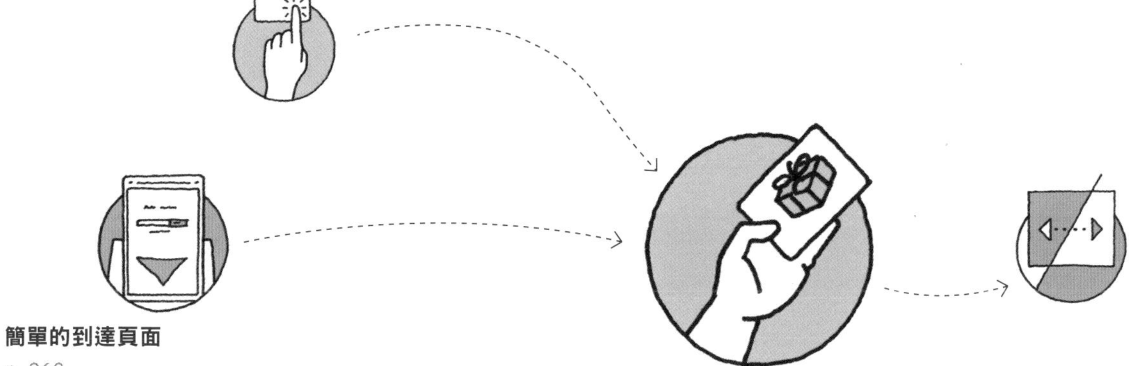

簡單的到達頁面

p. 260

利用到達頁面測試推介計畫的需求程度。

推介計畫

AB 測試

p. 270

利用分析工具針對不同的折扣代碼進行 AB 測試，確認哪個媒體平台上推薦人的朋友轉換率比較高。

電子郵件宣傳

p. 162

寄送電子郵件給推薦人宣傳你的推介計畫。

社群媒體宣傳

p. 168

利用社群媒體來宣傳你的推介計畫。

探索／討論產品原型

3D 列印

利用 3D 列印機，迅速將三維數位模型製作成實體原型。

費用 ●●●○○	證據強度 ●◉○○○
準備時間 ●●●○○	執行時間 ●●●○○
必要能力 設計／科技	

需求性・可行性・存續性

3D 列印最適合用來針對顧客、迅速測試疊代的實體解決方案。

準備

- ☐ 收集先前的低擬真度實驗證據，支援3D列印實驗。
- ☐ 在3D模型軟體中製作模型。
- ☐ 利用3D列印機製作3D列印原型。
- ☐ 找到顧客並且安排互動。

執行

- ☐ 向顧客展示3D列印原型。
- ☐ 安排一位團隊成員進行訪談。
- ☐ 安排另一位團隊成員記錄顧客說的話、任務、痛點、獲益與肢體語言。
- ☐ 訪談即將結束時，詢問顧客能否保持聯絡，以後讓他們看看擬真度更高的解決方案。

分析

- ☐ 和團隊一起檢視筆記。
- ☐ 根據你學習到的資訊更新價值主張圖。
- ☐ 利用學習到的資訊，精細修正並且疊代3D列印原型，以便在下一輪測試時使用。

費用

3D 列印的費用不算太貴。如果你要列印小型的基本原型來進行顧客測試，費用又會更便宜。愈複雜、尺寸愈大的 3D 列印原型會愈花錢。

準備時間

3D 列印的準備時間可能長達幾天或數週，依你製作模型的能力以及能否取得列印機而定。

執行時間

執行 3D 列印的時間相對較短，你會希望顧客與原型互動，以便更加了解你的價值主張是否切合顧客任務、痛點與獲益。

證據強度

顧客任務

顧客痛點

顧客獲益

顯示顧客任務、痛點與獲益，以及這個原型將如何為他們解決問題。

這項實驗的證據相對較弱，因為顧客必須先放下懷疑，還要想像實際的使用狀況。

顧客回饋

顧客說的話

除了顧客任務、痛點與獲益，還要將顧客說的其他意見記下來。

顧客說的話的證據基礎比較薄弱，但是可以從中了解脈絡並獲得質化洞見，對下次實驗會有幫助。

必要能力

設計／科技

你要懂得在軟體中做出 3D 列印模型，然後用 3D 列印機把它製作出來。有些軟體比較容易上手，但是如果你沒有設計背景，學習曲線可能會很陡峭。所以，我們建議你找 3D 模型專家協助；至於 3D 列印機也不用急著買，創客空間或工作坊通常能讓會員租借時段來製作 3D 列印。

需求

描繪模型

在規劃製作 3D 列印原型前，確認你已經花時間測試過更迅速、低擬真度的實驗。例如，你至少已經把紙上產品原型給顧客看過，並且得到回饋，作為設計與解決方案的參考意見。但是，你不必全部按照顧客的要求修改。

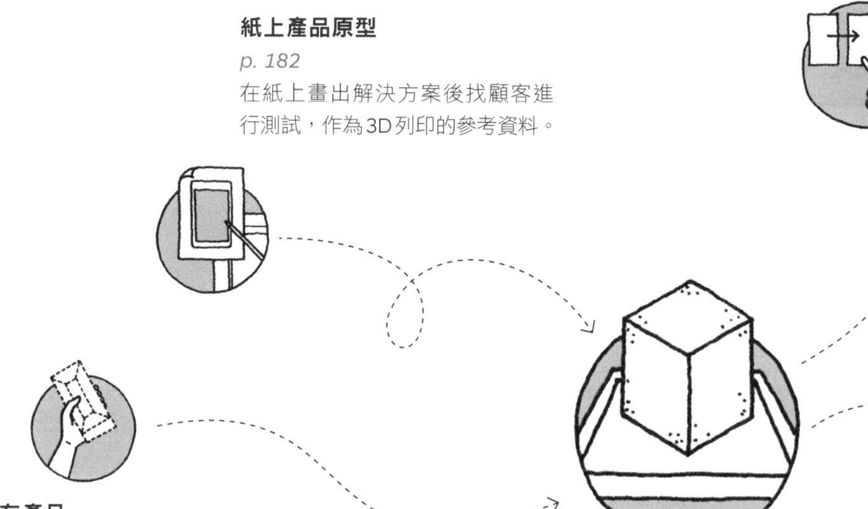

紙上產品原型
p. 182
在紙上畫出解決方案後找顧客進行測試，作為3D列印的參考資料。

故事分鏡板
p. 186
根據顧客的回饋意見，畫出解決方案的使用情境。

擬真產品原型
p. 254
根據你學習到的資訊，製作擬真度較高的原型。

假裝擁有產品
p. 208
利用硬紙板或木板製作解決方案，作為3D列印的參考資料。

3D 列印

顧客訪談
p. 106
在顧客與 3D 列印原型互動時進行訪談，以了解顧客的任務、痛點與獲益。

合作夥伴與供應商訪談
p. 114
訪談夥伴與供應商，請他們針對解決方案的可行性給予回饋。

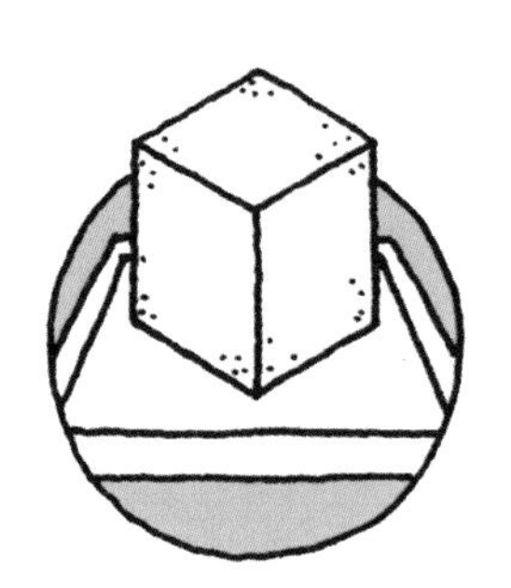

3D 列印

3D 列印的立方衛星（CubeSats）

美國國家安全局（The National Security Agency）

美國國家安全局是密碼學（cryptology，破解密碼的藝術和科學）的全球領導者，密碼能保護敏感的國安資訊，甚至在太空中也不例外！如果你跟大部分人一樣，看到「衛星」或許會想到如公車般大小、重達好幾噸、價值數億美元、繞著地球行進好幾年的物體。但是，立方衛星完全不一樣，這是一種新型態的衛星，尺寸只有 10×10×11.35 公分，重量不到 2 公斤，而且具備商業運作的現成功能。

美國國安局的網路安全解決小組（Cybersecurity Solutions Group）有一支團隊叫做「創新軍團」（Innovation Corps，簡稱 I-Corps），他們有個構想是做出新型態的加密裝置，保護立方衛星上傳與下載的通訊資料。然而，現有經過認證的產品是為了公車大小的昂貴衛星所設計，相較之下，創新軍團提出的解決方案，不僅尺寸小、重量輕、電源裝置小，就連價格都非常低。

假設

國安局團隊相信……

這支內部創新團隊忍住衝動，沒有先做早期版本的加密裝置，反而走出辦公室，驗證產品的市場需求。他們發現許多外部顧客表示非常需要立方衛星加密裝置，於是決定爭取組織內部的關鍵利害關係人「背書」，可惜，這些人沒有看到新解方的需求。創新團隊心想，如果我們能讓他們看到需求，他們就會授權，並且為專案挹注資金。

實驗

團隊開始想辦法，要讓這些利害關係人迅速、清楚看到全新解決方案的市場需求。經過幾次嘗試失敗後，團隊和他們的教練考慮使用 3D 列印機，製作一個立方衛星的原寸實物模型（mockup），或許可以協助利害關係人看到需求。隔天，他們就準備好了！

證據

利害關係人看到立方衛星的 3D 列印實物模型，也發現目前經過認證的加密產品無法適用後，馬上清楚理解到新解方的需求。

行動

團隊獲得資源後，充滿自信的開始打造解決方案，並且在 2019 年送上軌道做測試。

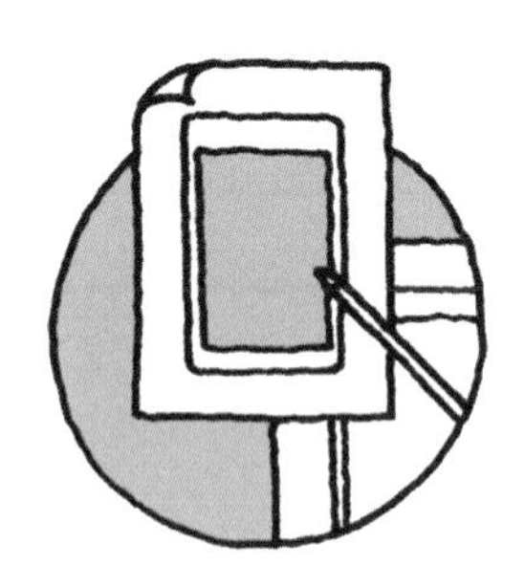

探索／討論產品原型

紙上產品原型

在紙上畫出產品介面，由另一個人操作，顯示出這套軟體面對顧客的互動時會有哪些反應。

費用 ●○○○○	證據強度 ●○○○○
準備時間 ●●○○○	執行時間 ●●○○○
必要能力 設計／研究	

需求性 · 可行性 · 存續性

紙上產品原型最適合用來針對顧客迅速測試產品概念。

紙上產品原型不適合用來取代顧客感受到的產品易用性（usability）。

準備

- □ 設定紙上產品原型實驗的目標。
- □ 決定目標受試者，他們最好是並非完全陌生、而且背景跟產品有關聯的群體。
- □ 撰寫說明稿。
- □ 繪製紙上產品原型素描。
- □ 進行內部測試，確定流程順暢無誤。
- □ 與目標顧客進行紙上產品原型實驗。

執行

- □ 向顧客解釋，這是為你要發表的產品安排的活動，所以希望得到回饋。此外，要確定顧客知道你很重視他們的意見。
- □ 安排一位團隊成員對顧客進行訪談與互動。
- □ 安排另一位團隊成員做筆記，記錄顧客說過的內容。
- □ 結束實驗，感謝參與者。

分析

- □ 把紙上產品原型貼在牆上，在周圍貼上你的筆記、觀察與顧客說的話。
- □ 顧客在哪裡卡住或是覺得困惑？
- □ 顧客對哪些部份感到興奮？
- □ 這些回饋可以為下一次的高擬真度實驗提供參考。

費用

紙上產品原型非常便宜。因為你是畫出草圖來展示可能的解決方案，透過紙上作業完成實驗。紙上產品原型不應該是花費昂貴的大工程，但是如果購買描繪模板或應用程式協助實驗進行，就可能會需要多花一些錢。

準備時間

紙上產品原型的準備時間比較短，應該只需要幾個小時到數天製作原型。最花時間的是尋找顧客來做測試。

執行時間

執行紙上產品原型通常也只需要幾天到一週。你會想要找顧客快速測試紙上產品原型，針對解決方案的價值主張與使用流程，獲得顧客回饋。

證據強度

工作完成（task completion）
工作完成率
完成工作所需的時間

親自操作完成工作不一定是強力證據，但是它能讓你知道顧客不清楚的地方。

顧客回饋

顧客對於想像中解決方案的價值主張與效果提供的意見。

顧客對於紙上產品原型提供的意見是比較薄弱的證據，但是對於擬真度更高的實驗會有幫助。

必要能力

設計／研究

除了想像，你會需要一些設計能力來畫出產品。你也必須寫一份前後連貫的說明稿，並且記錄實驗過程。

需求

想像的產品

紙上產品原型需要很多想像力與創造力。你必須能夠畫出產品的操作流程，並且親自模擬顧客與產品的互動。你需要事先設想過全部的使用經驗，然後才把產品放到潛在顧客面前。

顧客訪談

p. 106

利用顧客訪談的筆記，作為紙上產品原型說明稿的參考資料。

可點擊的產品原型

p. 236

利用你從紙上產品原型測試學到的資訊，作為設計可點擊的產品原型的參考資料。

卡片分類

p. 222

透過卡片分類筆記，更加了解紙上產品原型要應對的顧客任務、痛點與獲益。

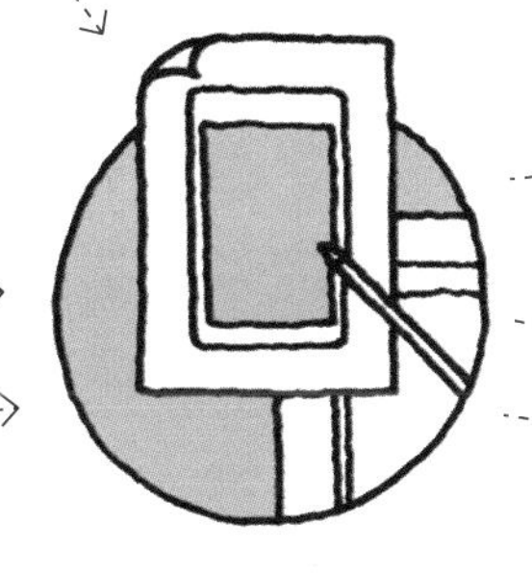

紙上產品原型

故事分鏡板

p. 186

利用你從紙上產品原型測試學到的資訊，透過故事分鏡板針對操作流程進行細部修正。

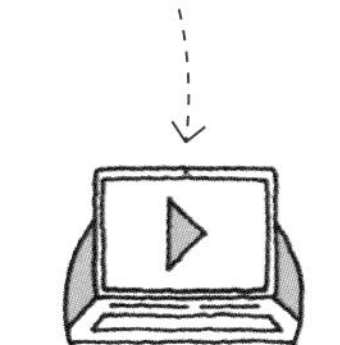

說明影片

p. 200

使用紙上產品原型測試的筆記，作為擬真度更高的說明影片的參考資料。

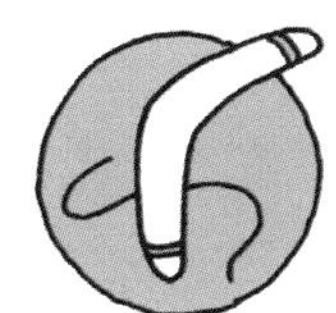

回力鏢測試

p. 204

透過回力鏢測試的筆記建立方法，讓紙上產品原型應對沒有被滿足的需求。

探索／討論產品原型

故事分鏡板

將某個互動體驗過程視覺化，並且按照順序展示的一系列插圖。

費用 ●●○○○	證據強度 ●●○○○
準備時間 ●●○○○	執行時間 ●○○○○
必要能力 設計／研究	

需求性・可行性・存續性

故事分鏡板最適合用在與顧客討論各種不同的價值主張與解決方案的腦力激盪情境當中。

準備

- □ 收集必備物品：紙張、海報紙、麥克筆與便利貼。
- □ 預訂一間有很多牆面與桌面的會議室。
- □ 決定目標客層與整體價值主張。
- □ 邀請團隊成員，安排一段互動時間。

執行

- □ 請團隊成員腦力激盪，想出 8 ～ 12 種不同的價值主張。
- □ 在海報紙上畫出分鏡圖，描述這些價值主張的顧客使用經驗。
- □ 記錄每一種狀況下的顧客任務、痛點與獲益。
- □ 請插畫人員協助，將顧客經驗視覺化，每一種狀況用一張插圖來表現。

分析

- □ 與團隊一起檢視筆記。
- □ 根據你學到的資訊更新、或是製作新的價值主張圖。
- □ 進行顧客訪談時，使用草圖輔助說明。

費用

故事分鏡板相對便宜。如果你是面對面主持活動，會需要一個有牆面的空間，以及簽字筆與海報紙。如果是透過視訊會議進行，則會需要一個便宜或免費的虛擬白板軟體。

準備時間

故事分鏡板的準備時間比較短。但是你要準備文具，並且募集顧客來參加活動。

執行時間

故事分鏡板的執行時間會長達幾個小時。你要主持顧客參與的活動，並且繪製價值主張圖與情境插圖。

證據強度

顧客任務
顧客痛點
顧客獲益

根據顧客在不同價值主張中的使用者經驗繪製而成的情境插圖。

包含排名前三項的任務、痛點與獲益，以及任務、痛點與獲益的主題。

這些插圖屬於比較薄弱的證據，因為這是在實驗室環境中得到的結果。不過，這些插圖可以為擬真度更高的產品功能實驗提供參考，而這些實驗將聚焦在行動上。

顧客回饋
顧客說的話

記錄顧客任務、痛點與獲益之外的所有意見。

顧客說的話是相對薄弱的證據，但是能夠為未來的實驗提供脈絡與質化洞見。

必要能力

設計／研究

任何人經過練習之後都可以主持故事分鏡板。如果你的團隊成員具備設計與研究能力，將會很有幫助。

需求

目標客層

故事分鏡板最好運用在你預設的特定目標客層上，這樣可以協助你將多種不同的互動體驗視覺化；如果沒有事先鎖定某個目標客層，結果可能會太分散。

產品包裝盒

p. 214

利用產品包裝盒活動中得到的意見，安排你的故事分鏡板活動。

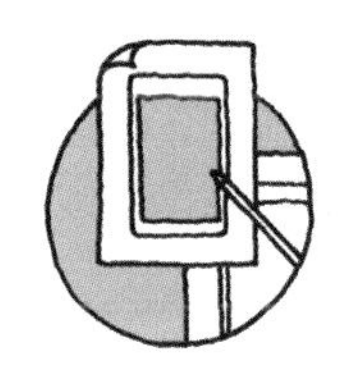

紙上產品原型

p. 182

利用故事分鏡板活動的回饋意見，作為紙上產品原型設計的參考資料。

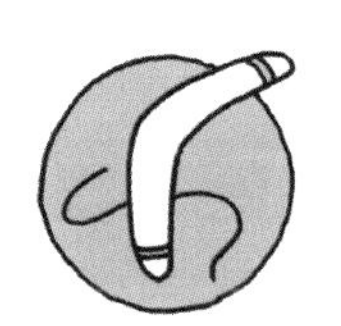

回力鏢測試

p. 204

利用回力鏢測試的筆記，作為故事分鏡板活動的基礎資料。

故事分鏡板

說明影片

p. 200

將故事分鏡板活動中得到的插圖變成動畫，製作成擬真度較高的說明影片，並且對顧客進行測試。

顧客訪談

p. 106

在顧客訪談中使用故事分鏡板草圖。

社群媒體宣傳

p. 168

利用社群媒體募集故事分鏡板活動的參與者。

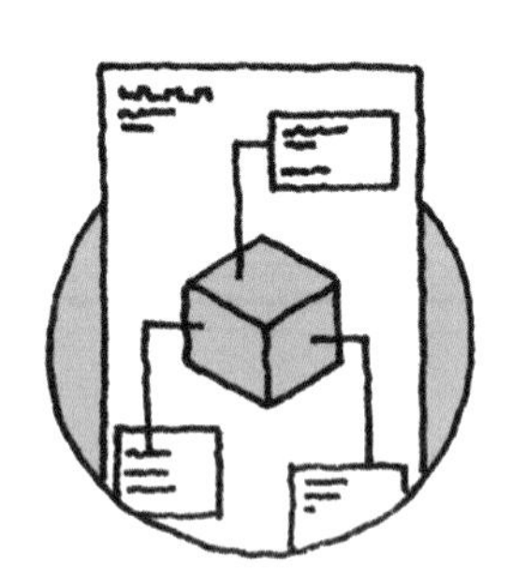

探索／討論產品原型

數據表單

詳細說明價值主張的單頁紙本資料或數位表單。

費用 ●○○○○	證據強度 ●●●○○
準備時間 ●●○○○	執行時間 ●●○○○
必要能力 設計／科技／行銷	

需求性・可行性・存續性

數據表單最適合用來將產品規格濃縮在單張紙本上，並且針對顧客與關鍵夥伴進行測試。

準備

- ☐ 決定價值主張與解決方案的規格。
- ☐ 製作數據表單。
- ☐ 找出顧客與關鍵夥伴，安排訪談。

執行

- ☐ 給顧客看數據表單。
- ☐ 安排一位團隊成員進行訪談。
- ☐ 安排另一位團隊成員做筆記，記錄顧客的任務、痛點、獲益與肢體語言。
- ☐ 結束訪談前，詢問顧客能否保持聯絡，未來將提供擬真度更高的解決方案或是購買機會。

分析

- ☐ 與團隊一起檢視訪談筆記。
- ☐ 根據你學到的資訊更新價值主張圖。
- ☐ 利用你學到的資訊，作為後續更高擬真度實驗的細部修改參考資料。

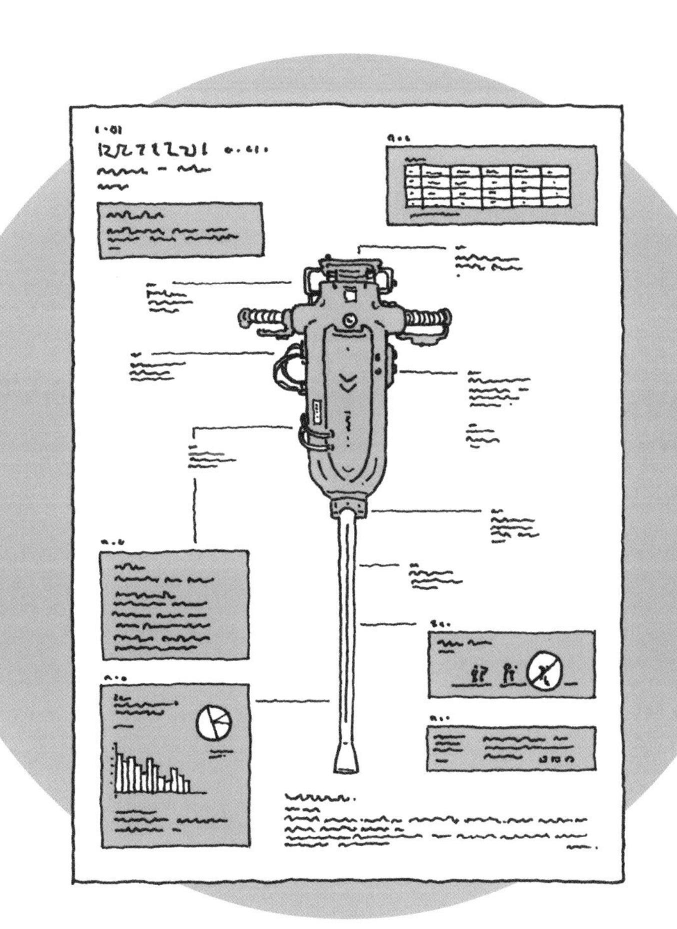

連結

- 使用價值地圖中的價值主張作為標題。
- 其中必須包括價值地圖中的產品與服務。
- 擴充產品與服務的規格，並且描繪細節。
- 納入價值地圖中排名前三項的獲益引擎。
- 納入價值地圖中排名前三項的痛點解方。

費用

數據表單非常便宜，如果是紙本文件，你會需要基本的文字處理軟體或 office 軟體，製作出一頁實體文件並且列印出來。如果是數位文件，你會需要基本的網路軟體，將產品規格列在網頁或電子郵件中。

準備時間

數據表單只需要幾個小時到數天就能準備與製作完成。在這段時間當中，你要整理產品規格並且適當的製成圖表。如果你打算把表單給別人看，還會需要募集顧客與關鍵夥伴。

執行時間

和顧客與關鍵夥伴一起測試數據表單通常不太花時間，每次只需要大約 15 分鐘。

證據強度

顧客回饋

夥伴回饋

顧客與夥伴在檢視數據表單時說的話。

這項回饋證據比較薄弱，但它是還不錯的質化洞見。

必要能力

設計／研究

數據表單需要基本設計能力，才能有效傳達價值主張與技術規格。表單中也必須納入解決方案的價值主張與技術規格，此外，你還得找到顧客與關鍵夥伴。

需求

數據表單中必須納入產品規格與特定的價值主張。製作表單前，你要先思考過技術上的操作流程與產品的好處，也必須事先設想好，要找哪些目標顧客或關鍵夥伴進行測試。

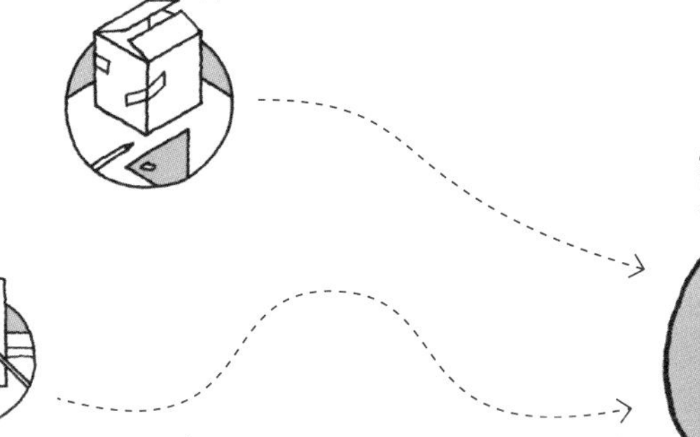

產品包裝盒

p. 214

針對潛在顧客舉辦產品包裝盒活動，作為數據表單的參考資料。

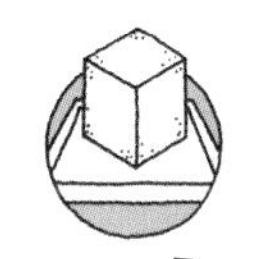

3D 列印

p. 176

根據數據表單測試中學到的資訊，將解決方案製作成 3D 列印原型。

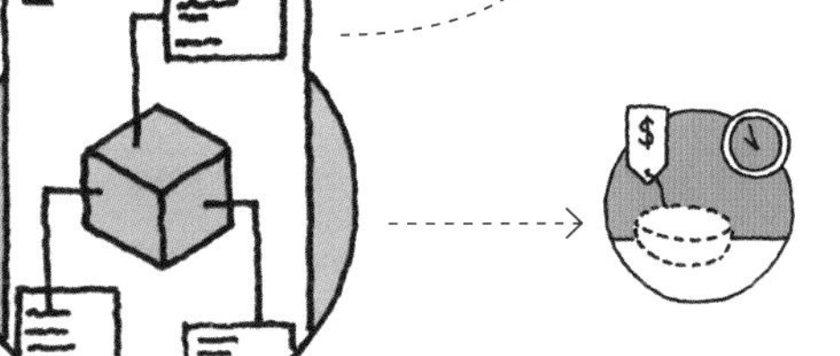

預先銷售

p. 274

針對在數據表單實驗中顯露興趣的人進行預先銷售。

紙上產品原型

p. 182

將紙上產品原型實驗的回饋意見，作為數據表單的參考資料。

數據表單

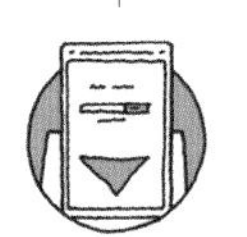

簡單的到達頁面

p. 260

在到達頁面加上數據表單，清楚傳達解決方案的詳細產品規格。

顧客訪談

p. 106

在顧客訪談中分享數據表單，以取得產品如何解決顧客任務、痛點與獲益的回饋意見。

合作夥伴與供應商訪談

p. 114

和關鍵夥伴與供應商進行訪談，以取得數據表單可行性的回饋意見。

探索／討論產品原型

紙本手冊

將你設想的價值主張製作成紙本手冊。

費用 ●○○○○	證據強度 ●●●○○
準備時間 ●●●○○	執行時間 ●●○○○

必要能力 行銷／研究

需求性．可行性．存續性

紙本手冊最適合用在不容易在網路上找到的顧客身上，
讓你可以面對面跟他們測試價值主張。

準備

- □ 利用價值主張圖的連結資訊設計你的紙本手冊。
- □ 制定計畫尋找目標顧客。

執行

- □ 展示紙本手冊給顧客看。
- □ 安排一位團隊成員進行訪談。
- □ 安排另一位團隊成員針對任務、痛點、獲益與肢體語言做筆記。
- □ 各別計算翻閱與拿取紙本手冊的人數。
- □ 結束訪談，清楚向顧客表明想要了解更多或是購買產品，可以透過紙本手冊裡的資訊跟你聯絡。

分析

- □ 與團隊一起檢視筆記。
- □ 根據你學習到的資訊更新價值主張圖。
- □ 記錄透過紙本手冊資訊與你聯絡的人數。
- □ 將你學習到的資訊作為參考，用來針對擬真度更高的實驗進行細部修改。

連結

- 價值主張來自價值地圖。
- 解決方案來自價值地圖中的產品與服務。請將解決方案放在價值主張下方，讓顧客了解你將如何提供價值。
- 痛點來自顧客素描。請將價值主張圖中排名前三項的痛點放入手冊中。

費用

如果會用文書處理器又具備基本設計能力，紙本手冊的費用就會非常低。如果你決定外包給專業公司或設計師製作紙本手冊，費用將會增加。

準備時間

如果你具備相關能力，應該只需要 1 至 2 天就可以製作完紙本手冊。你要做的是決定手冊的假設、從價值主張圖中抽取概念、寫內容，還要加上圖像。如果你沒有這些能力，準備時間會拉長到 1 至 2 週。

執行時間

對顧客測試紙本手冊的時間通常很短，只需要 15 分鐘。只要你的顧客在線下，不管是在街上、咖啡店或會議場所，你都可以運用紙本手冊親自訪談顧客。

證據強度

閱覽紙本手冊人數

拿取紙本手冊人數

訪談人數

主動聯絡人數

電子郵件轉換率

電話轉換率

轉換率 = 採取行動的人數 ÷ 拿到手冊的人數 ×100%。

紙本手冊的轉換率會根據產業與目標客層而有所不同，不過，如果你鎖定的是非常特定的客層，轉換率目標應該夠強，至少達到 15%，行動呼籲的轉換率則應該在 15%以上。

當顧客採取行動跟你聯絡，這是一個好的訊號，表示你的方向正確。紙本手冊跟到達頁面不一樣，因為人們只要在到達頁面留下電子郵件，而面對行動呼籲的紙本手冊時，顧客要有更強的動機和意願，才會把手冊帶回家、讀過一遍，然後打電話或寫郵件給你，更加了解你要提供的價值主張。

必要能力

行銷／研究

紙本手冊需要設計能力，你要以高品質的圖像與設計打造能夠吸引人的視覺經驗。如果你沒有做到這些，測試可能會得到偽陰性的負面結果：人們不相信你的價值主張是真的。紙本手冊另一個重要的面向是文案和內容，你要能夠撰寫清楚簡潔的字句，引起顧客的共鳴。

需求

取得計畫

紙本手冊跟線上數位實驗不同，你必須實際與人們互動、發放紙本手冊。在紙本手冊拍板定案前，先擬訂計畫，想清楚你要達到什麼目標、去哪裡接觸顧客，並且腦力激盪構思各種拜訪地點，例如：

- 會議地點。
- 聚會。
- 活動。
- 咖啡店。
- 商店。
- 挨家挨戶拜訪。

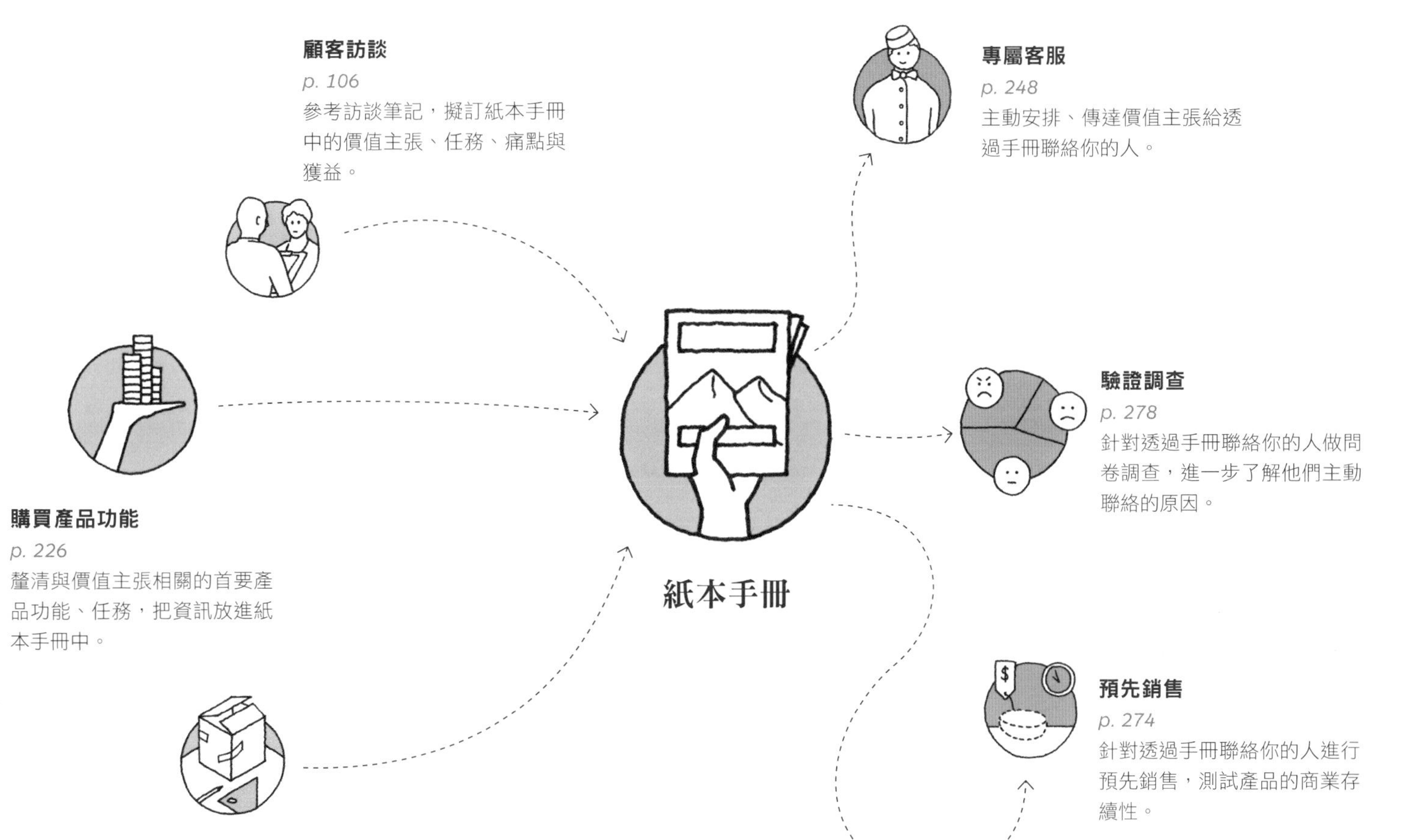
顧客訪談
p. 106
參考訪談筆記，擬訂紙本手冊中的價值主張、任務、痛點與獲益。
購買產品功能
p. 226
釐清與價值主張相關的首要產品功能、任務，把資訊放進紙本手冊中。
產品包裝盒
p. 214
對潛在顧客舉辦第一次產品包裝盒活動，並將結果作為紙本手冊價值主張的參考資料。
紙本手冊
專屬客服
p. 248
主動安排、傳達價值主張給透過手冊聯絡你的人。
驗證調查
p. 278
針對透過手冊聯絡你的人做問卷調查，進一步了解他們主動聯絡的原因。
預先銷售
p. 274
針對透過手冊聯絡你的人進行預先銷售，測試產品的商業存續性。

紙本手冊

新型態保險類型

農牧場保險

美國家庭保險（American Family Insurance）是一家民營互助保險公司，主要業務範圍是產物、意外傷害與車輛保險。身為保險公司，它們非常了解風險，並不想設計出複雜到沒有人會買的保險商品。在這個案例中，這家公司的商業農牧部門在找尋適合新型市場風險保護的方案。

以前，這個部門團隊曾經利用臉書與 Google 廣告，引導流量到特定網頁，而且這樣的組合很棒。不過，線上很難找到從事農牧業的顧客，團隊無法獲得足夠的質化洞見。所以，他們決定實地走訪，參加大型農牧業集會，與顧客面對面。

假設

農牧部門團隊相信……

我們相信，農牧從業者想要新型態財務與保險的風險保護商品。

實驗

帶著紙本手冊實地走訪

團隊來到密蘇里州的農牧展售會，在會場發放專業的行銷手冊，其中清楚說明價值主張與解決方案，也設定好與團隊聯絡的行動呼籲，鼓勵顧客透過電話或電子郵件了解更多資訊。

　團隊要找中小型畜牧與玉米農業者。

　他們設下目標，目標客層（中小型畜牧與玉米農業者）當中有 20%會接受提案，並且透過電話或電子郵件聯絡。

證據

紙本手冊轉換率

收到手冊的農牧業者中，有 15%打電話或寫郵件向他們索取更多資訊。

　在面對面的對談中與農夫交談、收集他們對手冊的反應，都屬於質化資料的學習。

洞見

區分不同類型的農牧業者，擬訂更強的價值主張。

根據實驗指標與對話中的情緒表現，畜牧業者的痛點似乎比玉米農業者大。

　他們目前都是透過再度申請銀行借貸解決問題，但是這樣做有風險。

　有好幾家以農牧業者為主要客戶的銀行與信貸機構對新產品的概念有興趣，團隊可以探索這些公司能不能成為通路。

行動

將目標客層鎖定為畜牧業者。

團隊針對畜牧業者仔細修正價值主張與行銷方法，然後再做一次實驗，確認鎖定更小眾利基的客層會不會帶來更具有決定性的驗證訊號。

探索／討論產品原型

說明影片

以簡單易懂、引人注目的短片解釋商業構想。

●●●○○ 費用	●●◉○○ 證據強度
●●●○○ 準備時間	●●●●○ 執行時間

必要能力 設計／產品／科技

需求性・可行性・存續性

說明影片最適合用來大規模針對顧客迅速解釋價值主張。

準備

- ☐ 為說明影片寫一段腳本。
- ☐ 將價值主張圖的連結資訊，作為腳本與視覺設計的參考資料。
- ☐ 製作說明影片。
- ☐ 將影片上傳到社群媒體平台、影音平台、電子郵件或到達頁面。
- ☐ 測試影片分析工具與行動呼籲的連結是否生效。

執行

- ☐ 確認大眾看到影片。
- ☐ 將流量引導到影片上。
- ☐ 如果開放顧客留言，要好好回應他們對於解決方案提出的問題。

分析

- ☐ 影片的瀏覽與分享數各有多少？
- ☐ 點擊率有多少？
- ☐ 訪問預設目的地的人是不是經由影片轉換過來？
- ☐ 利用你學到的資訊量身訂做影片內容。此外，根據目標顧客與平台製作不同版本影片的做法也很常見。

連結

- 開頭先表明首要痛點；痛點來自顧客素描。
- 介紹你對痛點提出的解決方案；解決方案來自價值地圖。
- 說明解決痛點會有什麼獲益；獲益來自顧客素描。
- 以行動呼籲的連結作為影片的結尾，用來評估需求性。

費用

說明影片的費用相對低廉，不過根據製作價值，費用可能迅速升高。市面上有許多工具可以讓你製作出看起來不錯的說明影片，但是如果想要與眾不同，可能要聘請專業攝影。另外，還要考量的是，將流量引導到說明影片上也會產生費用。

準備時間

好的說明影片要花幾天或數週時間準備。你必須思考如何清楚傳達價值主張、寫腳本，並且拍攝好幾個鏡頭與段落。

執行時間

說明影片的執行時間相對比較長，除非影片迅速竄紅，否則執行時間會從數週到幾個月不等。迅速竄紅的影片會成為話題，但是這種影片通常不是主流。在大部分情況下，都需要花很大的力氣去將流量引導到影片上，你可以透過付費廣告與社群媒體雙管齊下。

●●●○○

證據強度

●●○○○

＃不重複瀏覽數

你得到多少不重複的瀏覽數，推介來源是什麼。

＃分享數

影片有多少人分享，經由什麼平台分享。

瀏覽與分享是相對薄弱的證據。

＃點擊數

點擊率＝影片點擊數÷影片瀏覽數×100%。

點擊是強力的證據，因為點擊都是為了了解更多資訊 。

●●○○○

留言

觀眾的留言，例如產品購買管道、價格以及運作方式。

留言是相對較薄弱的證據，但有時候是不錯的質化洞見。

必要能力

設計／產品／技術

你必須能夠寫出引人注目的影片腳本，並且製作、編輯、分享與推薦影片給目標顧客。說明影片中必須要有清楚的行動呼籲，通常會放在影片最後，鼓勵觀眾點擊並且了解更多資訊。

需求

流量

無論影片放在影音平台或是到達頁面，都需要流量來產生證據，你可以透過下列方法，將流量引導到影片上：

- 線上廣告。
- 社群媒體宣傳。
- 電子郵件宣傳。
- 重新引導現有流量。
- 口碑。
- 網路論壇。

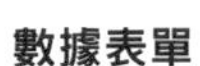

數據表單

p. 190

製作數據表單，解釋解決方案的效果表現與規格。

電子郵件宣傳

p. 162

聯絡註冊者進行訪談，了解他們喜歡影片的原因。

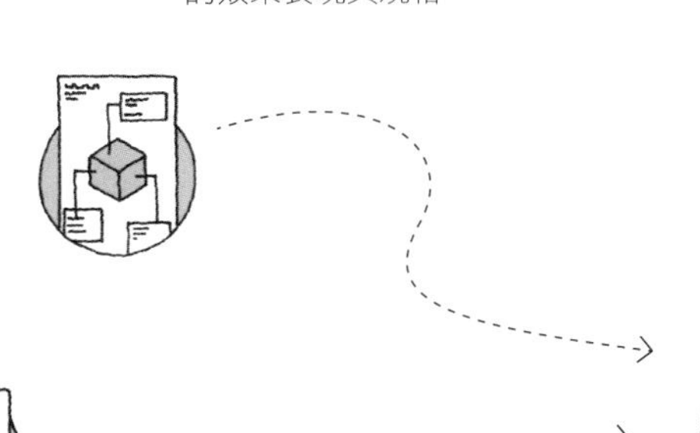

假裝擁有產品

p. 208

將解決方案製作成一個無法運作的原型，看看你會不會想在實際狀況中使用它。

故事分鏡板

p. 186

利用插圖測試不同事件的不同發展順序，作為影片製作參考資料。

說明影片

卡片分類

p. 222

舉辦卡片分類活動，進一步了解可以解決顧客需求的幾種不同流程。

簡單的到達頁面

p. 260

製作簡單的到達頁面，作為影片結束時行動呼籲的網址連結目的地。

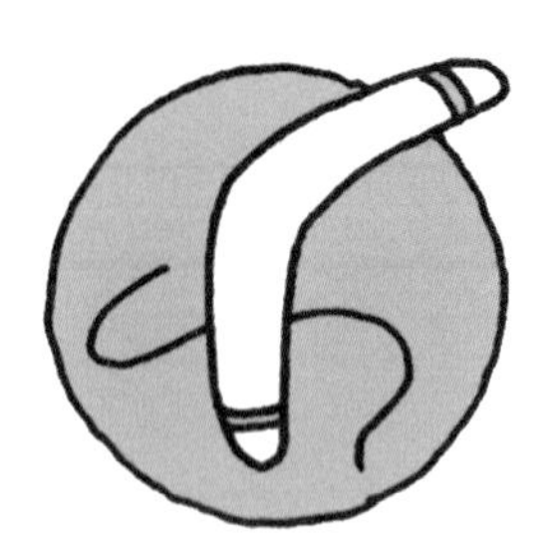

探索／討論產品原型

回力鏢測試

利用某項現有競爭產品做顧客測試，針對價值主張收集洞見。

費用 ●●○○○	證據強度 ●◉◉○○
準備時間 ●●○○○	執行時間 ●●○○○
必要能力 產品／行銷／研究	

需求性．可行性．存續性

回力鏢測試最適合用在現有的市場中，找出潛在顧客沒有被滿足的需求，而且不用創建任何東西。

回力鏢測試不能脫離品牌，也不能把其他產品當作你的產品來進行測試。

準備

- □ 找出某項產品來做測試，它必須具備你的構想中沒有被滿足的需求。
- □ 為顧客測試撰寫腳本。
- □ 徵求願意測試產品和接受錄影的顧客。
- □ 安排回力鏢測試活動的時間。
- □ 準備回力鏢測試活動的地點以及一項競爭對手的產品。

執行

- □ 分享腳本並且解釋目標。
- □ 錄下實驗活動過程，記錄參與者說過的話、在哪個部分卡住，以及費時多久才完成任務。
- □ 結束，感謝參與者。

分析

- □ 與團隊分享你的筆記。
  - 哪項任務沒有完成？哪項任務花最久時間？哪項任務造成最多挫折？
- □ 製作競爭產品的價值主張圖，找出缺失、失調的部分。
- □ 將這項資訊作為未來實驗的參考，以學習更多洞見。

把競爭者產品包裝成自家產品的危險性

這幾年來，我們觀察過回力鏢測試與類似變化版本，這些版本有時候會被稱做「冒充柔道」（Imposter Judo）。有時候，回力鏢測試的技巧定義很廣，但還是得提出一項共識：為了對顧客進行測試，把競爭者的產品徹底包裝成自家產品的風險實在太大。

最常見的做法是，仿製競爭者的產品、把商標拿掉，再換上自己的商標，或是使用假商標。這種做法在法律與道德上都有爭議，我們不建議這樣做，尤其是有規模的企業或是受到高度管制的行業更要小心。

然而，有趣的是，如果是為了了解沒有被滿足的需求而進行回力鏢測試，無論做實驗的是大企業或新創公司，他們用的都是完整保留品牌標示的測試產品。大企業會以炙手可熱、正在崛起的新創公司為測試目標；而新創公司則是以穩固堅實、規模有成的大企業為測試目標。

費用

回力鏢測試是一項低成本的實驗，你不用製作出任何東西，只要引導受試者使用競爭者的產品。所以，大部分的費用都會用在募集受試者、活動錄影與記錄上。

準備時間

回力鏢測試的準備時間很短，你只要找到人並且安排他們來參加測試就好。

執行時間

回力鏢測試的執行時間很短，因為每場活動不應該超過 30 分鐘。即使你安排好幾場活動，應該也只要花幾天時間就能完成實驗。

證據強度

任務完成程度

完成任務所需的時間

任務完成率＝完成的任務數量 ÷ 安排的任務數量 ×100%。

完成某項任務平均需要的時間長度。

在證據方面要注意的是，產品的價值主張與一般顧客的實際體驗之間，會出現沒有被滿足的落差與需求。

針對現有競爭者的產品進行測試是相對比較強的證據，因為你測試的是人們使用產品時的實際行為。

顧客回饋

顧客針對操作簡易度、沒有被滿足的需求所提出的意見。

要注意顧客想要、期待產品可以做到的事，以及產品實際表現之間的落差。

顧客回饋是比較薄弱的證據，但能幫助你決定要探索哪些沒有被滿足的需求。

必要能力

產品／行銷／研究

回力鏢測試實驗需要的能力包括：選擇可以運用的產品、撰寫說明稿、徵求受試者、活動錄影，以及整合實驗結果。這些能力多半屬於產品、行銷與研究領域。回力鏢測試活動跟訪談一樣，最好是兩人一起進行。

需求

現有產品

安排回力鏢測試實驗前，你要找到現有的產品拿來測試。這項產品必須讓你可以從中學習，為你的新構想提供參考，否則你收集來的回饋意見就派不上用場。

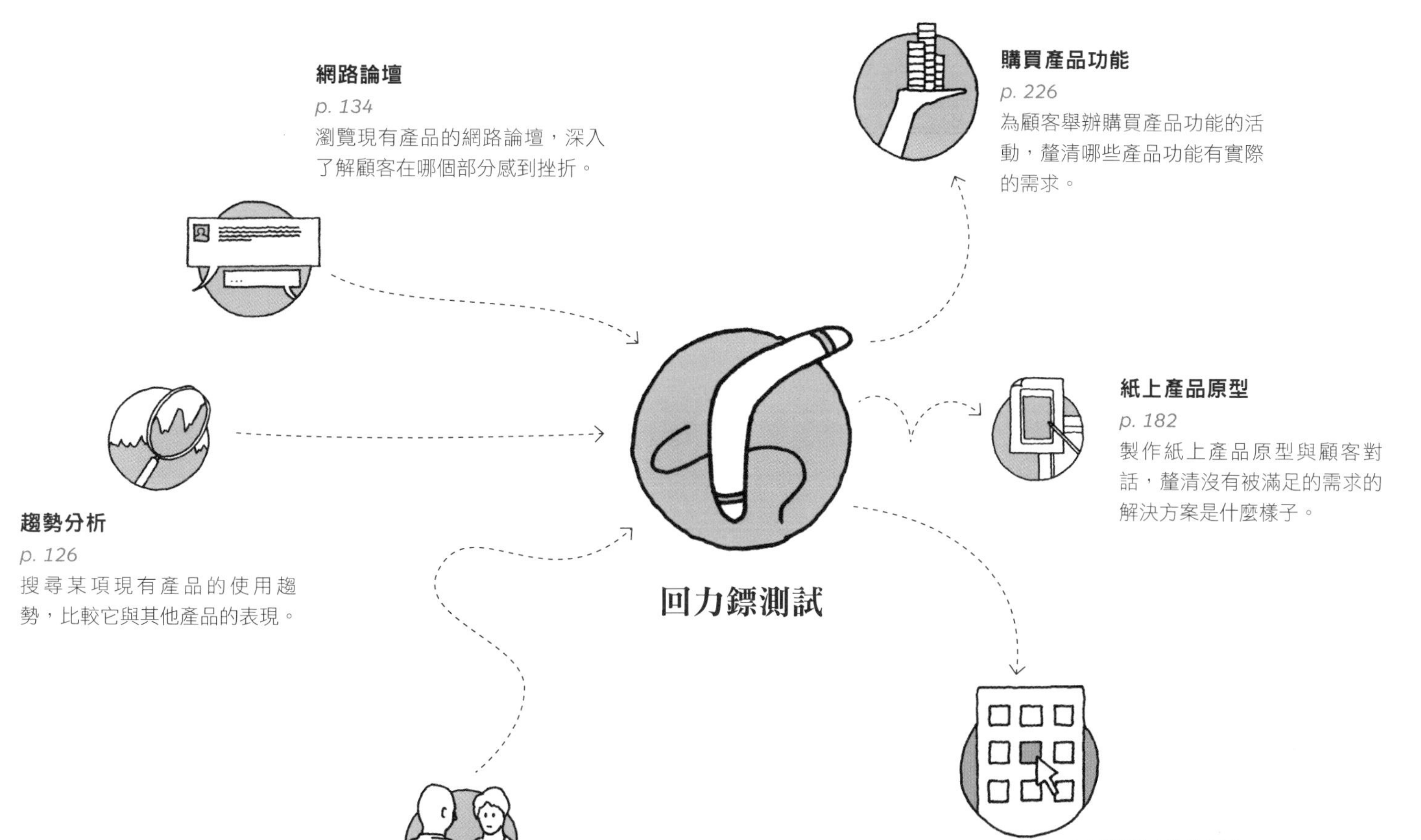

網路論壇
p. 134
瀏覽現有產品的網路論壇，深入了解顧客在哪個部分感到挫折。
購買產品功能
p. 226
為顧客舉辦購買產品功能的活動，釐清哪些產品功能有實際的需求。
紙上產品原型
p. 182
製作紙上產品原型與顧客對話，釐清沒有被滿足的需求的解決方案是什麼樣子。
趨勢分析
p. 126
搜尋某項現有產品的使用趨勢，比較它與其他產品的表現。
回力鏢測試
可點擊的產品原型
p. 236
製作可點擊的產品原型，激起顧客的期待。
顧客訪談
p. 106
針對競爭者產品的使用者進行顧客訪談。

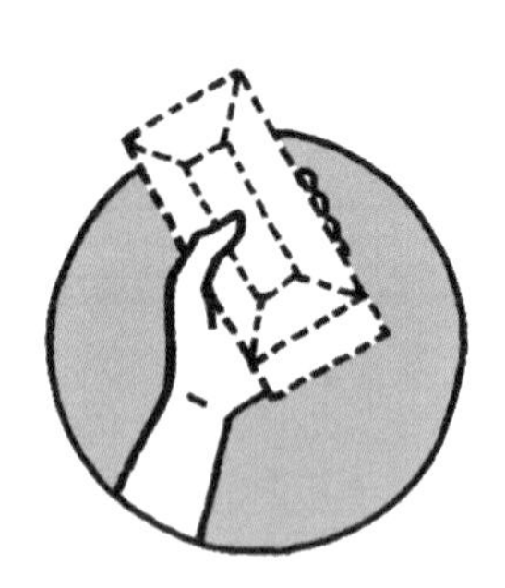

探索／討論產品原型

假裝擁有產品

做出一個無法運作、低擬真度解決方案的產品原型，釐清它是否切合顧客的日常需求。這項實驗有時候也被稱為皮諾丘實驗（Pinocchio experiment）。

費用 ●○○○○	證據強度 ●●○○○
準備時間 ●●○○○	執行時間 ●●●●○
必要能力 設計／研究	

需求性．可行性．存續性

假裝擁有產品最適合用來針對某項構想的可行性，產出屬於自己的證據。

準備

☐ 在紙上草擬出產品構想。

☐ 收集需要的材料來製作實驗用的產品。

☐ 限制製作時間，以避免過度疊代（over-iterated）產品內部功能。

☐ 做出實驗用的產品。

☐ 製作一份使用日誌，追蹤測驗指標。

執行

☐ 執行實驗，把實驗用的產品當作真正可以運作的產品去使用。

☐ 在日誌上記錄使用情形。

分析

☐ 檢視使用日誌，注意下列事件：

- 跟產品互動、使用產品的次數？
- 哪些部分會讓產品顯得累贅、很難使用？

☐ 利用你的發現，作為擬真度更高的實驗的參考資料。

費用

假裝擁有產品的費用非常便宜，在實驗中，你使用的是立即可以使用的材料，例如木頭或紙。當製作尺寸跟複雜度增加，費用可能隨之增加。

準備時間

準備假裝擁有產品只需要數分鐘到幾小時。不要過度對產品功能進行疊代，只要有基本架構跟使用者介面就好。

執行時間

假裝擁有產品的執行時間可能長達數週到幾個月，時間會根據你的構想本質而定。為了讓你（幾乎）忘記它並不是真正的產品，你要花一段時間去「假裝」。

證據強度

你會在什麼時候使用它？

使用日誌

利用活頁表記錄可以使用的時間長度，以及你覺得它能派上用場的時機與次數。

記下使用方法與狀況。整體而言，互動使用是相對薄弱的證據，但是你會學到第一手洞見，協助你形塑構想與價值主張。

必要能力

設計／研究

執行假裝擁有產品實驗時，具備基本設計與研究能力會有幫助。你要能夠做出一個大概的複製品，然後用一段時間記下你的活動。

需求

假裝擁有產品是一項不用太費力就能開始的實驗，只要你有想要驗證的構想，再加上一些創意就能做出無法運作的複製品。

顧客訪談

p. 106

利用訪談筆記，作為假裝擁有產品實驗的設計與情境參考資料。

故事分鏡板

p. 186

運用插圖測試不同事件的各種可能流程，作為假裝擁有產品實驗的參考資料。

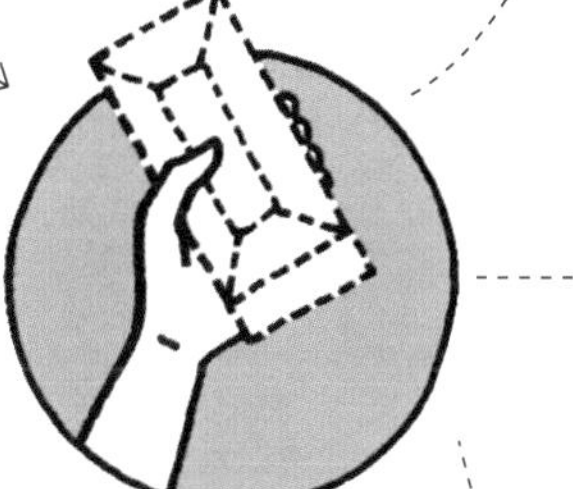

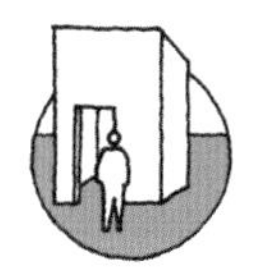

擬真產品原型

p. 254

針對解決方案製作一個更逼真的擬真產品原型。

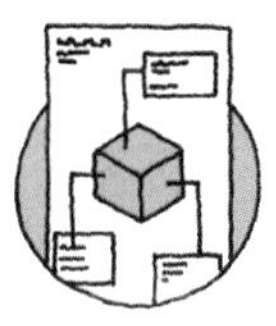

數據表單

p. 190

製作一份數據表單，說明解決方案應該具備的產品規格。

紙本手冊

p. 194

製作紙本手冊傳達解決方案的價值主張，用來對顧客進行測試。

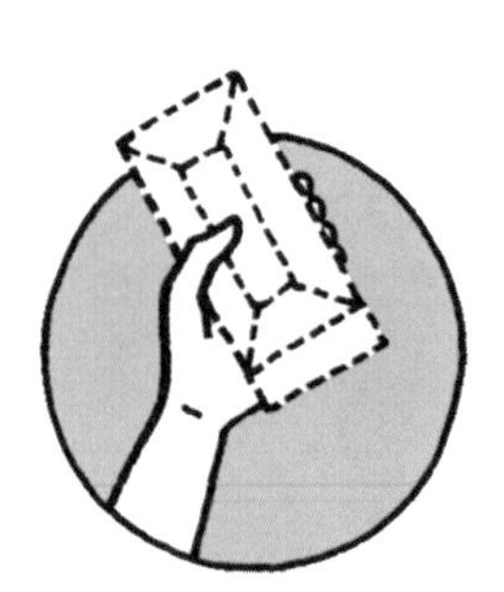

假裝擁有產品

木製 Palm Pilot 掌上型電腦

Palm 公司

在 Palm Pilot 掌上型電腦問世前，傑夫・霍金斯（Jeff Hawkins）想先評估產品的需求性。因為他看過個人數位助理（PDA）明明在技術上可行，卻沒有市場需求，最後導致代價很高的大失敗。

霍金斯鋸下一段木頭，裁成想像中的產品大小，接著印出一個簡單的使用者介面，就跟他想像中的一樣。他把印刷品貼在木頭上，用一支木筷當作點擊筆，過程簡略到他只花幾小時就做好產品。然後，他在工作時把它放在口袋裡好幾個月，試圖釐清價值主張的實際需求。

每當有人約他開會或是詢問他的電子郵件時，他就會從口袋拿出這個木塊，用筷子點擊木塊，然後放下。

模擬幾次之後，他覺得如果有一個真正的產品會很有用，直到這時候他才決定繼續開發這項產品，也就是 Palm Pilot 掌上型電腦。

證據

Palm Pilot 的使用日誌

- 放在我的口袋裡的時間：95%。
- 拿出來使用的平均次數：12 次。
- 用來安排會面：55%。
- 用來找電話或地址：25%。
- 用來新增或是查看待辦清單：15%。
- 用來做筆記：5%。

摘錄自亞伯托・薩佛亞（Alberto Savoia）《正確做 IT》（*The Right IT*）。

✓

- ☐ 在設計過程中盡快製作無法運作的複製品。
- ☐ 節省費用，利用便宜又容易取得的手工藝材料。
- ☐ 發揮創意靈感，在真實生活中假裝使用它。
- ☐ 使用日誌（紙本或數位日誌都可以）記錄你和複製品的互動。

✕

— 花太多時間和金錢製作複製品。
— 為了做實驗而選擇非常大又昂貴的產品。
— 在日常生活中帶著它到處跑會覺得尷尬。
— 忘記在實驗的過程中享受樂趣。

探索／偏好與優先順序

產品包裝盒

邀請顧客參加活動，將價值主張、主要產品功能與關鍵好處視覺化，以實體產品包裝盒的形式呈現。

費用

證據強度

準備時間

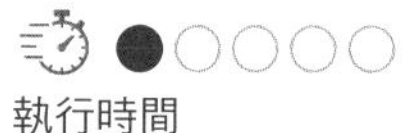
執行時間

必要能力　設計／產品／研究

需求性．可行性．存續性

產品包裝盒最適合用來仔細修改你的價值主張，並且從解決方案的產品功能中找出最關鍵的功能。

準備

- ☐ 徵求15～20位目標顧客。
- ☐ 預訂舉辦活動的空間，在每張桌面上放置箱子以及相關用品。

執行

- ☐ 按照階段不同，規劃每一項探索區域。
- ☐ 請每一桌的參與者把箱子設計成他們會想買的產品。
- ☐ 請參與者為想像中的產品寫下產品訊息、功能與好處。
- ☐ 每組參與者隊伍要想像在貿易展裡販賣這個想像中產品的情況。而你扮演抱持懷疑的顧客，他們要輪流向你介紹產品。
- ☐ 記下他們的關鍵說明，包括主要訊息、功能與好處。

分析

- ☐ 向你的團隊做簡報。這些參與者隊伍強調的是哪些重點？
- ☐ 利用你學到的資訊更新價值主張圖，作為未來實驗的基礎。

想要進一步了解產品包裝盒活動，強力推薦路克・霍曼（Luke Hohmann）的《創新遊戲》（*Innovation Games*）。

費用

執行產品包裝盒實驗的費用相對低廉，你使用的是手工藝行買得到的便宜材料；你還會需要硬紙板盒和其他用品來裝飾箱子，還有彩色筆、紙張與貼紙。

準備時間

產品包裝盒的準備時間比較短。你需要募集顧客來參加、購買用品與布置場地。

執行時間

產品包裝盒的執行時間非常短，不到一小時就可以結束。

證據強度

●●○○○

價值主張
顧客任務
顧客痛點
顧客獲益

針對參與者提出的意見，收集並整理關鍵的顧客任務、痛點與獲益，要特別注意當中排在前三名的項目。

將參與者表達的價值主張訊息記錄下來，作為你的價值主張的參考資料。

產品包裝盒活動中產出的資料與加工品，都屬於比較薄弱的證據，但是可以用來建立下一項實驗，並且作為實驗的參考資料。

●●○○○

顧客回饋
顧客說的話

記錄參與者說的話，內容不限於顧客任務、痛點或獲益。

顧客說的話是相對薄弱的證據，但是對於下一項實驗的背景環境與質化洞見有幫助。

必要能力

設計／產品／研究

只要經過練習，幾乎任何人都可以舉辦產品包裝盒活動。但是如果你具備設計、研究與產品相關能力會很有幫助，因為你要評估參與者做出的成品，並且在他們需要幫助時提供靈感。

需求

構想與目標顧客

執行產品包裝盒活動沒有什麼條件，不過最好先找到構想與目標顧客。否則活動可能太過天馬行空，產出的結果將會很難解讀。

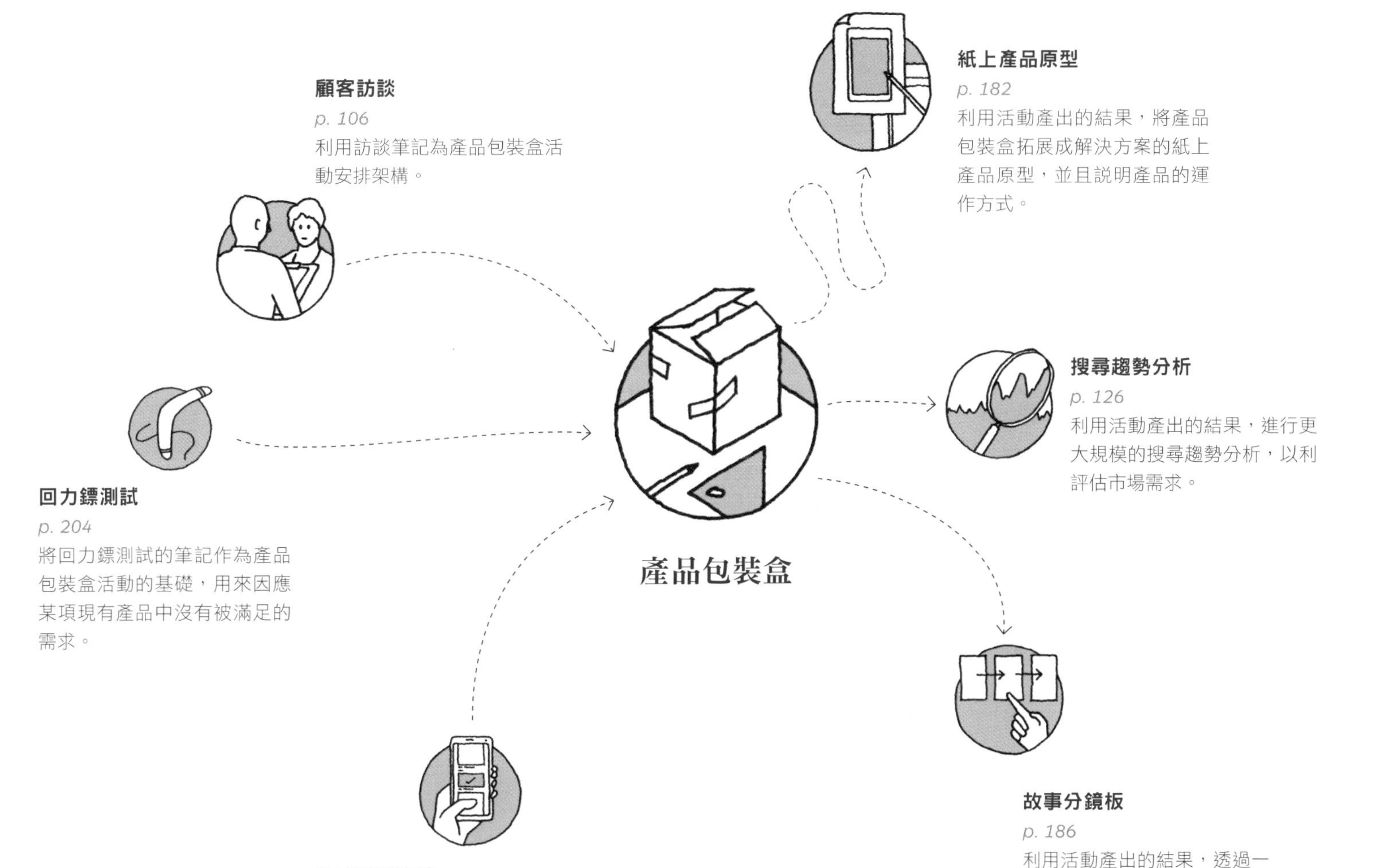

顧客訪談
p. 106
利用訪談筆記為產品包裝盒活動安排架構。
紙上產品原型
p. 182
利用活動產出的結果，將產品包裝盒拓展成解決方案的紙上產品原型，並且說明產品的運作方式。
搜尋趨勢分析
p. 126
利用活動產出的結果，進行更大規模的搜尋趨勢分析，以利評估市場需求。
回力鏢測試
p. 204
將回力鏢測試的筆記作為產品包裝盒活動的基礎，用來因應某項現有產品中沒有被滿足的需求。
產品包裝盒
故事分鏡板
p. 186
利用活動產出的結果，透過一系列插圖去測試解決方案的流程。
社群媒體宣傳
p. 168
利用社群媒體募集參與者出席產品包裝盒活動。

探索／偏好與優先順序

快艇遊戲

用在顧客身上的視覺遊戲技巧，用來找出阻擋進展的事物。

費用 ●●○○○	證據強度 ●●◉○○
準備時間 ●●○○○	執行時間 ●○○○○
必要能力 設計／產品／科技	

需求性．可行性．存續性

快艇遊戲最適合用來將談話內容進一步拓展成視覺圖表，釐清阻擋顧客的因素，以及它對技術上的可行性有哪些影響。

1. 招募

☐ 募集 15 ～ 20 位使用你的產品的顧客來參加活動。

2. 準備

☐ 如果是面對面互動，你要準備一張快艇的圖片與卡片。如果是遠距線上活動，你要設置一塊虛擬白板，放上快艇的圖片與虛擬卡片，讓參與者在線上書寫卡片。

3. 推動

☐ 給每位顧客幾分鐘思考，再請他們寫下「船錨」的位置，然後你要記錄這些船錨的位置。成群的船錨會聚集在一起，表示重複、但以不同方式呈現的事件與狀況。如果船錨在快艇下方離得愈遠，表示它比其他船錨（狀況）更會拖慢速度。此外，與參與者小組檢視每張卡片時，請注意不要試圖解決問題或表達意見，因為這會讓他們產生偏誤、活動出現偏差。

4. 分析

☐ 當活動得出結論、顧客都離開後，和團隊一起檢視每一個船錨，並且評估嚴重性與急迫性。你可能會想要立刻著手對付某些船錨，但有些你可能會完全忽略。處理過這些船錨後，你應該把結果運用在接下來的實驗當中。

想要進一步了解快艇遊戲，強力推薦閱讀路克・霍曼（Luke Hohmann）的《創新遊戲》（*Innovation Games*）。

費用

快艇遊戲實驗相對便宜。你會需要一張快艇照片、幾枝筆以及筆記卡片。如果你選擇遠距執行活動，會需要虛擬產品，這樣一來費用可能會比較高。

準備時間

快艇遊戲活動的準備時間相對短，但你要募集顧客參加活動，還要檢視手邊所有可以支援的數據，協助你了解實驗過程需要注意的地方。

執行時間

執行快艇遊戲活動的時間非常短，如果參與者很多，大約也只需要 1、2 個小時就能順利完成。

證據

＃船錨

嚴重性

急迫性

＃嚴重又急迫的船錨

嚴重又急迫的船錨愈多，表示你的價值地圖和顧客素描之間的落差愈大。

快艇遊戲活動產出的資料證據力相對薄弱，但還是比只跟顧客對談更強。透過這個活動，你可以釐清究竟是什麼原因導致你的產品沒有符合價值主張。

顧客回饋

顧客說的話

除了船錨，你還要蒐集顧客說的話，才能更了解顧客在哪些狀況中會對產品感到挫折。

顧客說的話的證據力相對薄弱，但是可以幫助你了解產品的結構與質化洞見。

必要能力

設計／產品／科技

舉辦與主持活動不一定需要特定人員來執行，但是，你會需要對的人來評估船錨的嚴重性和急迫性。每一個船錨的分量都不同，有些船錨你會希望立刻修正，有些你可能完全不理會。

需求

推動進展的技巧

快艇遊戲需要某種程度的推動進展技巧，尤其主持人得面對一群會抱怨產品的顧客。活動開始前，主持人要調整心態，並且有技巧的抓出幾個特定的船錨。如果你覺得自己跟產品牽連太深，無法做好這個角色，那麼我們建議你找一位中立的第三方主持人來帶領活動。

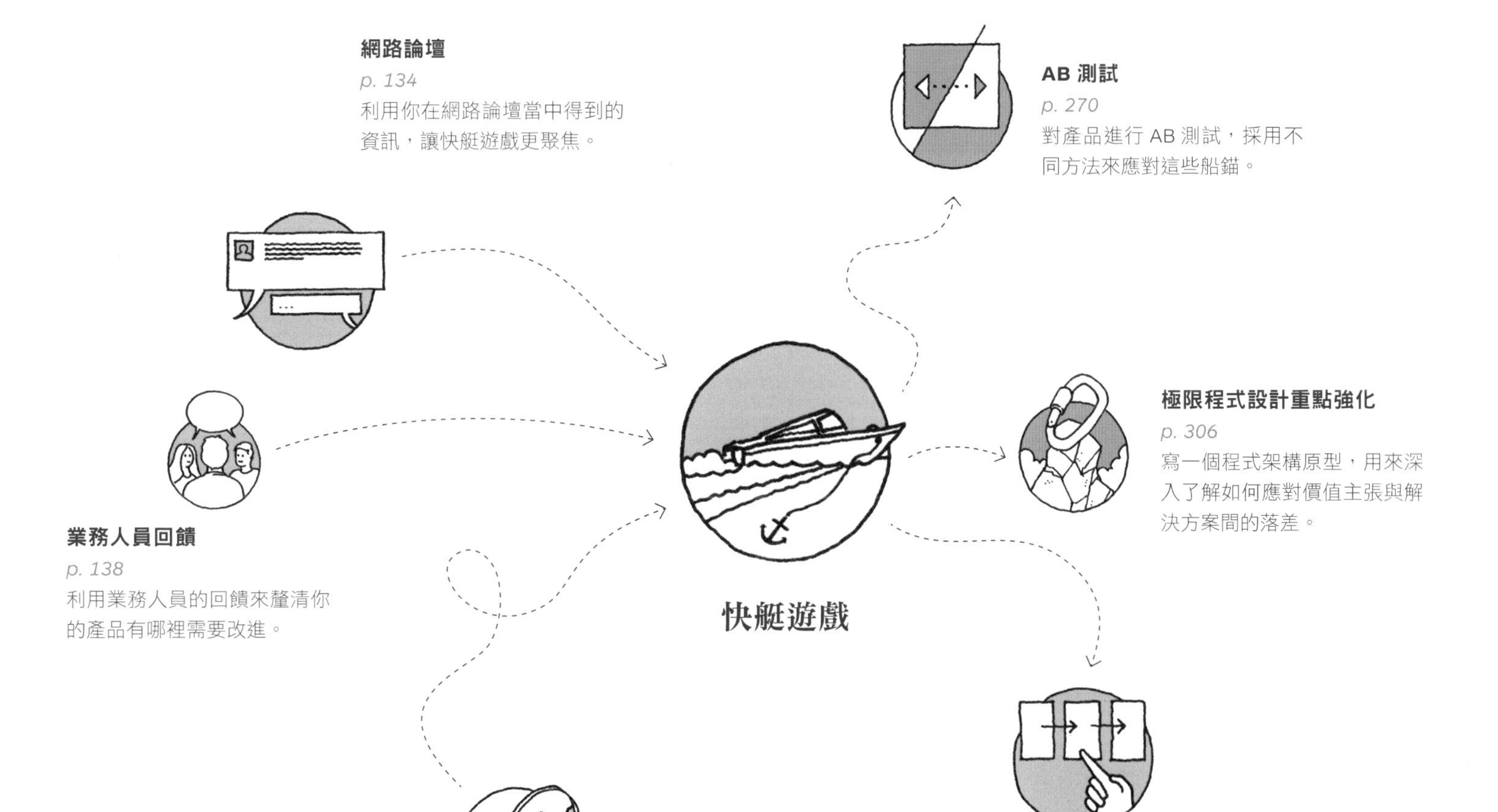
網路論壇
p. 134
利用你在網路論壇當中得到的資訊，讓快艇遊戲更聚焦。
AB 測試
p. 270
對產品進行 AB 測試，採用不同方法來應對這些船錨。
業務人員回饋
p. 138
利用業務人員的回饋來釐清你的產品有哪裡需要改進。
快艇遊戲
極限程式設計重點強化
p. 306
寫一個程式架構原型，用來深入了解如何應對價值主張與解決方案間的落差。
搜尋趨勢分析
p. 126
上網搜尋有多少顧客都在抱怨你的產品。
故事分鏡板
p. 186
測試不同排列組合的解決方案，針對活動中提出的船錨，運用故事分鏡板來設計解決方案。

探索／偏好與優先順序

卡片分類

設計使用者經驗的一種技巧，做法是使用卡片與顧客互動，並產生洞見。

費用 ●●○○○	證據強度 ●●○○○	需求性・可行性・存續性
準備時間 ●●○○○	執行時間 ●○○○○	卡片分類最適合用來探討顧客任務、痛點、獲益與價值主張，以從中得到洞見。
必要能力 行銷／研究		

1. 招募

□ 為卡片分類活動募集 15～20位現有顧客或目標顧客。

2. 準備

□ 如果是面對面互動，你要製作卡片，寫上顧客任務、痛點與獲益，也要準備空白卡片給顧客填寫。如果是遠距線上活動，你要準備虛擬白板，放上你已經製作好的卡片與空白卡片。

3. 推動

□ 向參與者解釋你在市場上看到的顧客任務、痛點與獲益。請參與者將你寫好的卡片分類後排序，並且鼓勵他們一邊做、一邊大聲說出來。接著詢問你有沒有遺漏任何一個部分，再請參與者寫下來後加入排序。活動過程要請人在旁邊做記錄，以獲得質化洞見。

4. 分析

□ 卡片分類結束後，找出你發現的所有主題，並且統計參與者排名前三項的任務、痛點與獲益。此外，更新你的價值主張圖以反映出最新的發現，作為未來實驗的參考資料。

費用

執行卡片分類實驗相對便宜，如果你是親自主持活動，只需要筆記卡。如果你是用視訊來舉辦活動，就需要虛擬白板軟體，這項工具不會太貴甚至可以免費取得。

準備時間

準備時間相對較短，但你需要訂定卡片內容，並且招募顧客。

執行時間

卡片分類的執行時間非常短，一小時之內就可以結束。

證據強度

●●○○○

顧客任務

顧客痛點

顧客獲益

排名前三項的任務、痛點與獲益

任務、痛點與獲益的主題

把卡片分門別類並排序的做法，證據力比較薄弱，因為它是在實驗環境中產生的結果。但是，它可以作為參考資料，對於以行動為主、擬真度更高的產品功能實驗，會很有幫助。

顧客回饋

顧客說的話

除了顧客任務、痛點與獲益外，也記下其他方面的意見。

顧客說的話屬於比較薄弱的證據，但是對於接下來的實驗背景環境與質化洞見會有幫助。

必要能力

行銷／研究

任何人經過練習後幾乎都可以舉辦卡片分類活動。但是，如果具備行銷與研究能力會很有幫助，因為你要找到對的顧客來參加活動，還要分析參與者歸類與排序卡片的方式。

需求

目標顧客

卡片分類最適合用在現有顧客上，但是也可以用來了解潛在的小眾顧客。不過，你都要先想過顧客任務、痛點與獲益，如此一來，活動產出的結果才能作為你的價值主張圖與未來實驗的參考資料。

業務人員回饋

p. 138

參考業務人員的回饋意見，了解活動中應該放進哪些卡片。

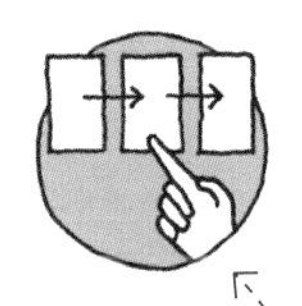

故事分鏡板

p. 186

製作故事分鏡板，決定一個能夠應對到顧客任務、痛點與獲益的解決方案。

客服分析

p. 142

參考客服的數據，了解活動中應該放進哪些卡片。

卡片分類

說明影片

p. 200

製作說明影片，描述你的解決方案將如何應對顧客任務、痛點與獲益。

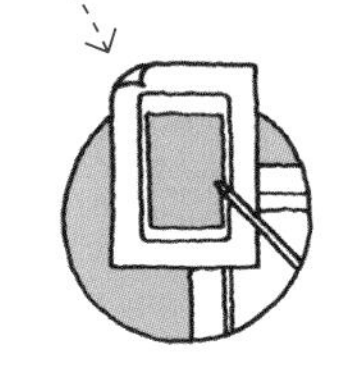

紙上產品原型

p. 182

製作紙上產品原型，顯示解決方案將如何應對顧客任務、痛點與獲益。

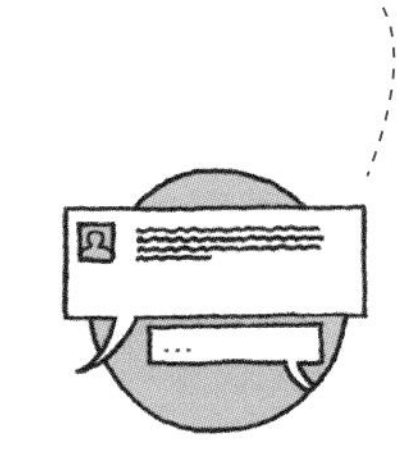

網路論壇

p. 134

搜尋網路論壇，看看顧客有哪些沒有被滿足的需求，可以讓你在製作卡片時當作參考。

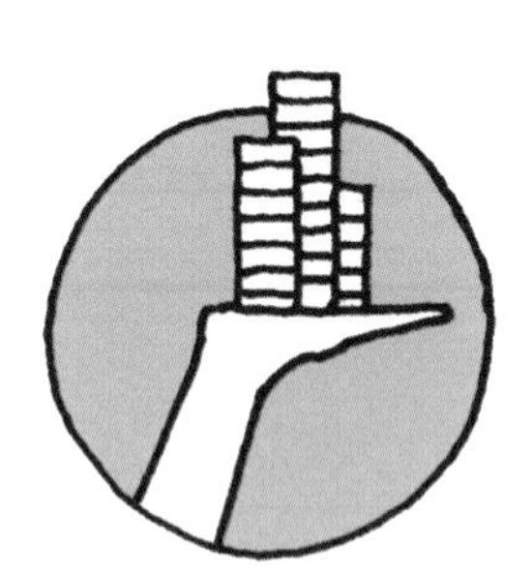

探索／偏好與優先順序

購買產品功能

這是一種測試技巧，可以讓實驗參與者透過假想的貨幣，購買他們想在產品中看到的功能。

費用 ●●○○○	證據強度 ●●○○○
準備時間 ●●○○○	執行時間 ●○○○○

必要能力 產品／研究／財務

需求性．可行性．存續性

購買產品功能最適合用來決定功能的優先順序，並且仔細修改顧客任務、痛點與獲益。

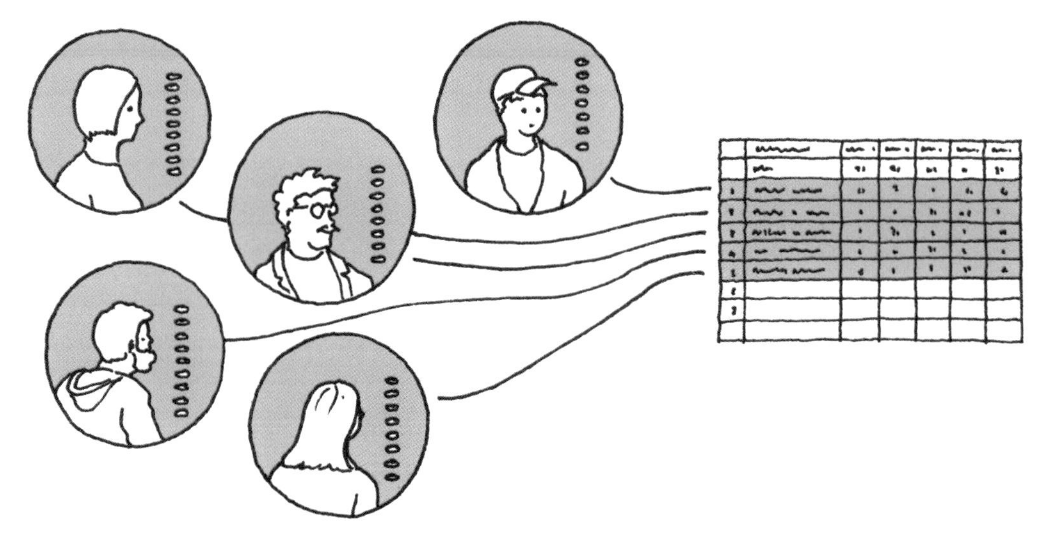

1. 招募

□ 募集 15～20 位目標顧客。

2. 準備

□ 準備活動空間，擺出玩具假錢、筆記卡片與方格紙。

3. 設計

□ 解釋假設的場景，分發列有 15～30 項產品功能的清單，以及每個人可以支配的預算（玩具假錢）。

4. 購買

□ 每位顧客都可以分配預算購買想要的產品功能，也可以跟別人合作，買到更多功能。重要的是，顧客選擇功能時，你不能提意見，以免他們產生偏誤。

5. 分析

□ 在方格紙上統計哪些功能得到最多玩具假錢。

如果想要進一步了解購買產品功能活動，我們強力推薦路克．霍曼（Luke Hohmann）的《創新遊戲》（*Innovation Games*）。

費用

執行購買產品功能實驗的費用相對低廉。如果你要和顧客面對面互動，需要的材料就只有玩具假錢、筆記卡和方格紙。如果你是透過影片舉辦遠距活動，那麼就會需要便宜或免費的虛擬白板軟體。

準備時間

購買產品功能活動要花幾天時間準備。你需要募集顧客、購買耗材、布置場地等，但是大部分時間會花在決定哪些產品功能要納入這次活動當中，還要訂定售價。

執行時間

購買產品功能活動的時間非常短，不到一個小時就可以結束。

證據強度

●●○○○

功能排名
顧客任務
顧客痛點
顧客獲益

顧客購買最多的前三項產品功能。

一旦顧客提到會讓他們調動產品功能排序的任務、痛點與獲益，一定要做筆記。

購買功能清單是相對薄弱的證據，因為這是在實驗室環境下得到的結果。但是，對於後續進行擬真度更高、聚焦行動的實驗，會很有幫助。

顧客回饋
顧客說的話

除了顧客任務、痛點與獲益，也要將顧客說的其他意見筆記下來。

顧客說的話是相對薄弱的證據，但是對後續實驗的背景環境與質化洞見有幫助。

必要能力

產品／研究／財務

任何人經過練習幾乎都可以舉辦購買產品功能活動。但是如果具備設計、研究與產品能力會很有幫助，因為你要評估活動產出的結果，以及在必要時提供靈感。

需求

功能清單與目標顧客

要進行購買產品功能實驗，你必須事先思考要在產品中放入哪些功能。顧客也應該對產品具備一些了解，否則他們做出來的排名對你可能不太有用。

業務人員回饋

p. 138

利用業務人員回饋的資訊，協助你決定哪些產品功能要放在活動中。

客服分析

p. 142

利用客服數據的資訊，協助你找出哪些功能可以應對產品與顧客需求之間的落差。

網路論壇

p. 134

搜尋網路論壇，找出顧客沒有被滿足的需求，作為你的功能清單的參考資料。

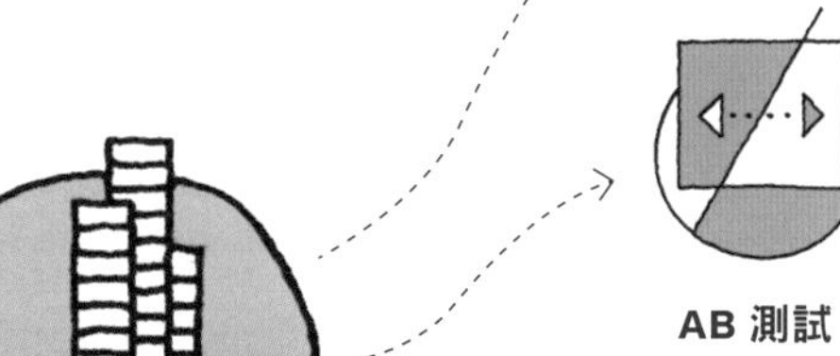

購買產品功能

功能測試替身

p. 156

拿排名第一的產品功能製作功能測試替身，確認人們實際上是否會對這項功能有興趣。

AB 測試

p. 270

針對產品中排在前幾名的功能進行 AB 測試，確認契合度（engagement）。

可點擊的產品原型

p. 236

邀請同一批參與者回來測試可點擊的產品原型，原型中要包含排在前幾名的產品功能。

發明並不是顛覆。
當顧客願意採用時，才是顛覆。

傑夫・貝佐斯（Jeff Bezos）
創業家與慈善家
亞馬遜（Amazon.com）創辦人

第 3 部 — 實驗

3.3 — 驗證

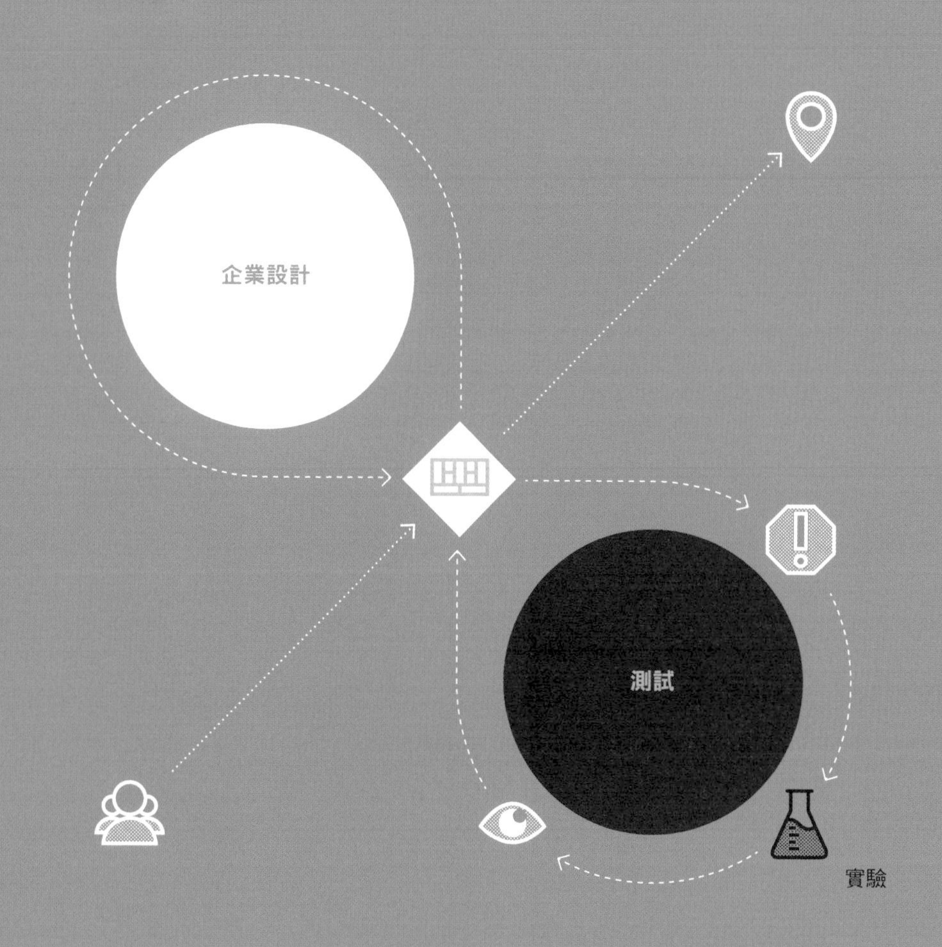
企業設計
測試
實驗

構想

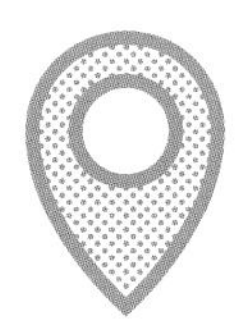

事業

搜尋與測試　執行

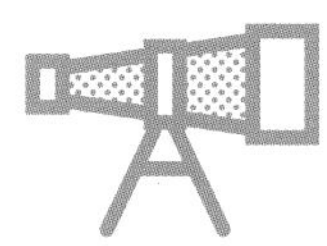

探索

探索大方向是否正確；測試基本假設；取得第一個洞見，迅速調整方向。

驗證

驗證選擇的方向；以有效的證據確認商業構想非常有可能成功。

本書中「探索」和「驗證」階段皆以史蒂夫．布蘭克《頓悟的四個步驟》為基礎，他與鮑伯．多夫（Bob Dorf）在《創新創業教戰手冊》裡詳細說明了這些階段。這兩本書是當代創業思想發展的關鍵作品與里程碑。

驗證實驗

類型	實驗
互動原型	可點擊的產品原型 *p. 236* 單一功能最小可行產品 *p. 240* 混搭 *p. 244* 專屬客服 *p. 248* 擬真產品原型 *p. 254*
行動呼籲	簡單的到達頁面 *p. 260* 群眾募資 *p. 266* AB 測試 *p. 270* 預先銷售 *p.274* 驗證調查 *p. 278*
模擬	綠野仙蹤測試 *p. 284* 模擬銷售 *p. 288* 意向書 *p. 294* 快閃店 *p. 300* 極限程式設計重點強化 *p. 306*

費用	準備時間	執行時間	證據強度	主題
●●○○○	●●○○○	●●○○○	●●○○○	需求性・可行性・存續性
●●●●○	●●●○○	●●●●○	●●●●●	需求性・可行性・存續性
●●●○○	●●●○○	●●●●○	●●●●●	需求性・可行性・存續性
●○○○○	●●○○○	●●●○○	●●●●●	需求性・可行性・存續性
●●●●●	●●●●○	●●●○○	●●○○○	需求性・可行性・存續性
●●○○○	●●○○○	●●●○○	●●○○○	需求性・可行性・存續性
●●●●●	●●●●○	●●●●○	●●○○○	需求性・可行性・存續性
●●○○○	●●○○○	●●●○○	●●●○○	需求性・可行性・存續性
●●●○○	●●○○○	●●●○○	●●●●●	需求性・可行性・存續性
●●○○○	●●○○○	●●●○○	●○○○○	需求性・可行性・存續性
●●○○○	●●●○○	●●●○○	●●●●●	需求性・可行性・存續性
●○○○○	●○○○○	●●●○○	●●●○○	需求性・可行性・存續性
●○○○○	●○○○○	●●○○○	●○○○○	需求性・可行性・存續性
●●●●○	●●●○○	●●○○○	●●○○○	需求性・可行性・存續性
●●○○○	●○○○○	●●○○○	●●●●●	需求性・可行性・存續性

驗證／互動產品原型

可點擊的產品原型

在數位介面上做出可點擊區域，用來模擬軟體面對顧客互動時的反應。

費用 ●●○○○	證據強度 ●●○○○	需求性．可行性．存續性
準備時間 ●●○○○	執行時間 ●●○○○	可點擊的產品原型最適合用來對顧客快速測試產品概念，它的擬真度比紙上產品原型更高。
必要能力 設計／產品／科技／研究		可點擊的產品原型不適合用來取代顧客感受到的產品易用性。

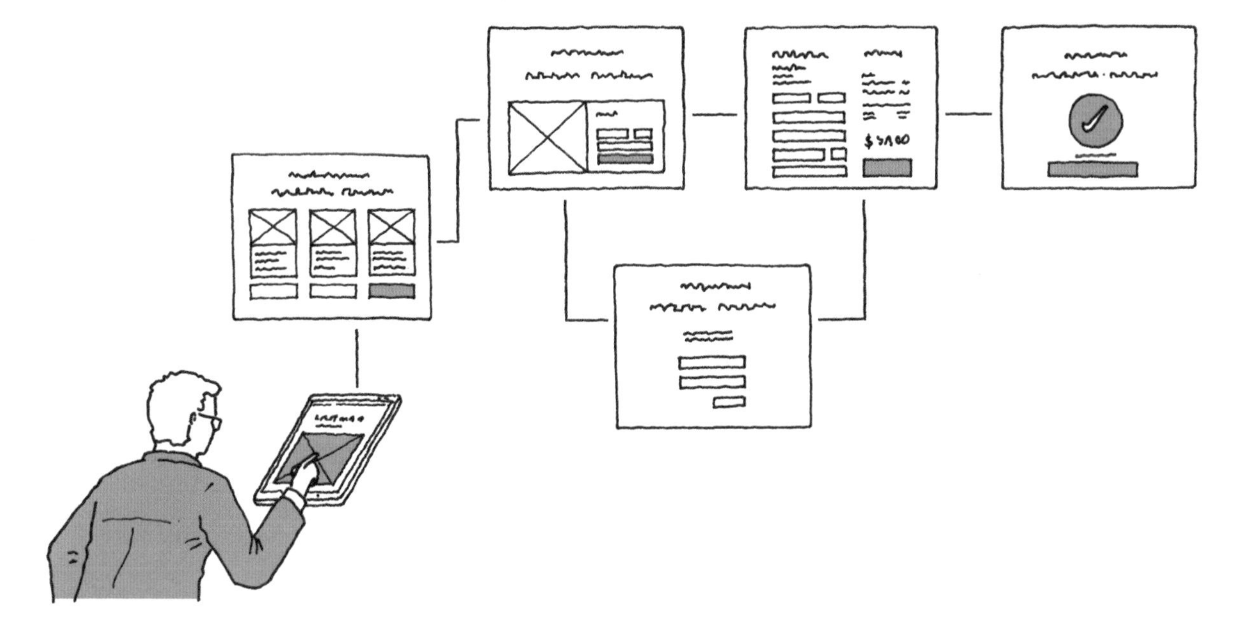

準備

- ☐ 訂定可點擊原型實驗的目標。
- ☐ 決定接受測驗的目標群眾，他們最好對產品有興趣，又有一定的關聯。
- ☐ 撰寫說明文字。
- ☐ 製作可點擊的產品原型畫面，並且標示出熱區（hot zone）。
- ☐ 進行內部測試，確認互動能夠發揮作用。
- ☐ 針對目標顧客安排可點擊原型實驗。

執行

- ☐ 向顧客解釋，這是為你要發表的產品安排的活動，所以希望得到回饋。此外，要確定顧客知道你很重視他們的意見。
- ☐ 安排一位團隊成員對顧客進行訪談與互動。
- ☐ 安排另一位團隊成員做筆記，記錄顧客說過的內容。
- ☐ 結束實驗，感謝參與者。

分析

- ☐ 把草圖貼在牆上，在周圍貼上你的筆記、觀察顧客說的話。
- ☐ 顧客在哪裡卡住或是覺得困惑？
- ☐ 顧客對哪些部份感到興奮？
- ☐ 這些回饋可以作為下一次進行使用者經驗相關實驗的參考資料。

費用

可點擊的產品原型比紙上產品原型貴一些，但是仍然相對便宜。許多工具與模板都能讓你迅速製作出可點擊的產品原型，而不用從無到有親手製作。

準備時間

可點擊的產品原型準備時間相對短，應該只要花 1、2 天就能做出來。

執行時間

可點擊的產品原型執行時間也短，幾天到一週內就能完成。但是，你要迅速與目標顧客測試可點擊的產品原型，以獲得價值主張與解決方案操作流程的回饋意見。

證據強度

任務完成度

任務完成程度的百分比數字。

完成任務花費的時間。

親自完成任務並不一定是強力證據，但是比使用紙上產品原型好一點，而且能讓你知道顧客會在哪個部分覺得困惑。

顧客回饋

顧客針對這個想像中解決方案的價值主張與產品效用的意見。

顧客對可點擊原型的意見屬於相對薄弱的證據，但是比紙上產品原型實驗回饋的證據力強一點。

必要能力

設計／產品／科技／研究

除了數位產品構想外，你會需要設計能力，才能利用原型製作工具或是模板來製作可點擊原型的外觀。你還要做出點擊的熱區，點擊後要連結到其他模擬畫面。此外，你也必須寫腳本，並且記錄實驗活動。

需求

數位產品構想

要製作可點擊的產品原型，你必須以數位產品構想為基礎，因為受試者將點擊畫面進入一整套數位經驗。在考慮製作點擊原型時，你應該很清楚知道這項產品的完整操作流程，但是心態上仍然要保持開放，願意接受糾正。

顧客訪談

p. 106

利用訪談筆記的資料，作為可點擊的原型中顯示文字的參考。

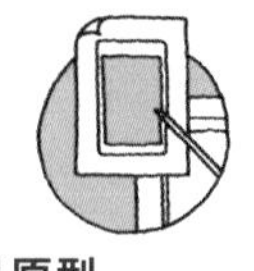

紙上產品原型

p. 182

利用紙上產品原型實驗的回饋意見，作為可點擊原型的參考資料。

回力鏢測試

p. 204

利用回力鏢測試的筆記建立方法，讓可點擊原型應對沒有被滿足的需求。

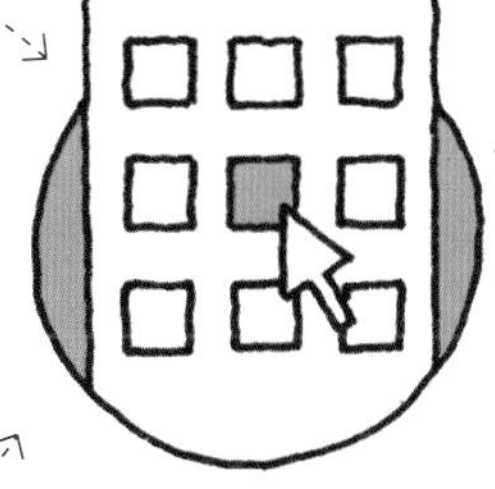

可點擊的產品原型

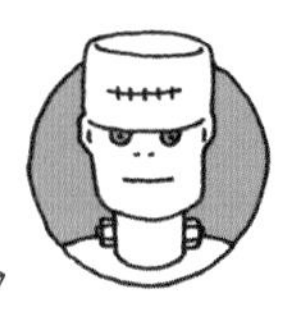

混搭

p. 244

將可點擊原型實驗搭配現有科技，製作出一項混搭產品。

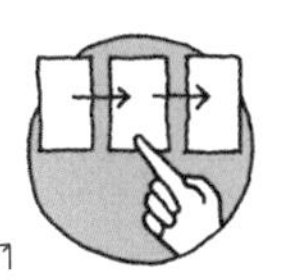

故事分鏡板

p. 186

利用可點擊原型測試中學到的資訊，透過故事分鏡板仔細修正操作流程。

說明影片

p. 200

利用可點擊原型實驗筆記，作為擬真度更高的說明影片的參考資料。

驗證／互動產品原型

單一功能最小可行產品

具備功能的最小可行產品，但只設定一項必要功能，用來測試預設想法。

●●●●○ 費用	●●●●● 證據強度	需求性·可行性·存續性
●●●○○ 準備時間	●●●●○ 執行時間	單一功能最小可行產品最適合用來學習，了解顧客對解決方案的核心承諾是否產生共鳴。
必要能力 設計／產品／科技／法務／行銷／財務		

準備

- □ 針對構想中的功能設計出最簡單的版本，但要能夠解決一項衝擊性高的顧客任務。
- □ 在內部先做測試，確定它能夠順利操作。
- □ 為單一功能最小可行產品找到顧客。

執行

- □ 找顧客來做單一功能最小可行產品的實驗。
- □ 收集顧客的滿意度回饋。

分析

- □ 檢視顧客滿意度回饋。
- □ 有多少顧客轉換？
- □ 運作這項解決方案花了多少錢？

費用

單一功能最小可行產品比擬真度較低的實驗還要貴，因為你做的是擬真度比較高的實驗，而且它能夠提供價值給顧客。

準備時間

準備單一功能最小可行產品大約需要 1 ～ 3 週。你必須在顧客接觸到產品前就先設計、製作，並且在內部進行測試。你很可能會向顧客收取使用費，所以產品必須具備某項功能，而且運作得非常好。

執行時間

單一功能最小可行產品的實驗可能要花數週甚至好幾個月。執行時間夠長，才能分析質化與量化回饋資料，然後才能進行早期最佳化或是嘗試擴大規模。

●●●●●

證據強度

●●●●●

顧客滿意度

收到最小可行產品後，顧客表達滿意程度時說的話與回饋。

顧客滿意度的證據夠強，因為你是在產品價值交付給顧客後要求回饋，而不是從假設的情境中得到回饋意見。

●●●●●

#購買量

使用過單一功能最小可行產品的顧客購買量。

付款金額是強力證據，即使顧客購買的只是單一功能的產品。

●●●●●

費用

設計、製作、推出與維護一項單一功能最小可行產品的費用有多少？

把這項產品推廣出去的費用是有效證據，也是主要指標，它指出未來你要建立這項商業上可行的獲利項目必須花費的金額。

必要能力

設計／產品／技術／法務／行銷／財務

要做出產品功能並且傳達給顧客，需要動用所有的能力，這大部分取決於產品的形式，要看你傳達給顧客的是實體還是數位的產品或服務。

需求

小眾顧客需求的證據

這項實驗的時間比較長、費用比較貴、交易成本（transaction cost）比較高。在考慮製作單一功能最小可行產品前，為了決定要選用哪項功能，你要先進行一系列擬真度較低的實驗作為參考。你應該要有清楚的證據顯示某項特定的顧客需求，而你選擇的功能要能夠對應到這項需求。

顧客訪談

p. 106

訪談使用過這項產品功能的顧客，深入了解產品在哪些方面滿足他們的需求。

專屬客服

p. 248

將你在專屬客服中學到的資訊，作為設計功能的參考資料。

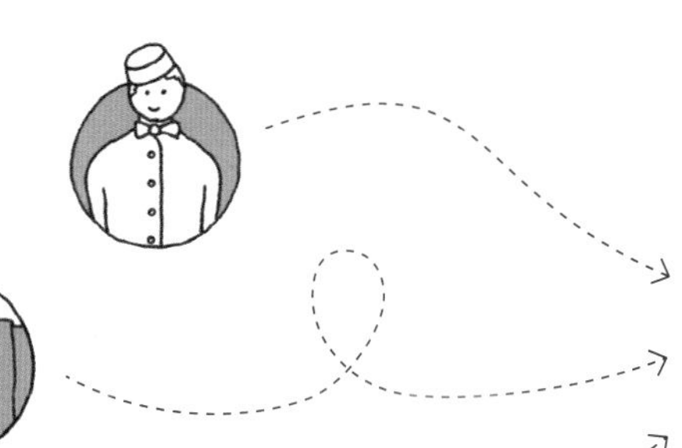

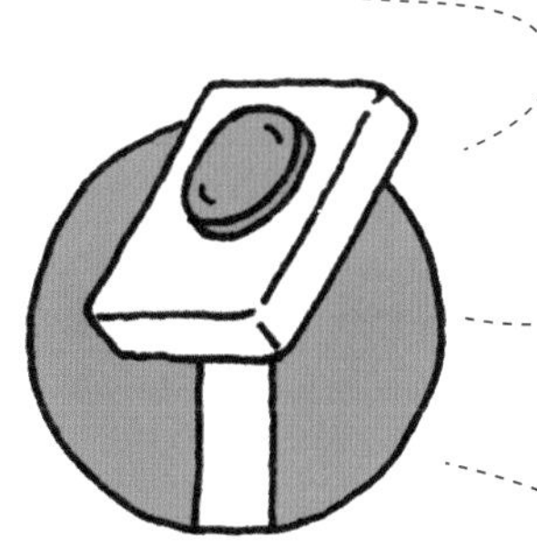

驗證調查

p. 278

對使用過這項功能的人進行驗證調查，深入了解產品在哪些方面滿足他們的需求。

綠野仙蹤測試

p. 284

將你在綠野仙蹤測試學到的資訊，作為功能設計的參考資料。

單一功能最小可行產品

群眾募資

p. 266

在單一功能產品推出後進行群眾募資宣傳，為下一代產品的改良籌募資金。

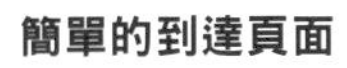

簡單的到達頁面

p. 260

製作一個簡單的到達頁面，蒐集顧客對這項實驗有多少興趣。

驗證／互動產品原型

混搭

將具備功能的最小可行產品結合多種現有服務，並且提供價值。

●●●○○ 費用	●●●●● 證據強度	需求性・可行性・存續性
●●●○○ 準備時間	●●●●○ 執行時間	混搭最適合用來了解你的解決方案是否得到顧客的共鳴。
必要能力 設計／產品／科技／法務／行銷／財務		

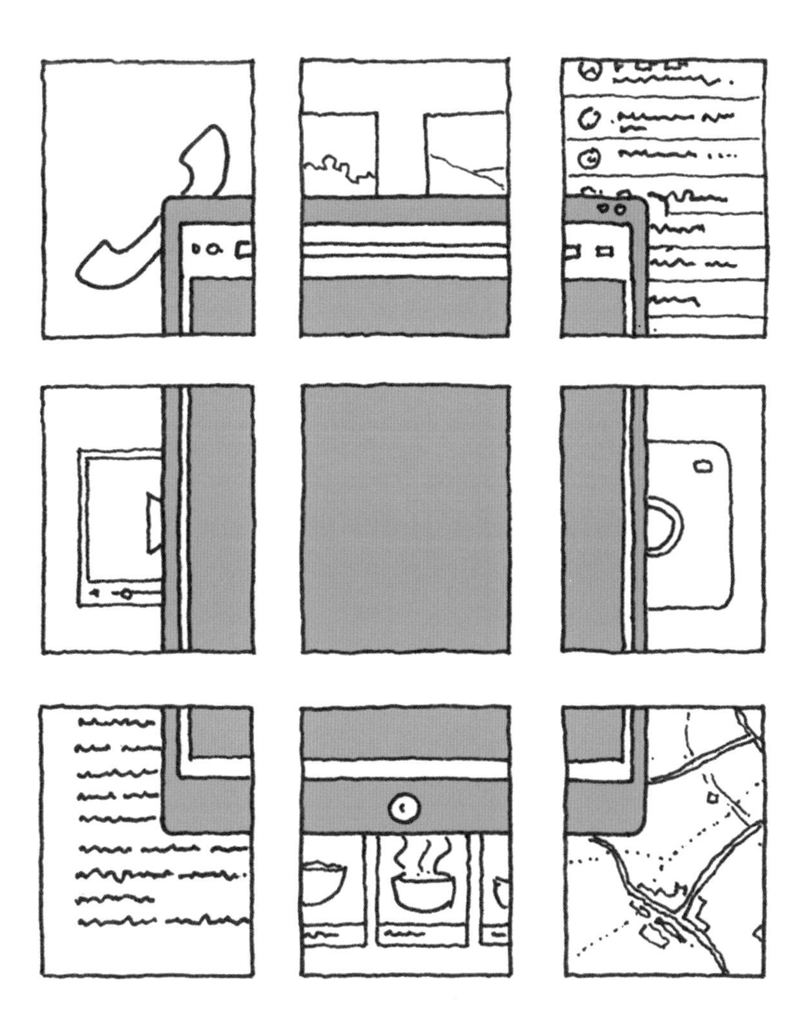

準備

- □ 畫出創造顧客價值必要的操作流程。
- □ 評估市場上現有的科技產品，確認有哪些能夠整合進來，藉此完成操作流程。
- □ 整合這些科技，並且測試結果。
- □ 找到顧客進行混搭實驗。

執行

- □ 與顧客一起進行混搭實驗。
- □ 收集顧客的滿意度回饋。

分析

- □ 檢視顧客滿意度回饋。
- □ 有多少顧客走完整個操作流程，並且付費購買？
- □ 顧客在流程半途的哪個部分離開了？
- □ 現有科技與顧客的預期有落差嗎？
- □ 只有在顧客不滿意使用經驗，或是使用新的解決方案不會增加費用時，才考慮建立客製化的解決方案。

費用

混搭實驗比擬真度較低的實驗還要貴一些，因為你必須把現有的幾項不同科技元素整合起來，推出完整的解決方案。這項實驗的成本來自於付費使用現有科技，以及把它們組裝在一起所花的心力。

準備時間

準備一項混搭產品或服務需要 1 ～ 3 週，你要做的是評估並且整合現有科技。

執行時間

執行混搭實驗大約需要數週或幾個月。執行時間夠長，才能分析質化與量化回饋，然後進行早期最佳化或是嘗試擴大規模。

證據強度

顧客滿意度

收到你的混搭產品後，顧客表達滿意程度時說的話與回饋。

顧客滿意度的證據夠強，因為你是在產品價值交付給顧客後要求回饋，而不是從假設的情境中得到回饋意見。

購買量

使用過混搭產品的顧客購買量。

就算顧客不知道混搭產品是由現有科技組裝而成，他們的付款金額仍然屬於強力證據。

費用

設計、製作、推出與維護混搭產品的費用有多少？

把這項產品推廣出去的費用是有效證據，也是主要指標，它指出未來你要建立這項商業上可行的獲利項目必須花費的金額。

必要能力

設計／科技／產品／行銷／法務／財務

你要能夠評估現有科技、選擇正確的元素、整合到一個解決方案內，並且交付顧客需要的價值。你不一定要知道這些科技怎麼運作，但是一定要知道如何在幕後把它們連結在一起。除此之外，混搭產品也要具備正式產品的其他特性。

需求

走向自動化的過程

這是另一項耗時比較長又昂貴的實驗，交易成本也比較高。所以在考慮進行混搭實驗之前，你必須先執行夠多的低擬真度實驗，藉此了解你要提供給顧客的價值。請利用處理過程中獲取的知識，開始評估要整合哪些現有科技才能提供價值。

混搭

專屬客服

p. 248

利用專屬客服裡學到的資訊，作為設計混搭產品的參考資料。

綠野仙蹤測試

p. 284

將你在綠野仙蹤測試學到的資訊，作為設計混搭產品的參考資料。

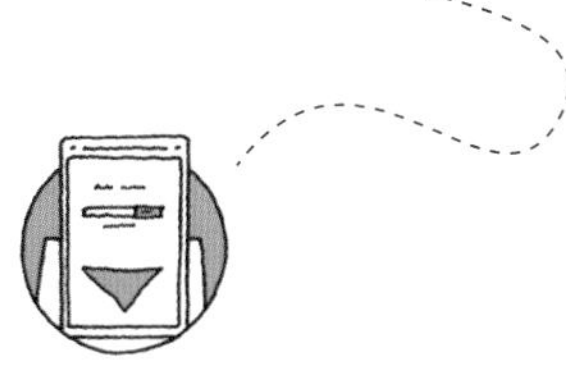

簡單的到達頁面

p. 260

製作一個簡單的到達頁面，蒐集顧客對混搭實驗有多少興趣。

顧客訪談

p. 106

訪談使用過這項產品功能的顧客，深入了解產品在哪些方面滿足他們的需求。

驗證調查

p. 278

對使用過這項功能的人進行驗證調查，深入了解產品在哪些方面滿足他們的需求。

群眾募資

p. 266

在混搭產品推出後進行群眾募資宣傳，為下一代產品的改良籌募資金。

驗證／互動產品原型

專屬客服

安排人員打造顧客經驗、傳達價值。跟綠野仙蹤測試不同的是，在這項實驗中，顧客會清楚知道負責人是誰。

費用 ●○○○○	證據強度 ●●●●●
準備時間 ●●○○○	執行時間 ●●●○○
必要能力 設計／產品／科技／法務／行銷	

需求性．可行性．存續性

專屬客服最適合用來學習第一手經驗，了解創造、取得與傳達價值給顧客必要的步驟。

專屬客服不適合用來擴大產品或事業的規模。

準備

- ☐ 安排人員規劃打造產品的步驟。
- ☐ 利用白板追蹤訂單與必要的步驟。
- ☐ 先找人來測試步驟，確定流程可以運作順利。
- ☐ 如果是在網站上接收訂單，要把分析工具整合到網站上，或是用方格紙或 Excel 表單記錄訂單數量。

執行

- ☐ 透過專屬客服實驗接到訂單。
- ☐ 執行專屬客服實驗。
- ☐ 記錄完成工作需要的時間。
- ☐ 透過訪談與調查收集顧客回饋。

分析

- ☐ 檢視顧客回饋。
- ☐ 檢視測量指標：
  - 完成工作需要多少時間。
  - 工作流程中哪個部分遭遇到拖延。
  - 有多少人購買。
- ☐ 利用這些發現來改善下一次專屬客服實驗，找出流程中可以自動化的部分。

費用

只要讓實驗維持在規模小而簡單，執行費用就很低，主要因為你是透過人力執行所有工作，牽涉到的科技很少、甚至是零。但是，如果你試圖擴大實驗規模，或是把試驗做得太複雜，費用就會增加。

準備時間

準備專屬客服實驗的時間比其他快速原型實驗更長，因為你必須透過人力計畫所有步驟，並且找到顧客來做實驗。

執行時間

執行專屬客服實驗可能會花好幾天到數週，時間根據流程複雜程度、有多少顧客加入實驗而定。但是通常比其他快速原型實驗更花時間。

證據強度

●●●●●

顧客滿意度

顧客收到實驗產出的結果後，表達滿意程度時說的話與回饋。

顧客滿意度的證據夠強，因為你是在產品價值交付給顧客後要求回饋，而不是從假設的情境中得到回饋意見。

●●●●●

#購買量

顧客透過專屬客服實驗購買產品或服務。他們願意為這樣的經驗付多少錢？

即使是安排人員親自傳達產品價值，付款金額也屬於強力證據。

●●●●●

完成流程的時間

前置時間（Lead Time）指的是，從顧客下訂單開始到訂單完成的全部時間。

加工週期時間（Cycle Time）指的是，你為完成訂單而工作的時間；不包括擱置訂單、沒有採取行動的這段時間。

完成專屬客服實驗的時間是非常有效的證據，因為你會得到第一手知識，了解從接受訂單到傳達價值給顧客之間需要哪些步驟。

必要能力

設計／科技／產品／行銷／法務

要安排人員打造與交付產品給顧客，需要動用所有的能力，這大部分取決於產品的形式，要看你傳達給顧客的是實體還是數位的產品或服務。

需求

時間

執行專屬客服最大的需求就是時間，當中包含你的時間和團隊的時間。如果你沒有排出時間來執行這項實驗，你和顧客都會覺得很挫折。要計畫何時執行專屬客服實驗並且排出時間執行，這項實驗才能得到應有的關注。

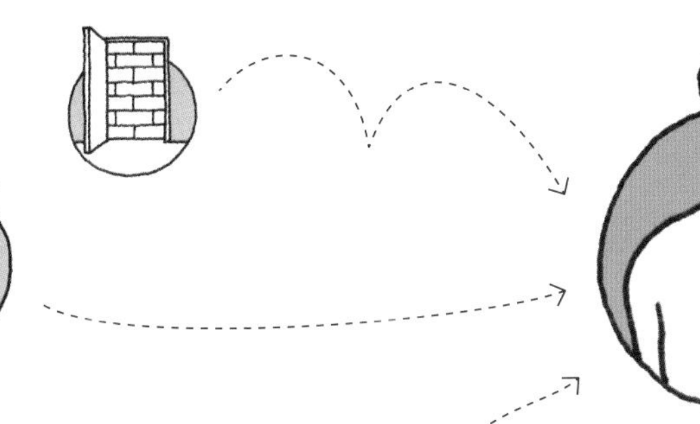

功能測試替身

p. 156

在現有的產品中製作一項功能測試替身，作為專屬客服實驗的引導。

紙本手冊

p. 194

分發包含行動呼籲的紙本手冊，作為專屬客服實驗的引導。

簡單的到達頁面

p. 260

製作一個簡單的到達頁面，蒐集顧客對於專屬客服實驗有多少興趣。

專屬客服

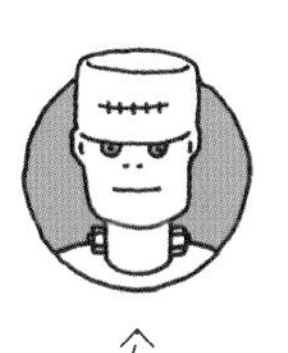

混搭

p. 244

以現有技術，將專屬客服實驗裡的手動步驟自動化。

推介計畫

p. 172

安排推介計畫，進一步了解滿意這項實驗結果的顧客是否會推薦給別的顧客。

綠野仙蹤測試

p. 284

在混搭產品推出後進行群眾募資宣傳，為下一代產品的改良籌募資金。

專屬客服

購買與銷售房屋

Realtor.com

Realtor.com 是一個不動產登錄網站，由 Move, Inc. 營運，總部位在加州聖塔克拉拉（Santa Clara）。這個網站為買家與賣家提供買賣房屋流程中必要的資訊、工具與專業服務。

Realtor.com 團隊與賣家談話時經常聽到一個問題，賣掉舊房子與購買新房子的過程耗費的時間令人十分挫折。人們搬家時常常會搬到另一個行政區域、另一座城市、甚至另一州。

Realtor.com 團隊的構想是，整合雙方市場的洞見，同時呈現給顧客。他們想知道顧客需要這樣的服務嗎？能夠把它推展成一項產品功能嗎？

假設

Realtor.com 團隊相信，網站上的賣家如果要在隔年之內賣掉房子，也會在同一段時間買新房子。

實驗

安排專屬客服，透過 PDF 檔案提供洞見。

團隊做了一個簡單的客服實驗，實驗會由一項行動呼籲觸發，點擊連結後跳出互動視窗，強調某項價值主張，為顧客提供同時買賣房屋的洞見。接著，使用者將點選填寫一連串問題。完成後，產品經理戴夫・馬斯特（Dave Masters）會親自彙整 Realtor.com 網站中其他洞見與資料，製作成一份 PDF 文件。

戴夫接著把文件個別透過電子郵件寄給登記的使用者。除了寄出電子郵件，戴夫還會附上會議連結，希望更進一步與這些使用者聯絡，了解更多需求，並且找出其他幫得上忙的地方。

證據

幾分鐘內就有 80 人登記。

根據網站統計，團隊本來估計 3 小時內會有 30 人登記，但是，登記數字很快就超出預期，幾分鐘內就有超過 80 人登記，他們甚至來不及關閉註冊連結。

洞見

假設已經得到驗證，顧客確實碰上困難。團隊學習到，網站上許多人都碰上相同的買賣問題。

團隊也學習到專屬客服測試的挑戰。需求量高固然是好徵兆，但是跟原來的安排相比，必須親自動手處理的工作更多了。值得注意的是，這種型態的工作，很需要面對顧客時的執行能力。當你開始進行雙向追蹤，要有心理準備，必須安排適當時間履行承諾，並且認真的把目標放在學習上。你可能本來每天就要處理大量工作，因此將很難全部兼顧。

行動

堅持不懈，測試應用程式功能。

當團隊了解到受試者的組成人數與預期人數相差不多，他們就有信心繼續做更多實驗，把目標鎖定在應用程式使用者。事實上，他們接下來做的實驗就是功能測試替身。他們安排一個提供「銷售工具」的連結，但連結實際上會連到一個不存在的頁面，而團隊未來會在這個頁面放上他們為房屋賣家設計的功能，並且進行測試。

驗證／互動產品原型

擬真產品原型

指的是真實尺寸的產品原型，以及實際服務經驗的複製品。

費用 ●●●●●	證據強度 ●●○○○
準備時間 ●●●●○	執行時間 ●●●○○
必要能力 設計／產品	

需求性．可行性．存續性

擬真產品原型最適合用來對顧客測試擬真度更高的小規模解決方案，做完再決定是否要擴大解決方案的規模。

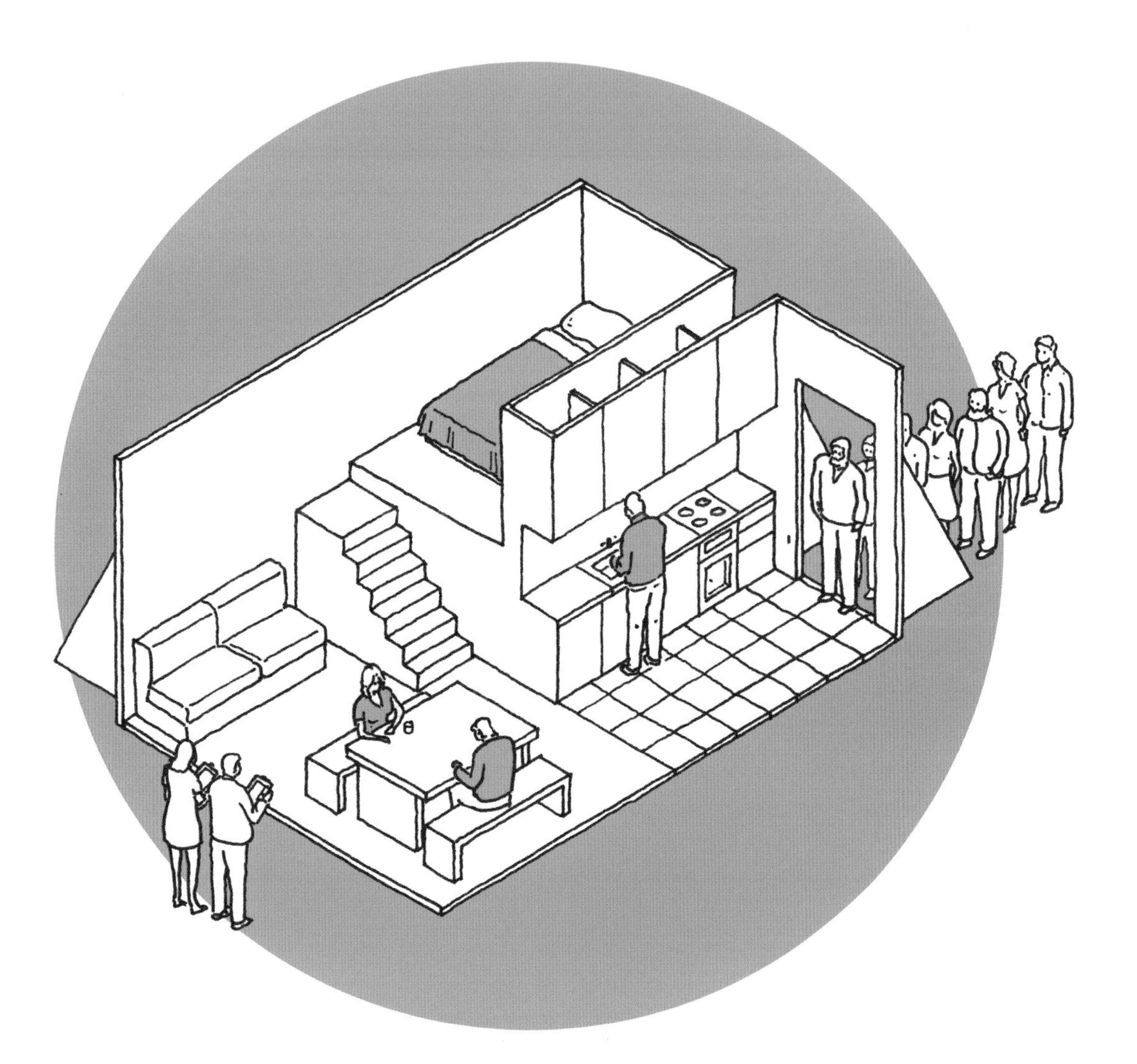

準備

- ☐ 收集先前累積的證據，為解決方案背書。
- ☐ 製作擬真產品原型，它是你要提出的解決方案的複製品。
- ☐ 找到客戶，安排互動活動。

執行

- ☐ 向顧客展示擬真產品原型。
- ☐ 安排一位團隊成員進行顧客訪談。
- ☐ 安排另一位團隊成員做筆記，記錄顧客說的話、任務、痛點、獲益與肢體語言。
- ☐ 透過行動呼籲與模擬銷售結束訪談，不只聽顧客怎麼說，還要知道顧客會怎麼做。

分析

- ☐ 與團隊一起檢視筆記。
- ☐ 根據你學到的資訊更新價值主張圖。
- ☐ 統計模擬銷售與行動呼籲的轉換率。
- ☐ 利用你學到的資訊，仔細修正、疊代原型，為下一輪測試做準備。

費用

擬真產品原型不便宜，而且它的外觀必須看起來很像真正的產品，所以如果尺寸愈大，費用就愈高。

準備時間

準備擬真產品原型會花一段時間，根據解決方案的尺寸與複雜程度而定。你可能會花數週或幾個月來製作一個高擬真度的複製品。

執行時間

擬真產品原型的執行時間相對短，但是你要讓顧客跟原型互動，才能更加了解你的價值主張與顧客任務、痛點和獲益之間的適配程度。

證據強度

●●●●○

顧客任務

顧客痛點

顧客獲益

顧客回饋

顧客任務、痛點與獲益，以及擬真產品原型將如何為顧客解決這些問題。

除了顧客任務、痛點與獲益，也記下其他顧客意見。

這項證據相對薄弱，因為顧客必須先放下懷疑，還要想像實際的使用狀況。

●●●●●

#成功的模擬銷售數字

模擬銷售轉換率＝填寫付款資料的人數 ÷ 瀏覽價格的人數 ×100%。

提供付款資料是非常有效的證據。

●●○○○

#電子郵件註冊人數

電子郵件註冊人數轉換率＝留下電子郵件的人數 ÷ 訪談的人數 ×100%。他們留下資料代表未來解決方案開發出來後願意讓你跟他們聯絡。

顧客的電子郵件是相對薄弱的證據，但是對未來的實驗有幫助。

必要能力

設計／產品

你會需要大部分的產品與設計能力來製作擬真產品原型。這種原型不一定所有功能都可以運作，或是具備各種非必要的附加功能，但是原型的擬真度要夠高、能夠跟顧客互動。

需求

解決方案的證據

在考慮製作擬真產品原型前，你要有相當大量的證據顯示顧客的確需要一個解決方案。這表示你已經收集並且產出證據，顯示市場上有沒有被滿足的顧客任務、痛點與需求，讓你可以對顧客做一個擬真度高的實驗測試。

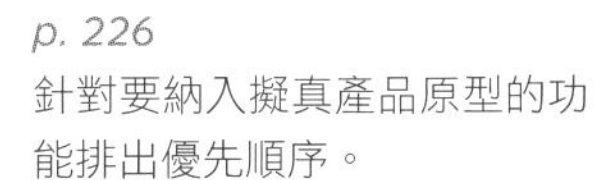

模擬購買產品功能

p. 226

針對要納入擬真產品原型的功能排出優先順序。

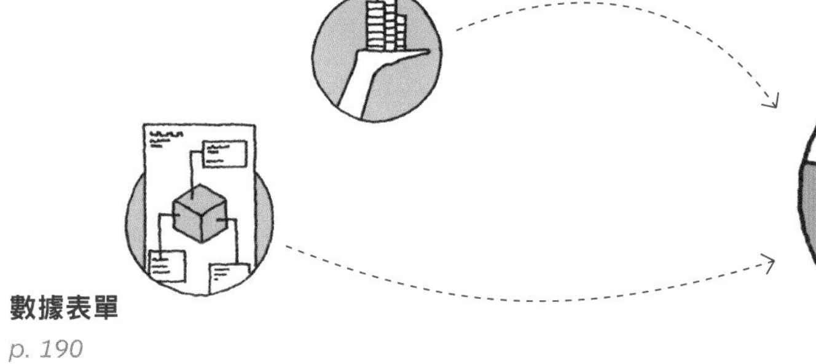

數據表單

p. 190

將你要加入擬真產品原型的產品規格視覺化。

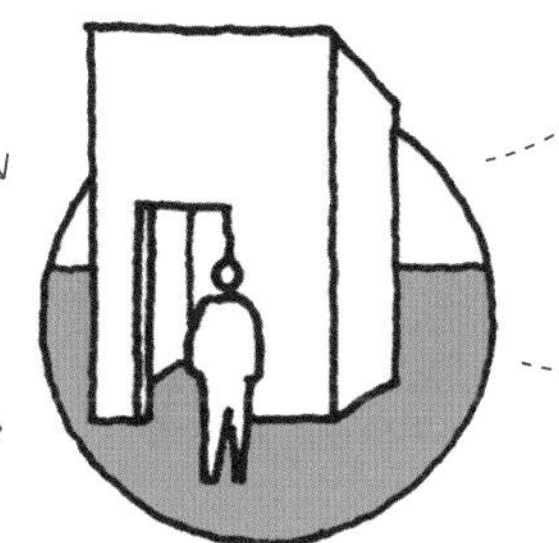

群眾募資

p. 266

推動需求，並且更進一步驗證大規模的需求與可行性。

說明影片

p. 200

將你的價值主張與解決方案製作成影片，對顧客進行測試。

擬真產品原型

顧客訪談

p. 106

在顧客與原型互動時訪談他們，以了解顧客任務、痛點與獲益。

模擬銷售

p. 288

在顧客與原型互動時，了解他們是否願意付錢購買這個解決方案。

擬真產品原型

驗證實體空間

Zoku

Zoku 是時髦閣樓與友善空間組合而成的群聚空間，根據地在阿姆斯特丹，專家認為它是下一代的 Airbnb。它們提供住屋基地給遷移型的專業工作者，這些工作者通常只在某座城市生活和工作一段時間，每次停留的時間短至數天，長至好幾個月。Zoku 就跟其他創造新市場的事業一樣，團隊預設的商業模式帶有風險，因此需要測試。

假設

Zoku 團隊相信，遷移型的專業工作者在停留數週至幾個月的時間中，會想要待在微型公寓裡，公寓空間大小在 25 平方公尺（大約 7.5 坪）左右。

實驗

與顧客一起測試居住空間。

團隊打造一間微型公寓的擬真產品原型，邀請遷移型專業工作者做測試，確認他們能夠在這裡待上數週至幾個月。他們找來 50 位遷移型專業工作者，工作地點散落在各處，然後讓他們跟擬真產品原型互動。

工作者四處遊歷，然後住進這些擬真產品原型。Zoku 團隊在受試者與實體空間互動時訪談他們，了解哪些設計可行，哪些不可行。

證據

收集使用者對於空間的質化回饋。

使用者最喜歡的是善用堆疊式收納、減少內部牆面與安排循環動線等空間特色。如果有樓梯，起居空間就比較大；如果沒有樓梯，團隊就沿著就寢區域設計循環動線。尤其是在同時測試 4 ～ 5 人的小群體時，這項證據特別顯著。

洞見

空間的體驗比空間大小更重要。

這項實驗讓 Zoku 團隊了解到這個原型的細微之處。當住屋的元素（就寢區域、收納空間、衛浴與廚房）像樂高積木和俄羅斯方塊那樣堆疊，就能分割次要空間（功能性元素）與主要空間（經常走動、放置活動家具的起居空間），做出區別。

在所有驗證流程中，團隊學到「空間的體驗」與空間大小不同，而且透過家具（例如就寢區域的活動扇門）、大片的窗戶，以及時髦的燈具打造的開闊視野，可以對空間的體驗產生正面的影響。

行動

用打掃服務測試空間動線。

團隊利用他們從擬真產品原型測試學習到的資訊，執行另一項打掃服務的測試，這協助團隊了解到這項服務會碰到的挑戰，尤其是就寢區域抬高時，打掃服務會面臨更多挑戰。

驗證／行動呼籲

簡單的到達頁面

一個簡單的數位網頁，清楚展示你的價值主張，並且附上一項行動呼籲。

費用 ●●○○○	證據強度 ●●○○○
準備時間 ●●○○○	執行時間 ●●●○○

必要能力 設計／產品／科技

需求性．可行性．存續性

簡單的到達頁面最適合用來判斷你的價值主張能不能得到目標客層的共鳴。

準備

- ☐ 選擇一個適用於你的產業的模板或版面設計。
- ☐ 找到免版權費的高畫質照片，在設計網頁時使用。
- ☐ 購買簡短又好記的網域名稱強化你的品牌。現在很多網域名稱都已經被捷足先登，所以如果你偏好的品牌名稱已經有人使用，可以在名稱前面加上一個動詞，例如 try（嘗試）或是 get（取得）。
- ☐ 網頁裡要放一句價值主張宣言，字級必須夠大，最好等同標題的層級大小，並且放在首頁第一個版面。
- ☐ 邀請顧客以電子郵件註冊的行動呼籲也要放在首頁第一個版面、價值主張宣言下方。
- ☐ 在行動呼籲的敘述文字下方加入顧客痛點、你的解決方案與顧客獲益。
- ☐ 整合分析工具，並且確認它可以運作。
- ☐ 不要忘記放上網站必要的訊息，例如商標、品牌名稱、聯絡方式、服務條款、cookie與隱私權政策。

執行

- ☐ 到達頁面正式上線。
- ☐ 將流量引導到你的網頁。

分析

- ☐ 檢視分析工具，確認有多少人：
  - 瀏覽你的到達頁面。
  - 以電子郵件註冊。
  - 在網頁上停留、點擊或是往下拉看更多資訊等。
- ☐ 不同流量來源的轉換率如何？例如，如果特定社群媒體廣告或電子郵件宣傳可以吸引更多顧客註冊，你可能會想要在別的平台上複製相同的方式。
- ☐ 利用這些發現，仔細修正你的價值主張，並且聯絡註冊者進行訪談。

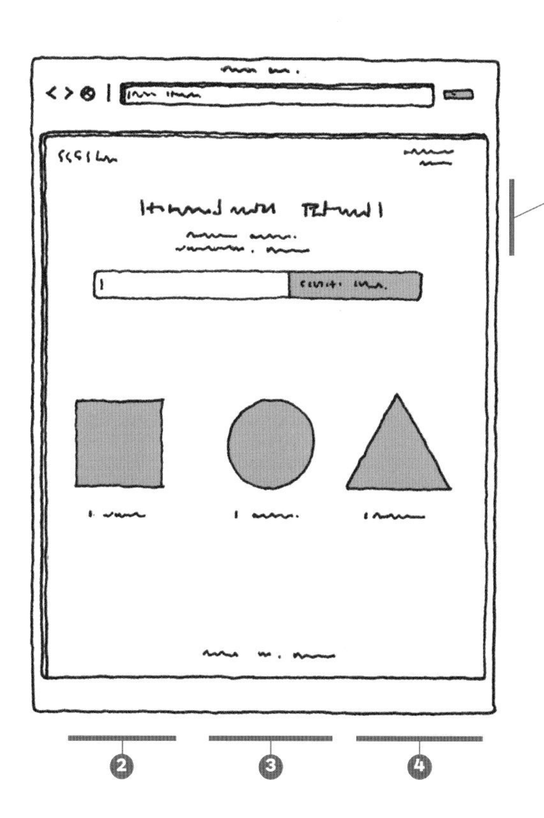

連結

❶ **價值主張**來自價值地圖。不要憑空創造價值主張，或是忽略你已經做過的測試結果。價值地圖中包含假設，而到達頁面的價值主張測試是用來證明或反駁這些假設的好方法。

❷ **顧客痛點**來自顧客素描。將價值主張圖中排名前三項的顧客痛點，加入到達頁面左下方的痛點描述。

❸ **解決方案**來自價值地圖中的產品與服務。你必須讓網頁訪客知道，你要用哪些實際、可觸及的方式來傳達價值主張。位在網頁中間欄位的產品與服務說明，應該要反映出這一點。

❹ **獲益**來自顧客素描。將價值主張圖中前三項的顧客獲益加入到達頁面右下角的獲益描述。

費用

由於數位工具日新月異，而且更容易使用，所以到達頁面的製作費用相對便宜。想要大規模針對潛在顧客測試價值主張，這是最便宜的一種方法。

準備時間

到達頁面看似容易，其實不然，主要是因為你要把所有顧客任務、痛點與獲益，濃縮成簡短、好懂的宣言。不過，設計一個網頁應該不會超過幾天。

執行時間

執行時間大約數週，不過這多半取決於你引導多少流量到這個網頁。如果每天流量不高（少於 100 位不重複的訪客），那麼你會需要再多花一些時間來執行測試，才能收集到足夠的資訊。

證據強度

不重複瀏覽數

停留網頁的時間

電子郵件註冊

轉換率＝行動人數 ÷ 瀏覽人數 ×100%。

不同產業的電子郵件轉換率差異很大，但是平均來說大約是 2 ～ 5%。在驗證的早期階段，我們建議把目標訂在 10 ～ 15%。因為你會希望得到比平均值更高的結果，否則為什麼要做這個新東西？

電子郵件註冊數量的證據力相對薄弱，因為每個人都有電子郵件，即使興趣不大，反正提供電子郵件地址又不用花錢，註冊也無妨；而且，取消訂閱或是把不想要的電子郵件送到垃圾信箱，也不會太難。

必要能力

設計／產品／科技

到達頁面必須清楚簡潔、用顧客的語言來溝通價值。你必須有能力做好這件事，否則風險就是會產生偽陰性的負面證據。如果你沒有這種能力也不必絕望，現在有很多到達頁面工具會提供十足專業的模板，只要用拖曳、放置的方式就能製作出網頁。

需求

流量

到達頁面需要流量才能產出證據，通常一天要有 100 人次的不重複訪客數。有許多方式可以將流量引導到你的到達頁面，包括：

- 線上廣告。
- 社群媒體宣傳。
- 電子郵件宣傳。
- 重新引導現有流量。
- 口碑。
- 網路論壇。

線上廣告

p. 146

以最小形式的價值主張製作一則線上廣告，對顧客進行測試。

顧客訪談

p. 106

和留下電子郵件的註冊顧客聯絡，訪談他們並且了解註冊原因。

顧客訪談

p. 106

利用訪談獲得的筆記，作為網頁上的價值主張、顧客任務痛點與獲益的參考資料。

驗證調查

p. 278

調查註冊的顧客，了解註冊原因。

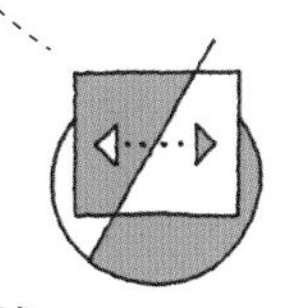

AB 測試

p. 270

廣泛嘗試不同版本的價值主張，看看哪些價值主張最能得到顧客的共鳴。

綠野仙蹤測試

p. 284

為透過網頁註冊的顧客安排人力，提供這項價值主張的產品或服務。

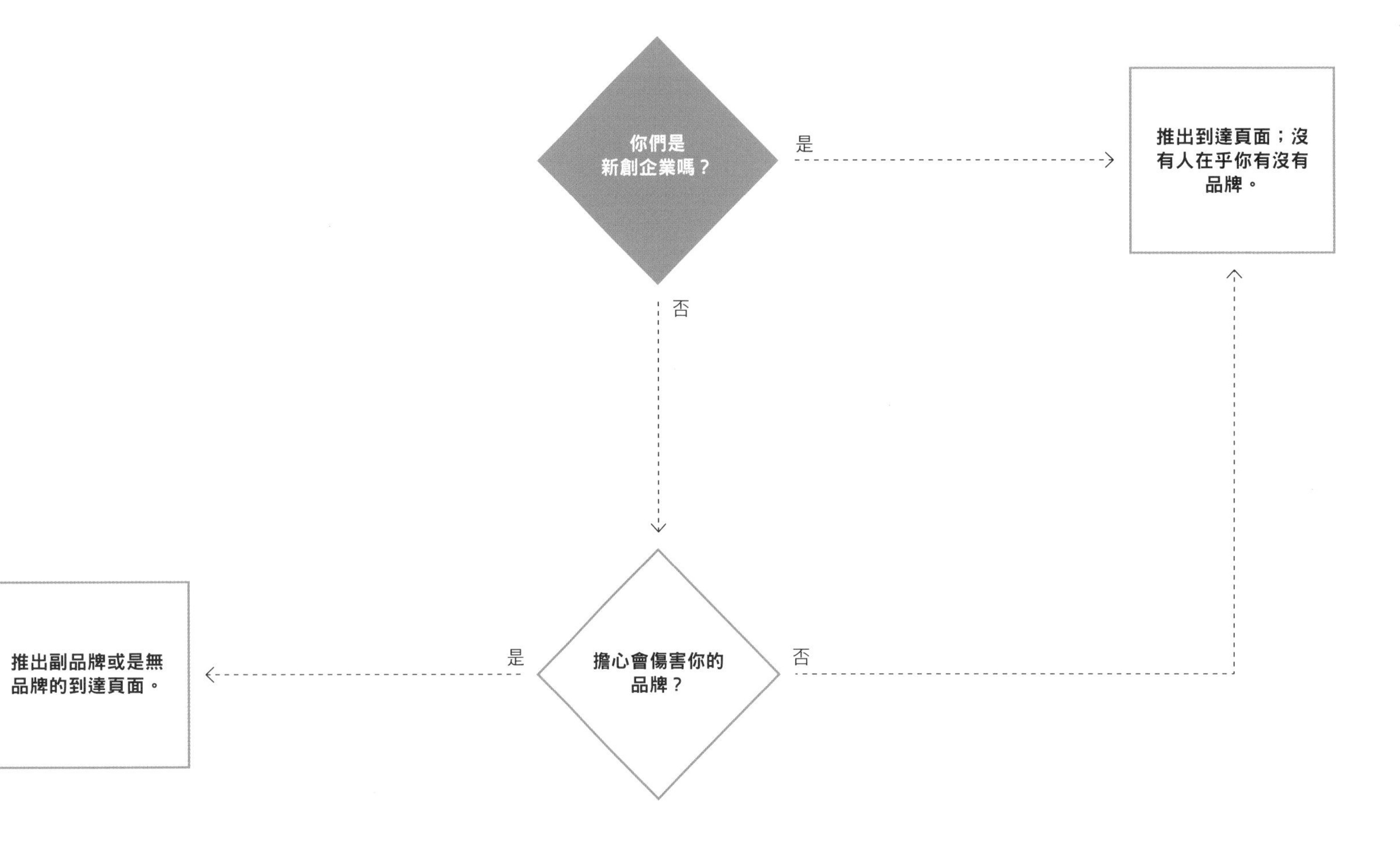
你們是
新創企業嗎？
是
推出到達頁面；沒
有人在乎你有沒有
品牌。
否
擔心會傷害你的
品牌？
是
推出副品牌或是無
品牌的到達頁面。
否

品牌的擔憂

如果你隸屬於大公司，很難決定要不要將公司品牌放上到達頁面。新創企業盡情做測試也不會引起注意，只要忠於品牌原則就好。當新創企業做出到達頁面邀請訪客註冊時，訪客很少是因為品牌而來，反而是因為到達頁面上的商業構想是可以幫他們解決問題的解決方案。

如果大公司要在到達頁面上置入品牌，把商標放在很醒目的地方，反而會讓開發團隊比較不好做事。此外，品牌與行銷檢核通常會拖慢流程長達數週甚至幾個月。還有，造訪網頁的人只是因為大公司品牌的緣故才會進來，這樣就不容易過濾網路流量的雜訊，釐清哪些人才真正對價值主張有興趣。

我們建議，建立一個副品牌或新公司來測試商業構想。這樣你會讓實驗更快進行，也不會有開不完的品牌討論會議，討論如果有人來註冊要怎麼辦。但是，這也表示，你無法利用公司現有管道來獲取顧客、幫助這個品牌，而是必須自己找顧客，利用廣告、與人交談、社群媒體來引導流量。

✓

- ☐ 使用顧客訪談中擷取的語句作為標題。
- ☐ 聯絡留下註冊資料的人，詢問是否能接受訪談。
- ☐ 使用高畫質的照片跟影片。
- ☐ 使用簡短的網址。

✕

- 不要為了增加轉換率而放進造假的顧客證言。
- 還沒有做出產品時，不要把產品標示為「銷售一空」。
- 不要宣稱你的產品可以做到一些不切實際的事情。
- 不要使用負面或嚴厲的語調。

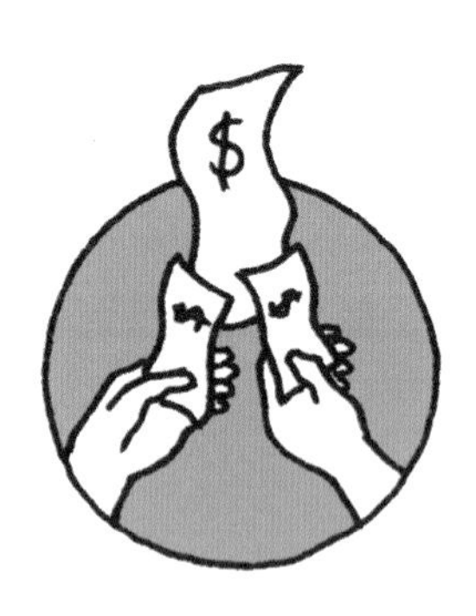

驗證／行動呼籲

群眾募資

針對大量群眾進行小額募款來資助專案或新創事業，通常是透過網路進行。

●●●●● 費用	●○○○ 證據強度
●●●●○ 準備時間	●●●●○ 執行時間
必要能力 設計／產品／行銷／財務	

需求性．可行性．存續性

群眾募資最適合用在有顧客相信你的價值主張、願意資助你的新創事業的時候。

群眾募資不適合用來確認你的新創事業在技術上是否可行。

準備

- ☐ 訂定群眾募資的目標金額。數字要務實，並且明確指出這筆錢要用在專案裡的哪些活動上。
- ☐ 選擇現有的募資平台，或是製作自己專屬的群眾募資網站。
- ☐ 製作一支群眾募資影片。影片必須品質優良、讓人信服，進而願意資助你的產品。
- ☐ 在影片下方加入價值主張宣言，字級要夠大，最好等同標題大小。
- ☐ 將募款行動呼籲放在影片右邊，表達的語句要清楚。
- ☐ 在價值主張下方加入顧客痛點、你的解決方案與顧客獲益。
- ☐ 訂出不同的贊助金額，以及吸引人的好處回饋。

執行

- ☐ 群眾募資宣傳網頁上線公開。
- ☐ 引導流量到你的網頁。
- ☐ 在社群媒體與募款網頁上保持活躍，要回應留言並答覆問題。

分析

- ☐ 檢視你收到的贊助金額有多少，是否達到募款目標。
- ☐ 如果沒有達到目標，利用你從中學到的資訊，再從頭走一次宣傳活動。
- ☐ 如果達到目標，要透過社群媒體與電子郵件持續向支持者報告進展。
- ☐ 不同流量來源的轉換情形如何？例如，如果某個社群媒體廣告或電子郵件宣傳吸引較多支持者，你可能要特別記住，這在日後產品上線銷售吸引顧客時會派上用場。

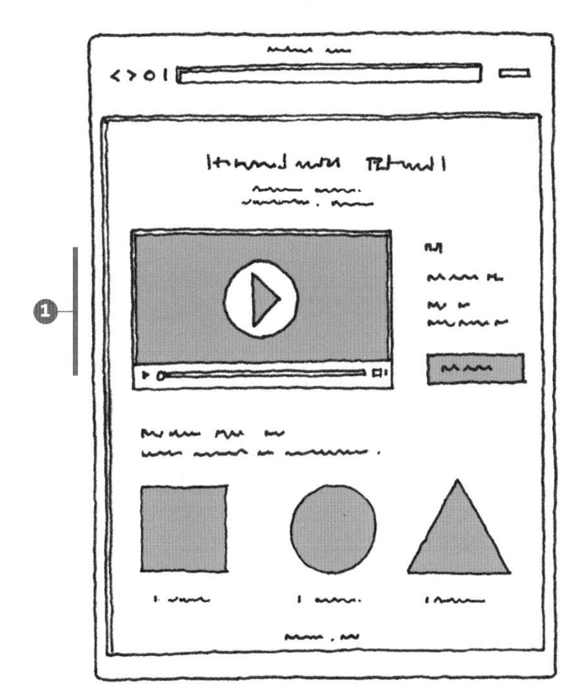

連結

❶ 影片應該說的是能夠打動人心的故事，顯示你的解決方案如何為**顧客素描**中的目標客層解決首要的任務、痛點與獲益。

❷ **痛點**來自你的顧客素描。找出排名前三項的顧客痛點，並將痛點描述放在募款網頁左下角。

❸ **解決方案**來自價值地圖的產品與服務。為了讓你的潛在群眾募資支持者了解解決方案，請把它放在痛點旁邊。

❹ **獲益**來自顧客素描。請取排名前三項的顧客獲益，並將獲益描述放在募款網頁的右下角。

✓

- ☐ 群眾募資平台收取的費用，視為宣傳活動的花費。
- ☐ 如果沒有達到募款目標，要退款給支持者。
- ☐ 說明募得款項的運用方式，流程必須明確、透明，並且列出成本細項。

✕

- 想要放進太多吸引人的好處，以至於所有時間都用在這上面，而不是把心力花在做出產品。
- 太貪心，募得金額超過製作產品需要的資金。
- 影片製作品質不夠好。
- 宣稱不切實際的產品好處。

費用

群眾募資的花費通常會集中用在影片製作、行銷、物流與宣傳活動。雖然有現成的群眾募資平台，但是它的擬真度要夠高，否則無法讓顧客感興趣。

準備時間

群眾募資的宣傳活動要花數週到幾個月準備。製作吸引人的高品質影片，創作能傳達價值主張的內容，訂出不同價格與回饋方案，這些都需要投注可觀的心力。

執行時間

完整走完一趟群眾募資通常是 30 ～ 60 天。你當然有可能一炮而紅、短時間內就達成募資目標，但是你要知道，短短幾天就達標是例外。

●●●○○○

證據強度

●●○○○

推薦人

不重複瀏覽數

留言數

社群媒體分享數

你的網路訪客從哪裡來，如何與你的宣傳活動互動。

瀏覽、留言與分享都是相對薄弱的證據，但是可以藉此獲得質化洞見。

●●●●●

贊助數量

贊助金額

瀏覽數如何轉換成贊助數量。至少 6%的贊助來自直接流量；至少 2%的贊助來自預先鎖定的線上廣告。

募款達標率最好是 100%，表示你的構想得到支持。

瀏覽者貢獻金錢，讓你的募款宣傳成功，這屬於非常強烈的證據。他們是用荷包在投票，而不只是說說而已。

必要能力

設計／產品／行銷／財務

群眾募資的流行，促成許多募資平台成立，這表示你不再需要召集一支開發團隊來做宣傳活動。但是，你還是需要舉辦有效、吸引人的宣傳活動，在市場上打出知名度。這些都很需要設計能力，活動必須要看起來很專業，否則你的價值主張可能會得到偽陰性的負面回應。財務能力也很重要，你必須正確訂定不同價格與回饋方案，才能透過群眾募資建立永續的事業。

需求

價值主張與目標客層

投身群眾募資之前，你必須要有清楚的價值主張，還要能夠用一支高品質的影片展示價值主張，更要有目標客層。沒有影片的群眾募資專案不只少見，成功率也很低。此外，你也必須知道如何鎖定顧客，否則很難說動人。

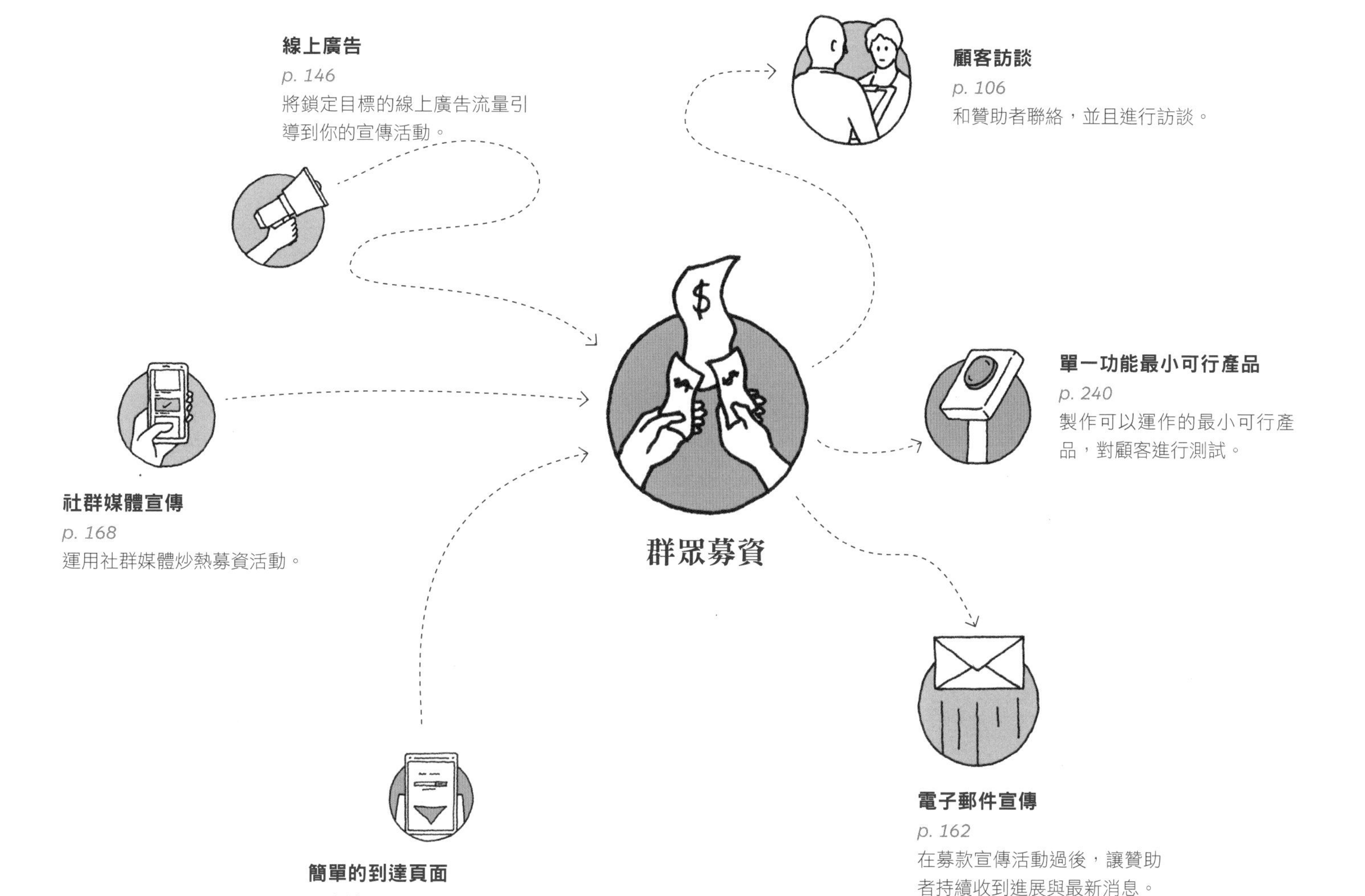
線上廣告
p. 146
將鎖定目標的線上廣告流量引
導到你的宣傳活動。
顧客訪談
p. 106
和贊助者聯絡，並且進行訪談。
社群媒體宣傳
p. 168
運用社群媒體炒熱募資活動。
群眾募資
單一功能最小可行產品
p. 240
製作可以運作的最小可行產
品，對顧客進行測試。
簡單的到達頁面
p. 260
製作一個到達頁面，將流量引
導到宣傳活動。
電子郵件宣傳
p. 162
在募款宣傳活動過後，讓贊助
者持續收到進展與最新消息。

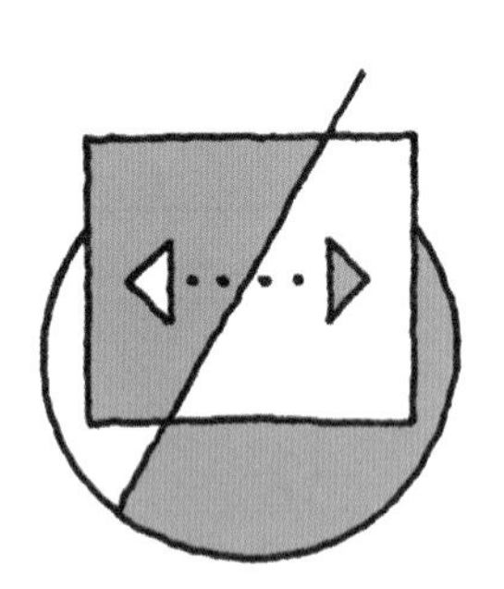

驗證／行動呼籲

AB 測試

這項實驗可以比較兩種版本的做法，A 是控制組，B 是對照組，以此決定哪種做法的成效比較好。

●●○○○ 費用	●●●○○ 證據強度
●●○○○ 準備時間	●●●○○ 執行時間
必要能力 設計／產品／科技／數據	

需求性．可行性．存續性

AB 測試最適合用來測試不同版本的價值主張、價格與產品功能，確認哪個版本最能得到顧客的共鳴。

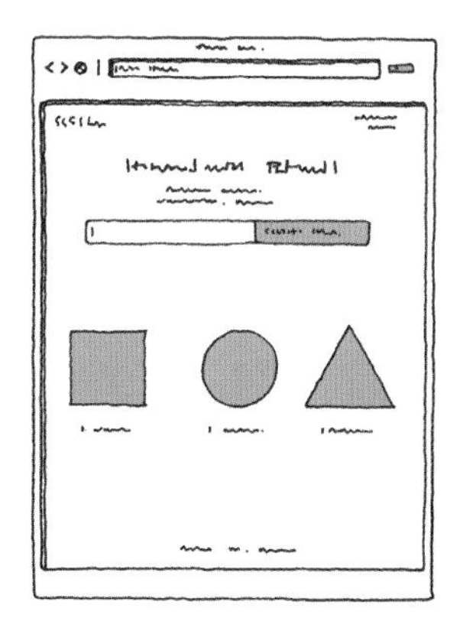

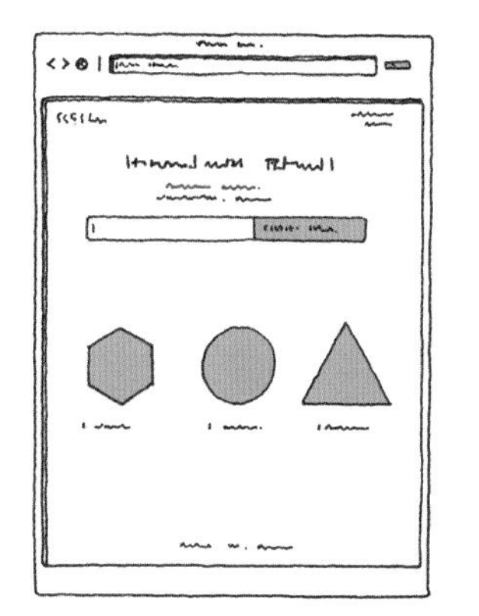

準備

- ☐ 找出你想要改善的顧客行為，例如，透過漏斗方法取得進展。
- ☐ 製作控制組 A。
- ☐ 將控制組 A 作為基準，並將比較標準寫下來。
- ☐ 製作對照組 B。
- ☐ 訂出你希望在方案 B 裡看到的改善比例，它必須可以測量。
- ☐ 找出顧客樣本數大小以及信心水準。

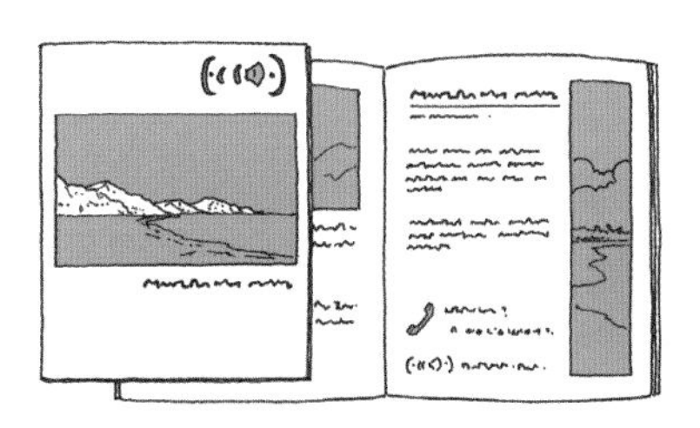

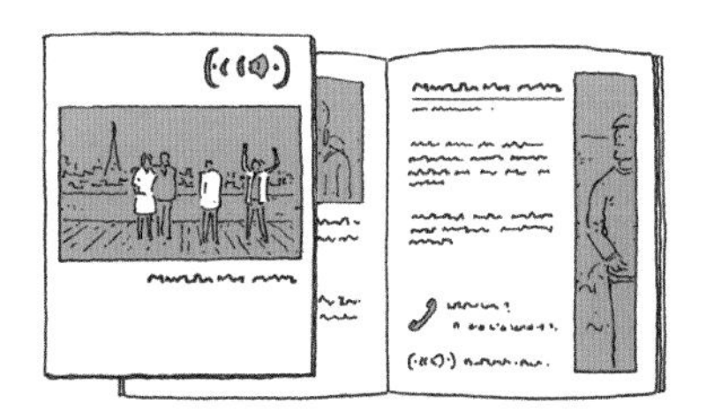

執行

- ☐ 執行 AB 測試，隨機個別引導 50%流量到控制組 A 和對照組 B。

分析

- ☐ 達到樣本數後，檢查測試結果是否符合你設定的信心水準。
- ☐ 結果是否符合信心水準？
  - 如果符合，考慮以對照組 B 取代控制組 A，以 B 作為固定標準。
  - 如果不符合，執行另一項 AB 測試，對照組改用不同的變數。

✓

- ☐ 利用訪談時顧客說的話，對價值主張進行 AB 測試。
- ☐ 和完成轉換流程的顧客聯絡，了解轉換原因。
- ☐ 利用 AB 測試計算工具，決定需要多少樣本才能達到信心水準。
- ☐ 針對南轅北轍的構想進行 AB 測試，尤其是在開發早期階段，這會比小型漸進式的測試產生更多洞見。

✕

- 因為你喜歡或不喜歡最初的結果而過早停止 AB 測試。
- 忘記持續測量關鍵績效指標（KPIs），而你不希望這項指標的數字下降。
- 短時間執行太多 AB 測試，或是跟其他實驗同時進行。
- 第一個 AB 測試沒有產生很棒的結果，所以馬上就放棄。

費用

AB 測試相對便宜，而且網路上的數位工具可以讓你不需要懂程式設計就能進行測試。你可以複製一段文字貼到網頁或應用程式，然後登入產品進行 AB 測試。和使用 Word 文書處理軟體一樣，只要拖曳、貼上、打字。如果你要做的是客製化硬體或是寄送印刷品，AB 測試就會變得比較貴，因為你必須做出兩種實體版本，對顧客做測試。

準備時間

AB 測試的準備時間相對較短，尤其你可以使用數位產品，而且也有現成的 AB 測試工具。如果你做的是兩種實體版本，準備時間就會比較長。

執行時間

AB 測試的執行時間通常是幾天到數週。你會需要關鍵的統計數據來獲取洞見，比較哪個版本表現比較好。

證據強度

流量

控制組 A 的行為

控制組 A 的轉換率

轉換率＝採取行動的人數 ÷ 被引導到控制組 A 的測試人數 ×100%。盡可能利用先前的數據當作基準，預測控制組的轉換率。

對照組 B 的行為

對照組 B 的轉換率

轉換率＝採取行動的人數 ÷ 被引導到控制組 B 的測試人數 ×100%。你要定義控制組 B 對轉換率有哪些可測量到的影響。

這項實驗的證據不算有效但也不薄弱，顧客不會覺察到他們正在參與 AB 測試。你會希望測試結果至少有 80%的信心水準，但是根據測試的事物不同，數字可能會有變動。請利用網路上的 AB 測試計算工具協助你完成測試。

必要能力

設計／產品／科技／數據

你要有能力決定想要測試的事物，訂定控制組 A 的預期基準，以及對照組 B 當中要改善的變項。你要讓視覺設計適合整體主題，否則會得到偽陰性的負面結果。如果要測試軟體，就需要一定程度的技術整合能力。最後，你還要能夠分析測試結果，提供給下次的實驗作為參考。

需求

大量流量

AB 測試需要很多流量，才能產生可信服的證據。你的流量會被隨機分配，任意顯示 A 或 B 版給顧客。如果你幾乎沒有流量，那麼在比較哪個版本成效比較好的時候，將會花許多時間才能取得結論。

電子郵件宣傳

p. 162

測試電子郵件的主旨欄、文字與圖像，找出讀者打開信件與點擊連結的原因。

簡單的到達頁面

p. 260

測試不同的價值主張與行動呼籲，看看哪個版本能改善轉換率。

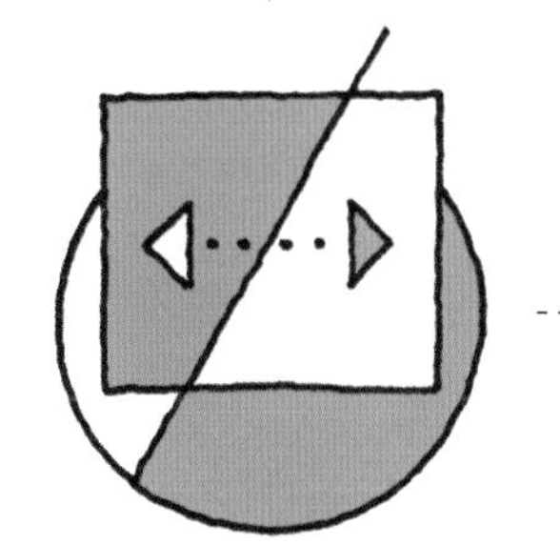

AB 測試

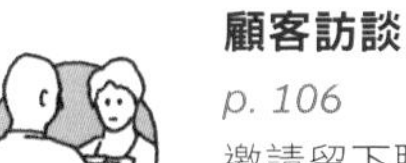

顧客訪談

p. 106

邀請留下聯絡資料或付費購買的顧客進行訪談，了解他們留資料或購買的原因。

顧客訪談

p. 106

將訪談時顧客說的話作為參考進行 AB 測試，確認哪個版本的轉換率成效比較好。

線上廣告

p. 146

為線上廣告測試不同圖像或文案，看看哪個版本能改善點擊率。

紙本手冊

p. 194

測試不同圖像與價值主張，看看哪個版本的轉換率最高，對於留下聯絡資料的行動呼籲反應最好。

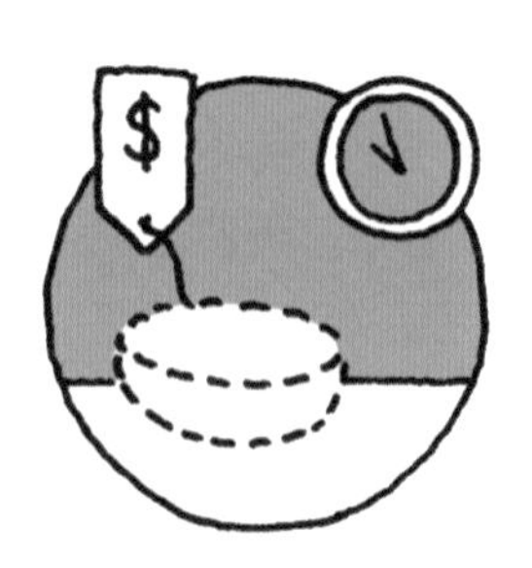

驗證／行動呼籲

預先銷售

產品上市前，先行舉辦的銷售活動。跟模擬銷售不一樣的是，預先銷售活動中，產品出貨時要進行金錢交易。

●●●○○ 費用	●●●●● 證據強度
●●○○○ 準備時間	●●●○○ 執行時間
必要能力 設計／業務／財務	

需求性・可行性・存續性

預先銷售最適合用來在產品或服務推出給社會大眾以前，先透過比較小的規模評估市場需求。

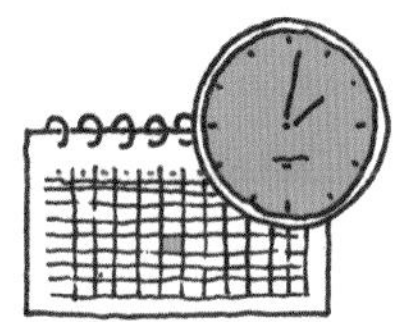

準備

- ☐ 製作一個簡單的到達頁面。
- ☐ 置入你的價格選項。
- ☐ 在點擊價格選項的地方顯示「尚未開放大眾購買」並且附加付款資訊表格。直到出貨之前，顧客的信用卡不會被扣款。
- ☐ 整合網站分析工具，檢驗工具是否正常運作。

執行

- ☐ 將網頁開放給大眾。
- ☐ 將流量引導到你的網頁。

分析

- ☐ 檢視分析工具中做出下列行動的人數：
  - 瀏覽價格選項。
  - 點擊價格選項。
  - 填寫付款資訊。
  - 點擊預售按鈕，可出貨時就扣款。
  - 跳離操作流程（指網路分析工具漏斗）。
  - 各流量來源在網頁上進行轉換。
- ☐ 利用這些發現評估商業存續性，並且仔細修正價值主張與價格選項。

連結

- 價格選項來自商業模式圖中的營收流。

費用

預先銷售的費用相對便宜，但是它跟模擬銷售不一樣的是，會產生一筆額外費用是用來處理交易與運費。如果你要使用銷售系統，可能必須購買硬體或軟體。此外，大部分付款系統都會收取特定銷售額比例（如 2 ～ 3%）的費用，還有可能另外收取月費。

準備時間

預先銷售的準備時間相對較短。接近出貨時就需要準備好接收與處理財務資訊。

執行時間

預先銷售的執行時間是幾天到數週。你要為解決方案鎖定特定客群，給他們足夠的時間考慮是否購買。預先銷售期通常並不會很長，好比付款人可能會要你在 20 天以內出貨。

證據強度

●●●●●

不重複瀏覽數

購買人數

統計購買轉換率；轉換率＝購買數量 ÷ 瀏覽價格的人數 ×100%。

你的解決方案還沒有開放給大眾，就有顧客願意付錢購買，所以購買人數屬於強力證據。

●●●●●

放棄購買的人數

大部分跟線上購物車有關；如果顧客開始購買流程後中途離開，就是放棄購買。

放棄率＝完成購買的總人數 ÷ 進入購買程序的人數 ×100%。

顧客跳出購買流程雖然是不好的徵兆，卻是強力證據，它表示你的流程有某個地方不正確、配置失誤，或是購買價格不合適。

必要能力

設計／業務／財務

要進行預先銷售必須決定價格選項，還得針對目標受眾設計精準的銷售方案。最後，你必須有業務能力，尤其如果你是在現實生活中進行面對面銷售，業務能力更不可缺。

需求

完成的能力

預先銷售跟模擬銷售不同，你要收集與處理付款資訊，還要進行實際銷售。這表示你應該盡可能提供接近最終版的解決方案，或是至少有一個最小可行產品。如果你沒有能力實現你對顧客的承諾，也不要急著進行好幾個預先銷售活動。

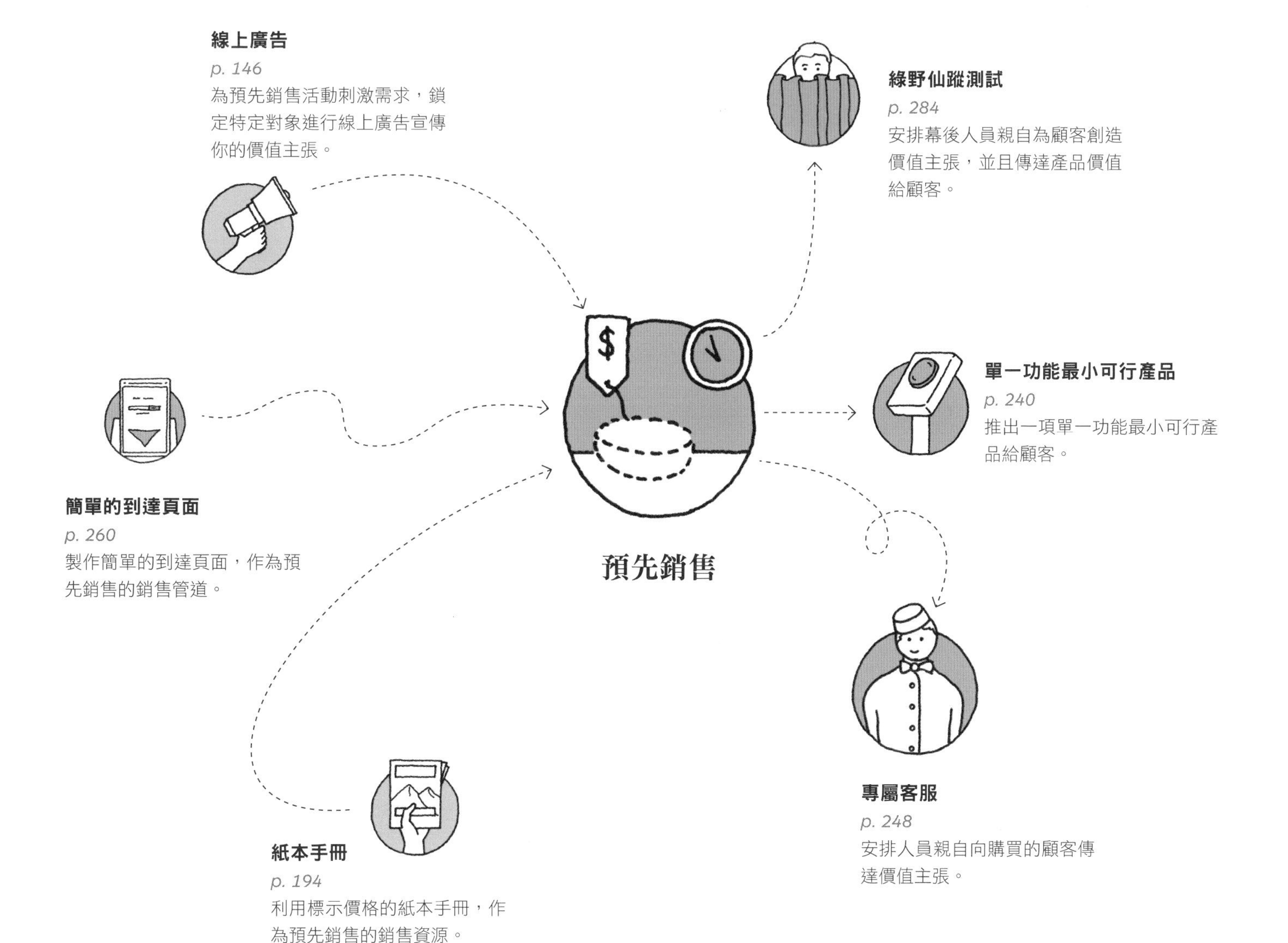
線上廣告
p. 146
為預先銷售活動刺激需求，鎖定特定對象進行線上廣告宣傳你的價值主張。
綠野仙蹤測試
p. 284
安排幕後人員親自為顧客創造價值主張，並且傳達產品價值給顧客。
單一功能最小可行產品
p. 240
推出一項單一功能最小可行產品給顧客。
簡單的到達頁面
p. 260
製作簡單的到達頁面，作為預先銷售的銷售管道。
預先銷售
專屬客服
p. 248
安排人員親自向購買的顧客傳達價值主張。
紙本手冊
p. 194
利用標示價格的紙本手冊，作為預先銷售的銷售資源。

驗證／行動呼籲

驗證調查

閉鎖式的問卷調查，針對特定主題，找一群顧客當樣本來蒐集資料。

費用 ●●○○○	證據強度 ●◉○○○
準備時間 ●●○○○	執行時間 ●●●○○
必要能力 產品／市場／研究	

需求性．可行性．存續性

驗證調查最適合用來獲得洞見，了解如果沒有你的產品，顧客是否會失望，或是顧客是否會推薦給其他人。

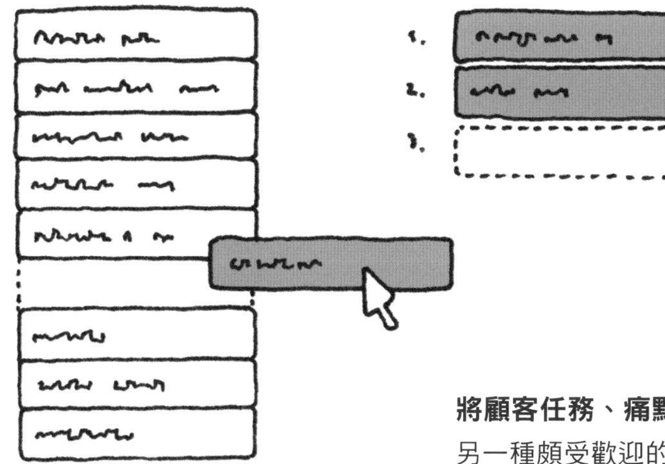

將顧客任務、痛點與獲益進行排序

另一種頗受歡迎的驗證調查做法是，針對價值主張圖的顧客素描中的顧客任務、痛點與獲益，驗證重要性排序。大部分團隊是在工作坊的環境中盡可能猜測排序結果，但是他們需要迅速得到外界的回饋，才能確認猜測是否貼近現實。現在大部分調查軟體都能輕易做到驗證調查，這些軟體會分出兩個區塊，一個是任務、痛點、獲益的清單，另一個是顧客排序。

挖掘遺漏的顧客任務、痛點與獲益

除了排序，你還可以從探索調查中得到靈感，做法是在每項排序後加入一道開放式問題，確保不會遺漏你沒有考慮到的面向：

- 這份清單中有沒有遺漏哪一項是你希望我們提供的任務？為什麼？
- 這份清單中有沒有遺漏哪一項是你希望我們解決的痛點？為什麼？
- 這份清單中有沒有遺漏哪一項是你希望得到的利益？為什麼？

其他型態的驗證調查

一般來說，驗證調查的形式很簡單，是對單一問題做封閉式的回答。你可以運用它來對顧客驗證其他形態的預設，例如：

- 顧客滿意度（Customer Satisfaction, CSAT）。
- 顧客費力度（Customer Effort Score, CES）。
- 品牌意識。

西恩·艾利斯測試

「如果不能再次使用這項產品，你會有多失望？」

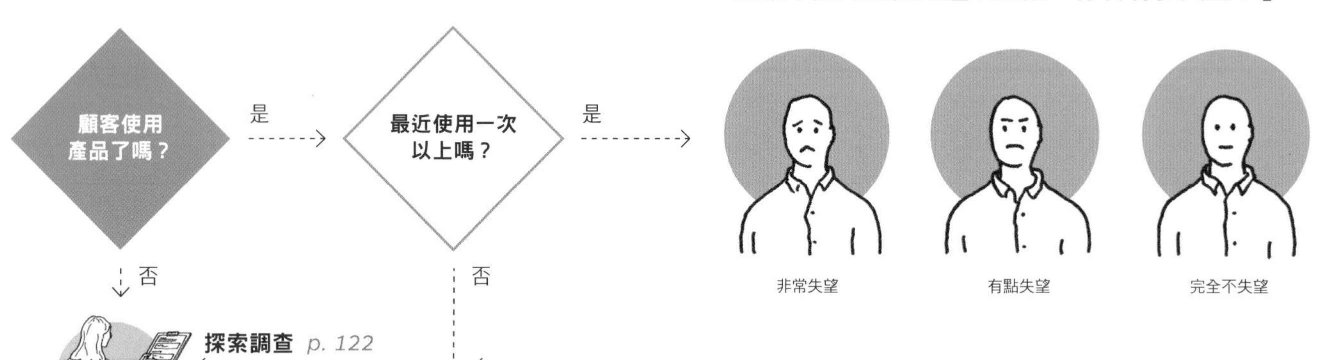

西恩·艾利斯（Sean Ellis）測試

這種調查型態是以發明「成長駭客」的西恩·艾利斯（Sean Ellis）命名，做法是透過稀少性（scarcity）來評估需求性。

西恩·艾利斯測試的關鍵在於提出一個重要問題：「如果不能再次使用這項產品，你會有多失望？是非常失望、有點失望，還是完全不失望？」

如果數字沒有達到40%，代表產品與市場不適配。如果顧客無感，不在乎有沒有這項產品，自然會出現需求性的問題。如果沒有達到適配，當然沒有道理擴大規模，否則你會浪費很多錢去把沒有人要的東西規模化。

執行西恩·艾利斯測試時，背景非常重要。如果你在顧客才剛體驗到價值主張時就馬上執行測試，可能會顯得非常格格不入，甚至測試出有偏差的數據，因為顧客還沒有真正體驗過產品。如果還沒有使用過，有誰會真的覺得失望呢？

另一方面，如果你調查六個月以上沒有使用產品的顧客，他們很有可能不清楚狀況，根本不想在這個時候做調查。

因此我們推薦，要以這項測試來評估顧客的需求性，必須尋找在過去兩週以內至少體驗過產品核心價值兩次以上的顧客。

淨推薦值

「你會將這項產品推薦給朋友或同事嗎？」

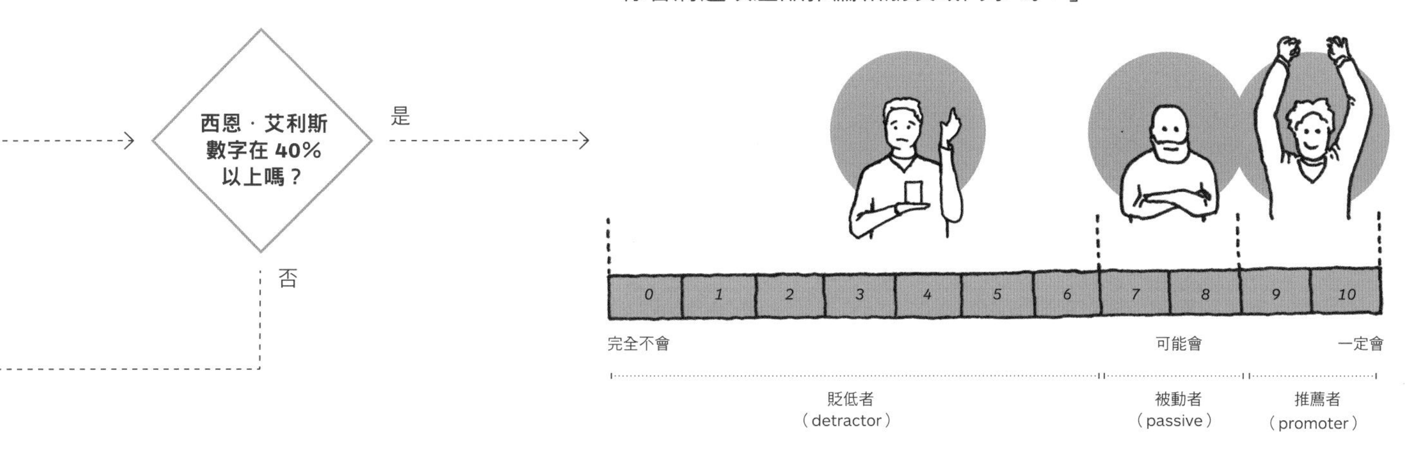

淨推薦值
（Net Promoter Score，簡稱 NPS）

淨推薦值（NPS）是最常見的一種調查類型，全世界所有組織都廣泛使用。

淨推薦值調查的關鍵問題是：「你會將這項產品推薦給朋友或同事嗎？ 0 代表完全不會推薦，10 是一定會推薦」。

計算淨推薦值的公式如下：

推薦者（％）－貶低者（％）＝淨推薦值

跟西恩．艾利斯測試非常類似的是，對顧客做測試的時機背景很重要。顧客必須在你的產品中完成某件有意義的事，才會有意願推薦產品給朋友或同事。光是感興趣並不足以讓他們推薦給別人，除非已經使用過產品。同樣的，如果使用過產品、但是覺得產品可有可無的顧客說會推薦給別人，也令人懷疑。所以，要先讓顧客做西恩．艾利斯測試，再做淨推薦值測試。

對於覺得產品可有可無的顧客，你應該避免以他們表示願意推薦的說法為依據，過早將產品規模化。

費用

驗證調查的費用並不高，因為你應該已經有管道可以做調查。如今有許多工具與服務，都可以在活躍顧客觸發網站上某項特定的行動時，透過跳出視窗或寄送電子郵件，協助你攔截顧客來做調查。

準備時間

驗證調查的準備時間相對較短，應該只要花幾小時或數天就能建置完成。

執行時間

如果有足夠的管道發布調查問卷，可能只要 1 ～ 3 天就能得到幾千筆回應。如果很難接觸到調查對象，可能會花好幾週才能獲得足夠的回應量。

證據強度

●●○○○

你會有多失望？

感到失望的顧客比例

沒有你的產品會失望的顧客比例理想上應該超過 40%，這樣將產品規模化時就可以不必太擔心，否則顧客流失的速度就會跟顧客註冊的速度一樣快。

調查數據的證據力相對薄弱，但是如果暗示產品可能消失，就會獲得比較好的回應。

獲得推薦的可能性有多高？

獲得推薦的可能性比例

超過 0%就算不錯了，不過這個數字可能因為產業而有差異。所以你要上網搜尋你的產業指標數字。

淨推薦值調查數據的證據力比西恩．艾利斯測試的結果更弱，因為你是從假設性的推薦情境中得到答案。

任務／痛點／獲益排名

實驗結果對比顧客素描的準確度比例

請以準確度達 80%為目標，因為一旦這一項出錯，整體策略都會連帶受到影響。

證據力相對薄弱，但是在進行更深入的測試前，這項實驗是相當重要的步驟。

必要能力

產品／市場／研究

驗證調查需要有仔細擬訂問題的能力，而且語調與結構要正確。因為驗證調查是以現有顧客為調查目標，你要能夠找出特定客層與次要客層，以降低數據中的雜訊。

需求

量化的源頭資料

驗證調查是用來讓顧客回應某個情境、價格或產品功能。你必須要有東西給顧客回應，才能透過測量把他們的回應進行量化。

接觸現有顧客的管道

驗證調查是以現有顧客為調查目標，所以你必須確認可以借助現有管道接觸到他們，無論是線上管道，如網站或電子郵件，或是線下管道，如直接郵寄或面對面做問卷。

簡單的到達頁面

p. 260

利用現有的到達頁面放置調查問卷，接觸現有調查對象。

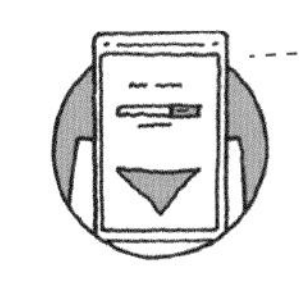

推介計畫

p. 172

利用調查結果中學到的資訊，作為設計推介計畫的參考資料。

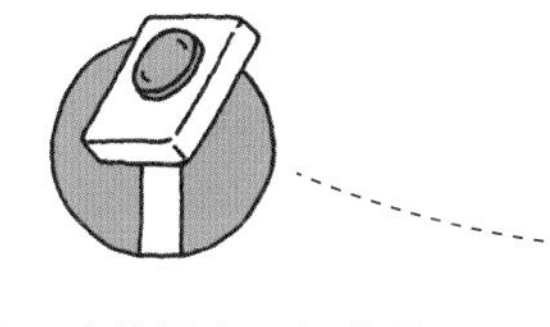

單一功能最小可行產品

p. 240

詢問顧客驗證調查問題前，重複向顧客傳達價值。

探索調查

p. 122

如果驗證調查得到的分數很低，就執行探索調查，進一步了解沒有被滿足的顧客需求。

驗證調查

顧客訪談

p. 106

聯絡給出低分的顧客進行訪談，了解沒有被滿足的需求。

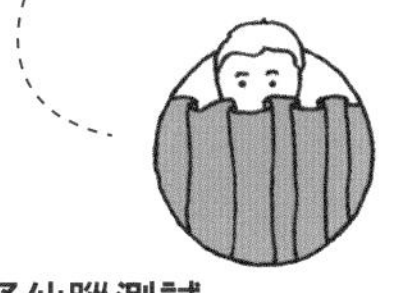

綠野仙蹤測試

p. 284

詢問顧客驗證調查問題前，先安排人員傳達產品價值給顧客。

驗證／模擬

綠野仙蹤測試

打造顧客經驗，安排人員親自傳達價值，而不是只使用科技產品。「綠野仙蹤測試」取自同名電影《綠野仙蹤》，指的是你提出請求，並由其他人處理請求。跟專屬客服不同的是，在綠野仙蹤測試實驗中，顧客看不到協助處理請求的人員。

●●○○○ 費用	●●●●● 證據強度	需求性・可行性・存續性
●●●○○ 準備時間	●●●○○ 執行時間	綠野仙蹤測試最適合用來親自學習創造、取得與傳達價值必要的第一手步驟。 綠野仙蹤測試不適合用來擴大產品或事業的規模。
必要能力 設計／產品／科技／法務／行銷		

畫出界線

要處理過早擴大解決方案的狀況，綠野仙蹤測試是一種好方法。但是，這套方法必須以人力運作，所以，我們建議要「畫出界限」，區分出所有可以自動化的任務。

如果你要花 15 分鐘為顧客安排人員親自創造價值，你可以先問：

1. 我們每天可以親自處理多少顧客要求？
2. 處理一件顧客要求要花多少錢？（成本結構）
3. 顧客最多會支付多少錢？(營收流)
4. 如果要將這些任務自動化，需要多少顧客要求才能發揮成本效益？

我們看過許多創業家急著將解決方案自動化，結果反而過早規模化。當你畫出界線、安排人員親自傳遞價值時，在顧客要求的數量跨過門檻前還不需要規模化。有些新創事業的業務量超過這條線，所以改用自動化流程；有些事業可能從來不會超過門檻。所以，對於這種類型的企業，我們建議退一步重新評估策略。

準備

☐ 規劃步驟，安排人員親自打造產品。
☐ 製作一張記錄板，追蹤所有訂單與必要步驟。
☐ 先在內部測試步驟，確定流程能夠運作。
☐ 整合網路分析工具，確認能夠正確運作。

執行

☐ 收到綠野仙蹤測試的訂單。
☐ 執行綠野仙蹤測試。
☐ 以每筆訂單的製作步驟來更新記錄板，將完成任務所需時間記錄下來。
☐ 透過訪談與問卷調查，徵詢顧客滿意度的回饋意見。

分析

☐ 檢視顧客滿意度回饋。
☐ 檢視記錄板的測量指標：
  • 完成任務的時間。
  • 過程中哪個環節有延遲。
  • 有多少購買量。
☐ 利用這些發現改善下一次的綠野仙蹤測試實驗，協助你決定過程中哪些部分可以自動化。

費用

只要讓實驗維持在簡單的小規模，執行費用就很低，主要因為你是透過人力執行所有工作，牽涉到的科技很少、甚至是零。但是，如果你試圖擴大實驗規模，或是把實驗做得太複雜，費用就會增加。

準備時間

準備綠野仙蹤測試的時間比其他快速原型實驗更長，因為你必須透過人力計畫所有步驟，並且找到顧客來做實驗。

執行時間

執行綠野仙蹤測試可能會花費好幾天到數週，時間根據流程的複雜程度、有多少顧客加入實驗而定。但是通常比其他快速原型實驗更花時間。

●●●●●

證據強度

●●●●●

顧客滿意度

顧客收到實驗產出的結果後，表達滿意程度時說的話與回饋。

在這個狀況中得到的顧客滿意度是很有效的證據，因為你是在產品價值交付給顧客後要求回饋，而不是從假設的情境中得到回饋意見。

●●●●●

#購買數

實驗中顧客的購買數量。他們願意支付多少錢換得人工交付產品的經驗？

即使是安排人員親自傳達產品價值，付款金額依然屬於強力證據。

●●●●●

完成過程所需時間

前置時間指的是，從顧客下訂單開始到訂單完成的全部時間。加工週期時間指的是，你為完成訂單而工作的時間；不包括擱置訂單、沒有採取行動的這段時間。

完成實驗的時間是非常有效的證據，因為你會得到第一手知識，了解從接受訂單到傳達價值給顧客之間需要哪些步驟。

必要能力

設計／產品／科技／法務／行銷

要安排人員打造與交付產品給顧客，需要動用所有的能力，這大部分取決於產品的形式，要看你傳達給顧客的是實體還是數位的產品或服務。

需求

時間

執行綠野仙蹤測試實驗最大的需求就是時間，接著你會需要一道數位簾幕（digital curtain）。綠野仙蹤測試跟專屬客服一樣，你必須有時間來執行測試，但是除此之外還需要「簾幕」，讓顧客看不到執行工作的人。簾幕有很多形式，最常見的是簡單的到達頁面，或是讓顧客請求與接收產品或服務的數位介面。

功能測試替身

p. 156

在你現有的產品中製作一個功能測試替身，作為綠野仙蹤測試實驗的引導。

混搭

p. 244

利用現有技術，將綠野仙蹤測試實驗裡的手動步驟自動化。

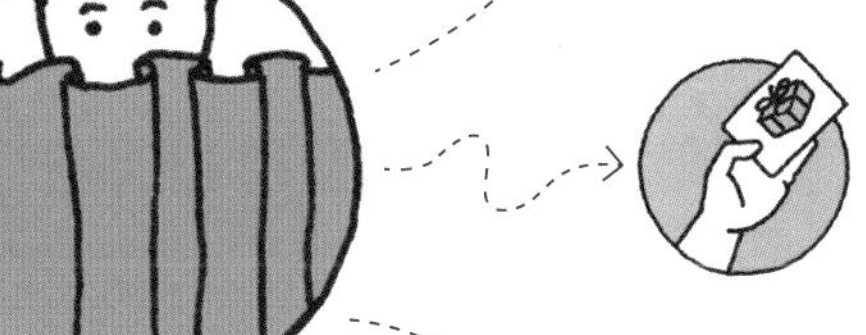

推介計畫

p. 172

安排推介計畫，進一步了解滿意這項實驗結果的顧客是否會推薦給別的顧客。

紙本手冊

p. 194

分發包含行動呼籲的紙本手冊，作為綠野仙蹤測試實驗的引導。

綠野仙蹤測試

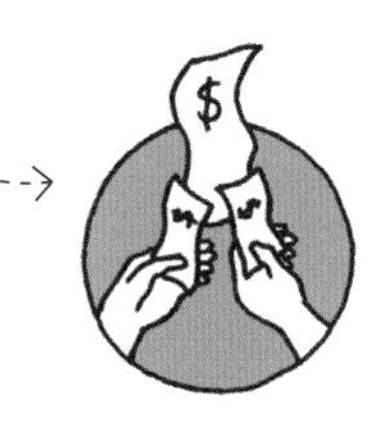

群眾募資

p. 266

建立群眾募資宣傳活動，為了即將擴大規模的產品募資，把資金用在發展所有自動化步驟上。

簡單的到達頁面

p. 260

製作一個簡單的到達頁面，蒐集顧客對於綠野仙蹤測試實驗有多少興趣。

驗證／模擬

模擬銷售

為你的產品舉辦銷售活動，但是不處理任何付款資訊。

費用 ●●○○○

證據強度 ●●●●●

準備時間 ●●○○○

執行時間 ●●●○○

必要能力 設計／業務／財務

需求性・可行性・存續性

模擬銷售最適合用來決定不同的產品價格選項。

離線零售

準備

- ☐ 為你的產品打造一個高擬真度的實體原型。
- ☐ 和商店經理與相關人士溝通模擬銷售的時間與內容，讓參與實驗的人員了解運作機制與流程。

執行

- ☐ 有策略的把原型放在你想要的商店展示位置。
- ☐ 觀察並記錄瀏覽產品、挑選產品，以及將產品放入購物籃的顧客。
- ☐ 在顧客購買前或購買時攔截他們，仔細解釋產品尚未開放購買。
- ☐ 徵求顧客回饋，詢問未來產品開放購買時是否可以與他們聯絡，並且了解他們為何購買這項產品，而不是選擇其他產品。
- ☐ 由於造成顧客不便，發送禮物卡作為補償。

分析

- ☐ 檢視顧客回饋筆記。
- ☐ 檢視每天的記錄，確認有多少顧客做出下列行為：
  - 瀏覽產品。
  - 將產品放入購物籃。
  - 想要購買。
  - 提供聯絡資訊，讓你在產品推出時可以聯絡。
- ☐ 利用你的發現來改善價值主張與產品設計。

線上電子郵件註冊

準備

- ☐ 製作一個簡單的到達頁面。
- ☐ 置入價格選項。
- ☐ 點擊價格選項時，跳出「尚未開放購買」視窗與電子郵件註冊表單。
- ☐ 整合網路分析工具，並且檢驗工具是否正確運作。

執行

- ☐ 對大眾開放網頁。
- ☐ 將流量引導到你的網頁。

分析

- ☐ 檢視你的分析工具，確認有多少人：
  - 瀏覽價格選項。
  - 點擊價格選項。
  - 以電子郵件註冊。
  - 跳離操作流程（網路分析的漏斗工具）。
  - 各流量來源在網頁上進行轉換。
- ☐ 利用這些發現來評估商業存續性，並且仔細修正你的價值主張與價格選項。

關聯

- 價格選項來自商業模式圖中的營收流。

費用

模擬銷售相對便宜。你做的是產品的定價測試，所以不必把整個產品做出來。你要呈現給測試目標對象的是足以讓人相信的高擬真度解決方案，不論是以數位或實體方式呈現，都會需要一些費用。

準備時間

模擬銷售的準備時間相對較短，這表示你可以在幾小時或數天以內，為你的價值主張打造一個足以讓人相信的平台。

執行時間

模擬銷售實際執行時間大約是幾天或數週。你要鎖定一群特定客群提供解決方案，並且讓他們有足夠時間考慮是否購買。

●●●●○○

證據強度

●●○○○

＃不重複瀏覽數

＃點擊購買數

購買轉換率＝點擊購買人數 ÷ 瀏覽價格人數 ×100%。

點擊購買數的證據力相對較強，不過沒有後續提供電子郵件與付款資料的證據力那麼強。

●●○○○

＃購買人電子郵件註冊數

購買人電子郵件轉換率＝電子郵件註冊人數 ÷ 瀏覽價格的人數 ×100%。

點擊購買後繼續進行電子郵件註冊屬於相對有效的證據，不過沒有提供付款資料的證據力那麼有效。

＃購買人付款數

提供資訊

購買人付款轉換率＝提供付款資訊人數 ÷ 瀏覽價格人數 ×100%。

提供付款資訊是非常有效的證據。

必要能力

設計／業務／財務

要進行模擬銷售需要有能力建立財務模型，作為設定價格選項時的參考資料。你也需要針對實驗目標，將銷售設計調整到很像是真實情況。最後，你會需要業務銷售能力，尤其當你在現實世界中當面進行銷售，更需要業務能力。

需求

訂價策略

執行模擬銷售實驗前，確實需要多加思考並且消化數據。這個情境並不是直接詢問顧客願意付多少錢這麼簡單，畢竟顧客回答這道問題的能力是出了名的糟糕。所以，你要能夠提出一個或是好幾個販售價格，讓顧客根據這些金額來回應。如果你用超級低的價格做測試，就會得到偽陰性的負面測試結果，而且實際上你也沒辦法推出這麼低價的解決方案。因此，要花時間仔細思考成本結構，讓模擬測試的證據更有價值。

線上廣告

p. 146

鎖定目標顧客，執行符合價值主張的線上廣告，為模擬銷售刺激需求。

顧客訪談

p. 106

聯絡有興趣購買的顧客，更進一步了解他們的需求。

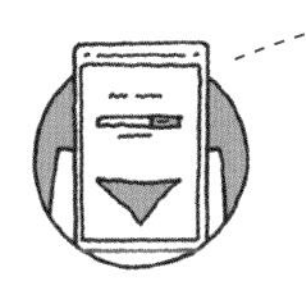

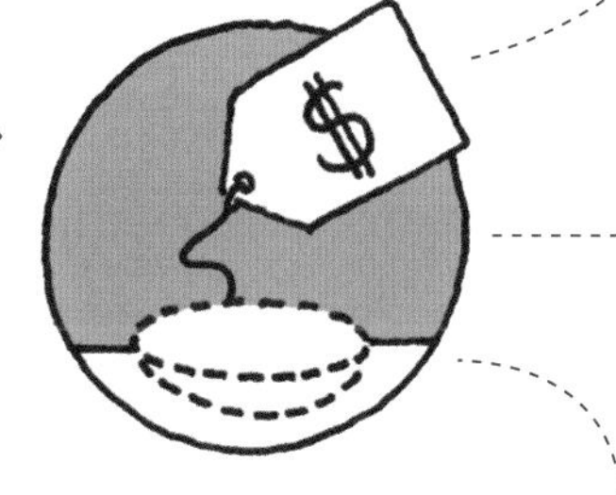

單一功能最小可行產品

p. 240

製作單一功能最小可行產品，對顧客進行測試。

簡單的到達頁面

p. 260

製作簡單的到達頁面，作為進行模擬銷售的管道。

模擬銷售

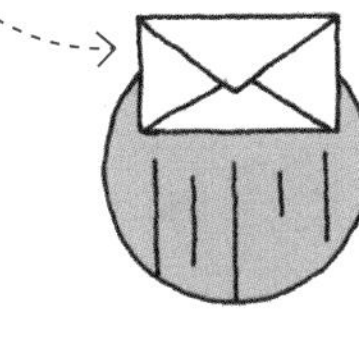

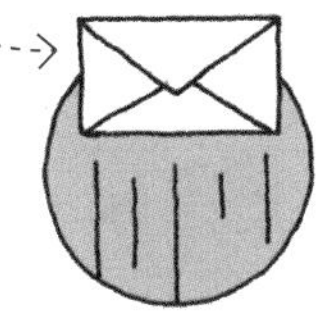

紙本手冊

p. 194

利用標示價格的紙本手冊作為預先銷售的銷售資源。

電子郵件宣傳

p. 162

推出產品時，和有興趣了解產品的人保持聯絡。

模擬銷售

你做出來，他們就會來。

Buffer

Buffer 公司的創辦人，喬爾‧加思科因（Joel Gascoigne）9 年前在臥室成立了這家公司，當時他並不確定人們是否願意付錢使用他的社群媒體管理服務。

當時，社群媒體管理員仍然是手動登入不同社群媒體平台，一一張貼文章。由於各地時區不同，管理員會設定日曆和鬧鐘，用來提醒自己貼文的最佳時刻到了。這種方式並不完美，尤其是必須在半夜貼文的時候。

使用 Buffer 應用程式就能解決這個問題，它剛開始是為了推特設計的管理服務，後來擴展到其他社群媒體平台。喬爾決定小小測試 Buffer 的市場需求，所以他在他的簡單到達頁面加入一個「方案和價格」按鈕，點擊後會跳出訊息說明其他方案和價格還在準備中，並且提供電子郵件註冊選項，以便收到更新通知。

有幾個人填寫了電子郵件地址後，喬爾認為這項服務有商機，但是他還想蒐集更多證據。

假設

喬爾相信，人們願意支付月費來管理推特上的社群媒體貼文。

在沒有任何價格資訊的情況下，光是有人留下電子郵件的證據還是不夠。喬爾必須知道這個假設在商業上是否可行。

實驗

以不同月費方案做價格測試，評估商業存續性。

為了測試存續性，喬爾決定在到達頁面加入三個不同的付款選項。

免費方案＝＄0／月，每天 1 則貼文；5 則暫存貼文。

標準方案＝＄5／月，每天 10 則貼文；50 則暫存貼文。

最高方案＝＄20／月，每天貼文量無限制；暫存貼文量無限制。

點擊「方案和價格」按鈕就會跳出以上選項。點選其中一項後，會出現電子郵件填寫表單，說明 Buffer 還沒有準備好推出這些功能。網頁上每個選項都已經整合分析工具，喬爾可以分析註冊者點選哪些價格方案。

證據

＄5／月的訊號。

最初測試的證據顯示，相較於免月費與 20 美元月費的方案，5 美元月費的方案明顯勝出，電子郵件註冊人數最多。

洞見

人們有興趣、願意付錢。

數據顯示 5 美元月費方案最受歡迎，這能釐清人們如何看待 Buffer 的價值。顧客不需要一天只張貼一則推文的管理服務，因為他們可以自己做。另一方面，顧客也不需要無限制的貼文量，因為社群媒體管理員並不想讓目標顧客覺得喘不過氣，而且貼文太多會被當作垃圾訊息。看來「甜蜜點」（Sweet Spot）就落在每天 5 則推特貼文的服務，因為操作過程夠麻煩，會讓人想每個月支付 5 美元來解決問題。

行動

應該創立 Buffer 的證據。

對於 Buffer 的需求得到證據與洞見後，喬爾決定開發這個應用程式。他利用測試獲得的資訊為輔助，訂定產品上市的價格。在事業早期，喬爾讓 Buffer 保持精實，以人工處理每位顧客的付款事宜。如今 Buffer 在全世界的顧客人數高達數十萬，月營收為 154 萬美元。

驗證／模擬

意向書

在一段特定的時間內傳送給顧客的電子郵件訊息。

●○○○○ 費用	●◉○○○ 證據強度	需求性・可行性・存續性 意向書最適合用來評估關鍵夥伴與 B2B 目標客層。 意向書不適合用來評估 B2C 目標客層。
●○○○○ 準備時間	●●○○○ 執行時間	
必要能力 產品／科技／法務／財務		

意向書格式範例
〔你的姓名〕
〔職稱〕
〔公司名稱〕
〔公司地址〕

〔日期〕

〔收件人姓名〕
〔職稱〕
〔公司名稱〕
〔公司地址〕

親愛的〔收件人姓名〕

我們在此提出這封不具約束力的意向書給〔填入夥伴關係〕。

〔你的姓名〕　敬上

準備

- ☐ 決定意向書的目標受試者，他們如果能對你的業務有點了解最好。
- ☐ 研究最適合你的事業的法律意向書格式。（例如 B2B 顧客 vs.B2B 關鍵夥伴。）
- ☐ 製作意向書的模板。

執行

- ☐ 給目標受試者看你的意向書。
- ☐ 安排一位團隊成員進行訪談。
- ☐ 安排另一位團隊成員記錄顧客說的話、任務、痛點、獲益與肢體語言。

分析

- ☐ 與團隊一起檢視筆記。
- ☐ 你發出多少份意向書？瀏覽人數和簽署人數各是多少？
- ☐ 追蹤簽署意向書的顧客，繼續保持對話，推廣你的商業構想。

費用

製作意向書契約的花費相對低廉，因為它通常只有 1、2 頁。你可以在網路上找到免費的意向書格式，或是花一點錢找律師協助你撰寫比較正式的意向書。

準備時間

準備意向書只需要幾個小時，如果尋求法務人士幫忙，可能要花一整天。

執行時間

執行時間很短，因為你的收信人不是接受就是拒絕。

證據強度

●●○○○

#意向書發放數量

#意向書瀏覽數量

#意向書簽署數量

意向書接受率＝簽署數量 ÷ 發放數量 ×100%。

意向書並沒有法律約束力，但是顧客願意簽署意向書比他們口頭承諾合作或購買的證據力強一點。

●○○○○

顧客回饋

夥伴回饋

顧客與夥伴說的話

回饋的證據力相對較弱，但是通常能夠提供質化洞見。

必要能力

產品／科技／法務／財務

雖然意向書不是正式的法律文件，但是如果你有基本的法務知識，會有助於撰寫這封信。如果是跟夥伴一起使用意向書，你要能夠詳細說明必要的關鍵活動或關鍵資源。面對 B2B 顧客時，你要能夠清楚說明你的價值主張與定價結構。

需求

熟悉的潛在顧客（Warm Leads）

熟悉的潛在顧客對你的價值主張與營業內容有基本了解。除非你有這種潛在顧客，否則我們不推薦你使用意向書，因為透過電子郵件將意向書寄給不熟悉的人是相當糟糕的做法，會導致慘淡的轉換率。所以，要在安排好的見面會談前準備好意向書，接著可以在會談中或會談後拿出來。

合作夥伴與供應商訪談

p. 114

撰寫意向書前，先訪談夥伴與供應商，進一步了解他們具備哪些條件可以幫助你。

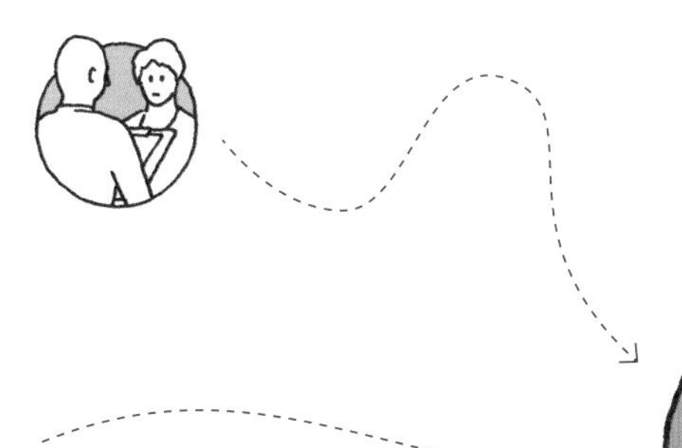

單一功能最小可行產品

p. 240

與意向書夥伴或顧客一起製作單一功能最小可行產品。

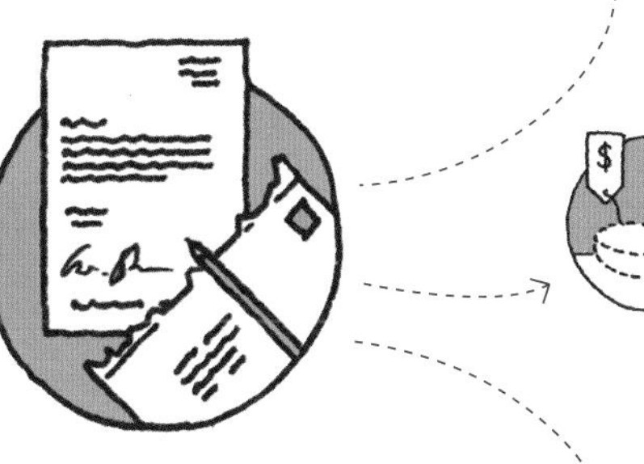

預先銷售

p. 274

在開放解決方案給大眾購買前，預先銷售解決方案給你的顧客。

顧客訪談

p. 106

將訪談筆記作為撰寫意向書的參考資料。

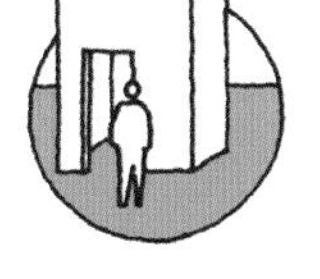

擬真產品原型

p. 254

製作擬真產品原型，對目標客層進行測試。

意向書

對園藝師傅使用意向書

聰明生長系統

聰明生長系統公司（Thrive Smart Systems）致力於透過最新灌溉技術增進生活品質。他們的無線系統提供更聰明的灌溉系統，能讓你省時又省錢。

創辦人賽斯·班傑特（Seth Bangerter）與葛蘭特·羅貝瑞（Grant Rowberry）希望在完成產品開發前先知道人們是否會購買他們的產品。結果，很多人表示對產品有興趣，尤其是園藝師傅，而且當這些潛在顧客被問到會購買多少產品時，通常會回答：「很多」或是「你有多少我就買多少」。這雖然聽起來很令人興奮，但是賽斯和葛蘭特希望得到確切的數字，釐清這些潛在顧客到底願意買多少產品。

於是，團隊決定讓有興趣的顧客簽署購買意向書。他們的想法是，讓對方寫下確切的購買量。賽斯和葛蘭特決定著手撰寫一封信件當作範例，納入意向書必要的關鍵要素。當潛在顧客說會買 X 件產品，那麼意向書上就會寫下購買 X 件。

聽明生長公司把這封範例信件稱為「意向書」。

假設

賽斯和葛蘭特相信可以透過 20 封意向書，在測試階段「賺到」2 萬 5,000 美元。

實驗

請顧客填寫意向書。

他們開始測試假設，詢問有興趣的顧客，並且請他們寫一封意向書說明願意購買的數量。

收到幾封回信後，他們建立了意向書範例，寄給每一個有興趣購買產品的人。

證據

聽明生長公司團隊發現，在沒有廣告的情況下，光是詢問潛在顧客填寫表格，他們就獲得超過 5 萬美元的預計收入（projected revenue）。

洞見

期望 vs. 現實。

不過，他們也學到，人們寫下的購買數量遠比口頭說的購買數量少很多。

說會購買 1000 份的人，只寫下 300 份；有些人說會買 100 份，但只寫下 15 ～ 20 份。賽斯和葛蘭特由此得到洞見，了解如何建立正式的購買流程。即使意向書並不具有法律約束力，但是當潛在顧客拿起筆的時候，他們會涉入更多風險，並感受到切膚之痛。

行動

重複執行意向書流程。

透過實驗，賽斯和葛蘭特仔細修訂意向書，並且分別製作成兩種不同的版本：一種是針對想要購買最終版產品的人設計的「購買承諾書」；另一種是針對想要參與第一版測試的人設計的「測試同意書」。

驗證／模擬

快閃店

臨時零售商店，通常販賣流行性或季節性的商品。

●●●●○ 費用	●●○○○ 證據強度
●●●○○ 準備時間	●●○○○ 執行時間

必要能力 設計／產品／法務／業務／行銷

需求性・可行性・存續性

快閃店最適合用來對顧客測試面對面的互動，確認他們是否真的會購買。

快閃店不適合用在 B2B 事業。如果是 B2B 公司，請考慮在展覽會上設立攤位。

準備

☐ 尋找開店地點。
☐ 取得必要的租約、執照、許可證與保險。
☐ 設計購買體驗。
☐ 計畫後勤營運流程。
☐ 宣傳商店開幕日期。

執行

☐ 快閃店開張。
☐ 從顧客身上收集必要的證據。
☐ 關閉快閃店。

分析

☐ 與團隊檢視筆記並釐清：
  - 人們對哪些部分感到興奮？
  - 他們對哪些部分有疑慮？

☐ 檢視過程中發生多少有意義的互動：
  - 有收集到顧客的電子郵件嗎？
  - 有完成任何一項成功的模擬銷售、預先銷售或是實際銷售嗎？

☐ 下次開快閃店前，利用你這次學到的資訊，再進行一次疊代流程。

費用

快閃店通常規模很小，但是花費會比擬真度低的實驗更高。因為許多費用是用在租借空間與廣告宣傳上，金額會依地點與商店位置而定。如果你能找到現成的店面願意分出一小塊空間給你做實驗，費用就會降低。

準備時間

準備快閃店可能需要幾天或數週，時間依商店位置而定。店面要看起來夠專業，因此在營運上，你需要找到對的人、對的外觀設計。你也要利用廣告創造需求，除非商店開在目標客層流動率很高的地區。

執行時間

快閃店的執行時間通常很短，從幾小時到幾天不定。這項實驗目的在於快速學習、綜合實驗結果，然後繼續下一步。

●●○○○

證據強度

●●○○○

＃來客數

＃電子郵件註冊數

轉換率＝留下電子郵件的人數 ÷ 到訪人數 ×100%。

顧客回饋

顧客給你回饋時說的話。

顧客到訪數、留下電子郵件的人數和顧客回饋都屬於比較薄弱的證據，但是對質化洞見有幫助。

●●○○○

＃預先銷售量

＃模擬銷售量

＃實際銷售量

願意為產品付錢或是已經付錢購買的顧客轉換率。

銷售是強力證據，這表示顧客想買你的產品。

必要能力

設計／產品／法務／業務／行銷

準備與執行快閃店會需要法務專家來處理執照、許可證、租約與保險。此外，你要有行銷能力來推廣商店，還要有業務經驗來安排與顧客互動的銷售人員。

需求

流量

快閃店是藉由為顧客提供適合、限時的消費方式而興起發展。為了創造這種需求，你必須透過下列管道做廣告，為你的商店製造聲量：

- 線上廣告。
- 社群媒體宣傳。
- 電子郵件宣傳。
- 口碑。

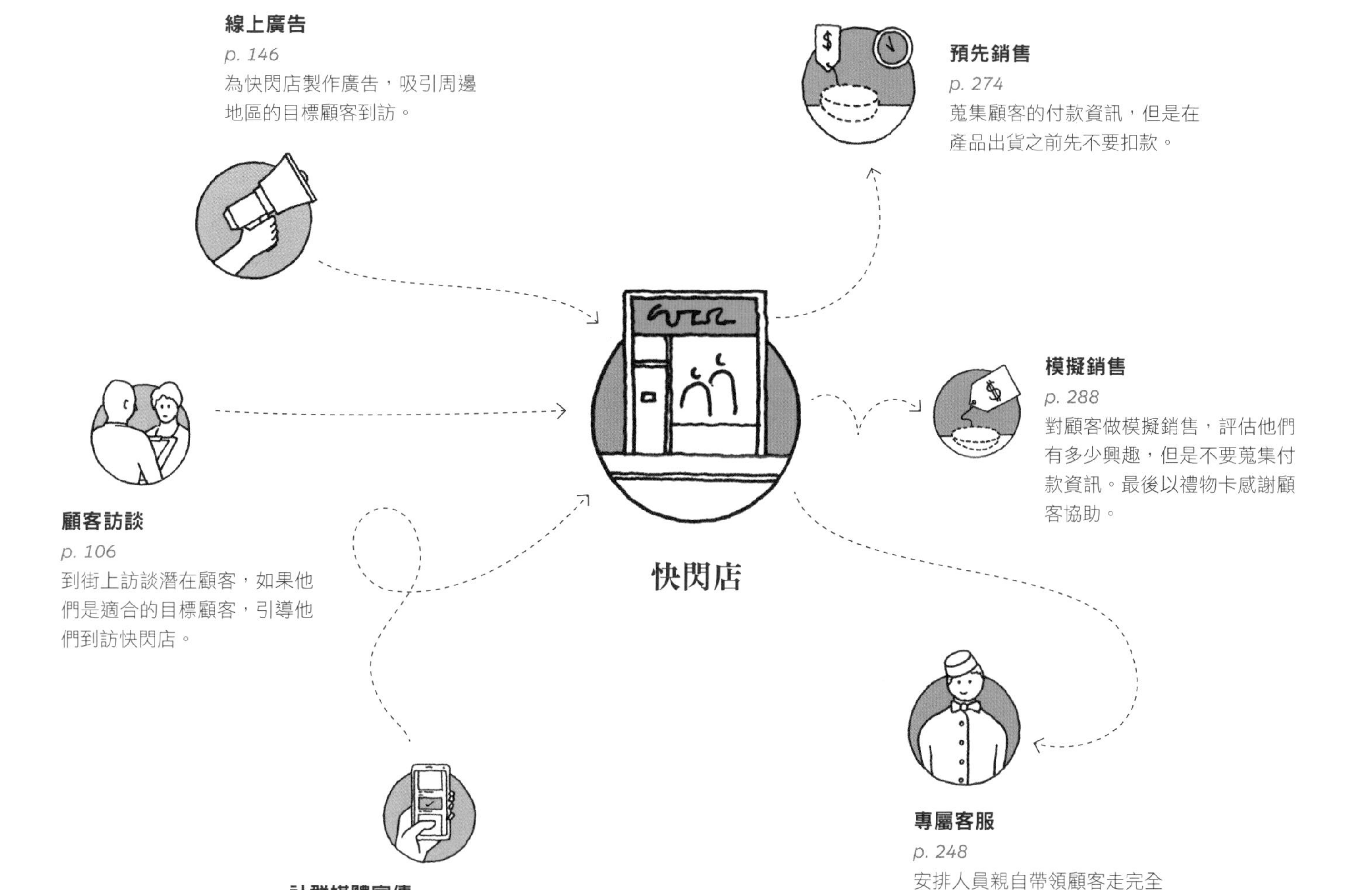
線上廣告
p. 146
為快閃店製作廣告，吸引周邊
地區的目標顧客到訪。
預先銷售
p. 274
蒐集顧客的付款資訊，但是在
產品出貨之前先不要扣款。
模擬銷售
p. 288
對顧客做模擬銷售，評估他們
有多少興趣，但是不要蒐集付
款資訊。最後以禮物卡感謝顧
客協助。
顧客訪談
p. 106
到街上訪談潛在顧客，如果他
們是適合的目標顧客，引導他
們到訪快閃店。
快閃店
專屬客服
p. 248
安排人員親自帶領顧客走完全
部流程、蒐集付款資料，並交
付產品給顧客。
社群媒體宣傳
p. 168
利用社群媒體，吸引人群造訪
你的快閃店。

快閃店

透過臨時零售店學習

拓樸眼鏡公司

拓樸眼鏡公司（Topology Eyewear）致力於解決配鏡不合適的問題，他們會使用擴增實境（Augmented Reality，簡稱AR）應用程式挑選眼鏡尺寸與造型，為顧客製作量身訂做的眼鏡。顧客可以拍一張自拍照，檢視戴上不同眼鏡的模樣，然後購買依照個人尺寸打造的客製化眼鏡。這項服務跟所有創新發明一樣，商業構想的假設都具有風險，必須進一步檢驗。

即使這項服務在技術上可行，團隊必須測試實際用在顧客身上時會出現哪些阻礙。

假設

拓樸公司團隊相信，許多人都碰到配鏡不合的問題，而且願意嘗試採用高科技的解決方案。

實驗

走出辦公室，開設快閃店。

團隊在某個週五在舊金山聯合街（Union Street）租借了一個空曠、緊臨街邊的店面，還取了一個臨時的公司名稱「鍊金術眼鏡」（Alchemy Eyewear），並且設計海報和傳單，賦予商店特殊、新奇的感受。行銷負責人克里斯．蓋斯特（Chris Guest）還到街上去接觸陌生人，詢問對方的眼鏡狀況、簡短說明產品，並且鼓勵對方到快閃店來看看。顧客到訪店面後，公司員工首先會詢問顧客曾經碰到哪些與眼鏡相關的問題，並且將顧客使用的詞彙記下來。接著，員工會介紹公司的解決方案，同時記錄顧客的反應、他們問了哪些問題。在下一階段，員工會使用預設的模特兒臉孔展示應用程式，同時記錄顧客的反應與問題，再問顧客是否願意掃描臉孔，這樣他們就可以自己試試看。得到許可後，員工會指導顧客自己掃瞄，並且記錄、回答顧客的問題。最後選擇眼鏡款式時，他們會進一步詢問顧客是否可以留下電子郵件，他們會把顧客選擇的款式存下來並且寄給顧客。

證據

在街上尋找早期採用者。

他們本來沒有抱持太高的期望，但是在開店 2 小時後就賣出 4 副眼鏡，平均價格是 400 美元。

電子郵件註冊的轉換率太低，沒有什麼意義，但是有助於看出顧客最容易在哪個環節離開。

洞見

人們知道眼鏡不合適，但是不確定原因。

雖然團隊賣出 4 副眼鏡，但最有價值的還是質化洞見。

團隊注意到，人們似乎能夠「察覺症狀」卻無法「察覺問題」。意思是說，當團隊詢問顧客是否有眼鏡不合適的問題時，大部分人會說沒有。但是，問到眼鏡會不會從鼻樑往下滑、會不會產生壓迫疼痛感或壓痕等，大部分人會說有。人們知道眼鏡不合適的症狀是什麼，但是沒有人想到出現這些症狀是因為眼鏡不合適。接下來好幾年，團隊利用這個洞見作為行銷訊息。

行動

利用顧客的聲音。

顧客說的話啟發這家眼鏡公司的目的和願景，成為品牌的核心。

團隊利用開設快閃店學到的資訊測試價值主張、市場定位與行銷方案。後來他們陸續和上千位顧客面對面面談。

驗證／模擬

極限程式設計重點強化

一個簡單的程式，用來探究技術或設計上潛在的解決方案。原文為 Extreme Programming Spike，其中 spike（長釘）源自攀岩運動與鐵路用語。停下來執行程式是很重要的工作，這樣才能確認技術可行，以利繼續前進。

費用 ●●○○○	證據強度 ●●●●●
準備時間 ●○○○○	執行時間 ●●○○○
必要能力 產品／科技／數據	

需求性．可行性．存續性

極限程式設計重點強化最適合用來迅速評估解決方案在技術上是否可行，通常是運用軟體來執行評估。

極限程式設計重點強化不適合用來將解決方案擴大規模，因為通常在實驗後會丟掉它再重新製作。

準備

- ☐ 定義你可以接受的標準。
- ☐ 訂出時間箱（time box）。
- ☐ 計畫開始與結束時間。

執行

- ☐ 撰寫程式碼，程式碼必須達到可以接受的標準。
- ☐ 認真考慮結對編寫程式（pair programming），協助你確認方向、執行必要的測試。

分析

- ☐ 分享關於下列領域的發現：
  - 表現。
  - 複雜度。
  - 產出。
- ☐ 判定是否達到可接受的標準。
- ☐ 利用你學到的資訊來建立、借用或購買必要的解決方案。

費用

費用相對低廉；比起只為了在最後確定技術是否可行而做出完整解決方案，這項實驗的花費不算昂貴。

準備時間

通常需要 1 天左右做準備。這段時間必須研究有哪些方法可以使用，通常由具備程式設計專業的人來執行。

執行時間

通常需要 1 天到 2 週。必須嚴格限定時間箱是有原因的，因為你要保持極度專注，測試特定解決方案的可行性。

證據強度

●●●●●

可接受的標準

完全達成預設的可接受標準。程式碼是否完成任務，得到我們需要的產出？

●●●●●

建議

程式設計師提出見解，說明使用這套軟體的學習曲線有多陡峭，以及它是否符合建立解決方案的最終目的。

重點強化的證據力夠強，因為你寫的程式碼代表更大的解決方案。

必要能力

產品／科技／數據

你需要產品相關的能力，才能清楚傳達這個解決方案如何創造價值主張，而且你要能夠回答團隊提出的所有問題，以及顧客對於速度與品質的期待所提出的問題。如果這項重點強化牽涉到任何視覺或分析面向，那麼具備數據能力也會有幫助。最重要的是科技與軟體能力，因為通常要寫程式碼，作為下一步行動的提點。

需求

可接受的標準

執行前，清楚定義可以接受的標準與時間箱，所有人動手開始做之前都要清楚這些目標。要是沒有定義標準或是限制時間，實驗可能會變成永無止境的研究。

合作夥伴與供應商訪談

p. 114

在自己動手前，先訪談夥伴與供應商，進一步了解他們具備哪些能力。

單一功能最小可行產品

p. 240

做出單一功能最小可行產品，對顧客進行測試。

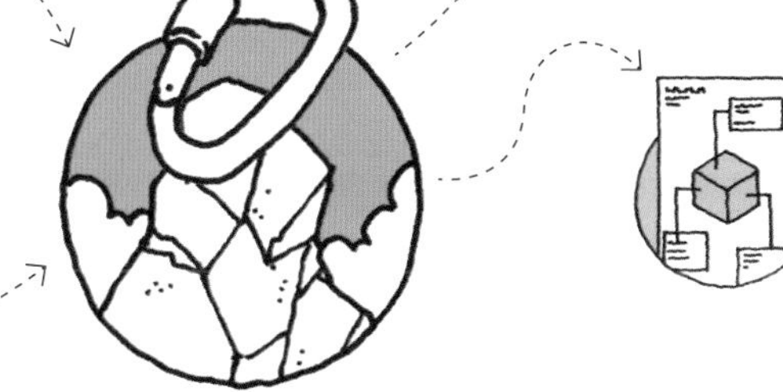

數據表單

p. 190

製作數據表單，說明解決方案應該包含哪些規格。

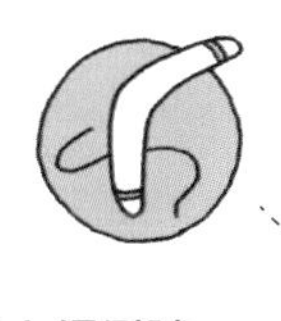

回力鏢測試

p. 204

參考競爭者的解決方案，研究他們如何做到、使用了哪些技術堆疊（technology stack，指開發工具或程式語言等）。

Min

dset

心態

過去愈成功，
你愈不會嚴格檢視自己的預設。

維諾德・柯斯拉（Vinod Khosla）
風險資本家

第 4 部 — 心態

4.1 — 避開陷阱

概要

實驗陷阱

多年來我們與許多團隊一起設計、執行與分析實驗，因而了解到，就算是最棒的實驗計畫也不一定都能順利進行。學習實驗過程的其中一項要點是，對於迅速執行實驗要更熟練。以下我們歸納出幾個常見的陷阱，你可以及早發現，不必重蹈覆轍，免於犯下我們犯過的錯。

時間陷阱

沒有投入足夠的時間。

✕

- 一分耕耘，一分收穫。沒有投入足夠時間去測試商業構想的團隊，不會得到很棒的結果。團隊經常低估執行眾多實驗，以及好好測試商業構想所需要的心力。

✓

- ☐ 每週投入一定的時間來測試、學習與熟悉。
- ☐ 針對你想深入學習的假設設定每週目標。
- ☐ 將你的工作視覺化，當任務停滯不前或是遇到阻礙時，你就會更清楚。

分析麻痺

面對應該直接測試、調整的事情卻想太多。

✕

- 好的構想和概念很重要，但是許多團隊會過度思考、浪費時間，而沒有展開行動做測試，以調整原本的構想。

✓

- ☐ 為分析工作訂出時間箱。
- ☐ 區別可逆與不可逆的決定；對前者要迅速反應，對後者要多花一點時間。
- ☐ 避免各持己見辯論。辯論要以證據為基礎，辯論後要做出決策。

數據或證據無法比較

無法比較的雜亂數據。

✕

- 很多團隊沒有嚴謹訂出精確的假設、實驗與測量指標，導致實驗數據無法比較。例如，沒有測試同一群目標客層，或是測試的背景完全不同。

✓

- ☐ 使用測試卡。
- ☐ 清楚訂出測試對象、實驗背景以及精確的測量指標。
- ☐ 為實驗參與者設計、安排工作，確定每個人都各司其職。

數據少或證據薄弱

只測量人們說的話，
而不是人們的行為。

×

— 團隊通常很樂意做問卷調查和訪談，卻沒有進一步探討人們在現實情況中會怎麼行動。

✓

- ☐ 不要只相信人們說的話。
- ☐ 執行行動呼籲的實驗。
- ☐ 產生的證據要盡可能接近你試圖測試的真實狀況。

確認偏誤

只相信符合假設的證據。

×

— 有時候團隊會刻意放棄或無視違背假設的證據，因為他們寧願相信錯覺、相信自己的預測正確無誤。

✓

- ☐ 找其他人參與整合數據的過程，帶入不同的觀點。
- ☐ 設定一個互相競爭的矛盾假設，用來挑戰你的信念。
- ☐ 每一項假設都要做很多種實驗。

實驗做太少

最重要的假設卻只做一種實驗。

×

— 很少有團隊能夠理解，要驗證一項假設必須做多少實驗。對於最重要的關鍵假設，不要只根據一種證據力很弱的實驗就做出決策。

✓

- ☐ 重要的假設要多做幾種實驗。
- ☐ 區別證據力的強弱。
- ☐ 增加證據強度，減少不確定性。

沒有學習與調整

沒有花時間分析證據，
以產生洞見與採取行動。

×

— 有些團隊太著迷於測試，忘記本來的目的。目標不是測試與學習，而是根據證據與洞見做決策，把構想推展到獲利。

✓

- ☐ 騰出時間整合實驗結果、產生洞見，以及調整構想。
- ☐ 在測試過程的細節與商業構想的宏觀概念之間，要時時掌握方向感；別忘了你要觀察的是哪一個重要的模式？
- ☐ 建立儀式以便時時著眼於實驗的目的，確認從構想到獲利的過程是否有任何進展？

把測試外包

把應該親自執行與學習
的測試外包出去。

×

— 把測試外包通常不是好辦法。測試是迅速的疊代流程，你得測試、學習、修改構想，代理人無法為你迅速做出決策。把測試外包會浪費你的時間與精力。

✓

- ☐ 把你留給外包代理人的資源，轉移給內部團隊成員。
- ☐ 建立專業的測試團隊。

保持謙卑，才能了解我們並不知道每一件事；
不要仰仗我們的桂冠，才能知道知道我們必須持續學習與觀察。
如果不這樣做，一定會有新創企業取代我們的位置。

王雪紅
HTC 共同創辦人

第 4 部 — 心態

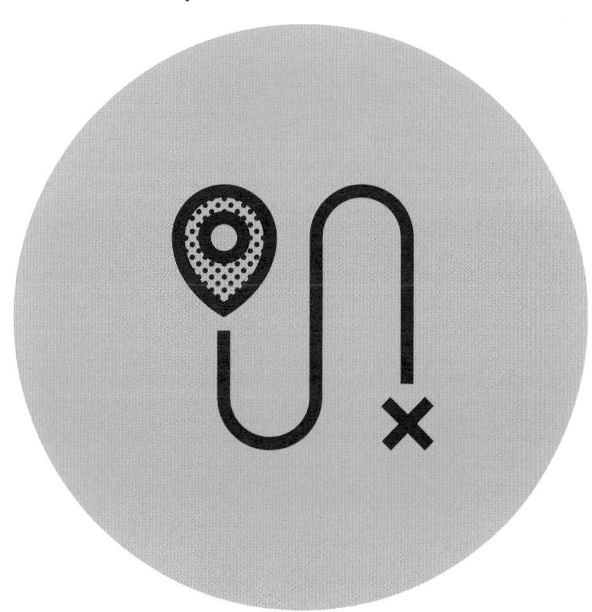

4.2 — 領導實驗

改善商業模式

用字遣詞

領導者要改善現有的商業模式，必須注意自己的用字遣詞和語氣。你能夠隨著時間推移站上領導者的位置，是因為你是具備知識和經驗的專家。

但是當你領導團隊，為某個已知的商業模式進行實驗時，濫用用字遣詞會無意間削弱團隊的力量。即使你只是在表達意見，團隊成員可能會覺得做決策的主權被拿走了。接著，他們會等著你指定分派實驗，這種狀況實在不太理想。

釐清責任

在現代組織中，問責（accountability）通常帶有負面的涵義，但是問責其實可以不帶負面涵義。團隊不一定要「負起責任」在期限之內做出產品功能；產品功能固然重要，不過它只是產出（output），而不是成果（outcome）。要記得聚焦在商業成果，而不是產品功能與期程。

你的團隊要有機會做主，決定如何做實驗，如何進展到取得商業成果。作為領導人，你的工作是創造環境，讓這些機會得以發生。

推動進展

改善商業模式時，你與團隊的互動方式也很重要。當你成為組織裡較高階層的領導人後，你會發現推動進展的能力非常重要。

我們建議你進修相關課程，以提升你的領導能力。改善事業的選項可能有很多，與其選擇其中一種，不如運用推動進展的方式，選擇多種實驗，讓證據決定最適合你的事業的運作方法。

✓

- ☐「我們、我們的。」（We, Us, Our）
- ☐「你們要如何達成這項商業成果？」
- ☐「你們能再想出 2 ～ 3 種實驗嗎？」

✕

- 「我、我的。」（I, Me, Mine）
- 「在發表日前做出這項產品功能。」
- 「這就是我們唯一該做的實驗。」

讓直覺帶領你做出結論，不管結論是否完美，這是「強烈主張」（strong opinion）的表現。當你能夠接著證明自己是錯的，就是做到了「微弱堅持」（weakly held）。

——保羅・薩佛（Paul Saffo）

發明商業模式

強烈主張，微弱堅持

要發明商業模式，必須做實驗以及保持開放的心胸，接受原本的構想有錯。要做到這一點，可以參考保羅・薩佛提出的思考方法：「強烈主張，微弱堅持」，意思是，從某項假設起步，但是保持開放心態，接受這項假設可能有錯。如果你只是要試圖證明你是對的，會很容易產生認知偏誤。例如，當你參加利害關係人檢討會議時，團隊會報告他們測試的事物與未來的方向。如果你已經預設答案，因而忽略所有跟你的意見不合的數據，大家都會感到非常挫折，這樣做根本就是親手推翻你嘗試建立的實驗文化。

✓

- ☐「你的學習目標是什麼？」
- ☐「我可以移除哪些障礙，協助你取得進展？」
- ☐「我們還能用什麼方式來面對這個問題？」
- ☐「目前為止，你學到的哪一件事最讓你驚訝？」

✕

- 「我不信任數據。」
- 「我還是認為這是好構想，無論如何我們還是應該留下它。」
- 「你必須跟 1,000 位顧客談過才有意義。」
- 「到明年底為止，營收必須達到 1,500 萬美元。」

領導人可以採取的步驟

打造推動進展的環境：過程、指標與文化

領導人協助團隊測試商業構想，他們最關鍵的作用在於打造正確的環境，給人們足夠時間與資源來疊代、測試構想。領導人必須廢止傳統的商業計畫，建立合適的測試過程與指標（跟執行流程與指標不同）。領導人必須給團隊自主權，讓他們做決策與迅速採取行動，然後領導人就要退開。

讓證據贏過意見：改變做決策的方式

領導人習慣根據自己老練的經驗與閱歷來做決策。但是，在創新與創業圈裡，過去的經驗可能反而會阻礙人們看見與適應未來。在這個圈子裡，經由測試得到的證據遠勝過個人意見。領導人的角色在於推動團隊以證據為依據，提出讓人信服的主張，而不是根據領導人的偏好提出主張。

移除障礙、打開門戶：取得顧客、品牌、智財權與其他資源

當測試商業構想的團隊在內部遭遇阻礙，例如無法接觸內部專家或是取得特定資源時，領導人可以移除障礙。必要時，領導人可以打開通向顧客的門戶。令人驚訝的是，很少有企業創新與成長團隊可以輕易接觸到顧客並且測試新構想。

提問，而不是給答案：協助團隊成長，幫助他們調整構想、適應環境

領導人必須提升提問技巧，才能推動團隊發展更好的價值主張與商業模式，在真實世界取得成功。領導人必須持續不懈的探討，挖掘團隊建立的價值主張與商業模式構想是以什麼實驗、證據、洞見以及模式為基礎。

概要

培養更多領導人

在領先團隊半步的地方等待

領導人必須帶領團隊走過這段歷程，而不是無意間把他們撇下。請思考一下，你希望最後團隊成員走到哪裡，然後往回推算。如何才能讓他們抵達那裡呢？他們必須採取什麼步驟？這些都只是簡單的思考技巧，但確實能發揮效用。領導人要清楚知道團隊現在在哪裡，如何把他們推上應有的道路；無論是安排一對一面談、回顧會議，或是在走廊上簡單談話，都要找到機會來引導他們踏出第一步。

給建議前先了解背景

領導人給團隊成員建議前，必須積極聆聽並且了解背景。練習讓團隊成員先說話，等他們說完你再開口。談話當中如果碰到停頓，先提出問題釐清狀況，確定你在提供意見前已經了解背景。不要因為你已經想到答案，所以興奮過度而打斷談話。你可能會因此過早提供意見，而且還把不相干的事情扯進來。

練習說：「我不知道。」

「我不知道」總是讓許多領導人害怕。我們經常問領導人，最後一次在員工面前說這句話是什麼時候，有人告訴我們：「昨天才說過！」也有人說：「從來沒說過！」而表示「從來沒說過！」的人最讓人擔心。想像看看，領導一個組織還要隨時都知道答案的壓力有多大；但是，很可能你根本就沒有答案。建立創新與創業文化時，表現出知道所有答案可能會造成災難。一旦團隊成員知道如何執行實驗、自己產出證據後，他們很快就會看穿這層面紗。最糟的是，如果他們證實你錯了，你會覺得領導地位岌岌可危。所以，我們強烈建議，當你處在不明白的情況時，練習說：「我不知道。」它會協助你的團隊開始了解，你並不知道所有答案，你也不應該知道所有答案。接下來，你要說的是：「你會怎麼面對與處理這個問題？」或是：「你覺得我們應該怎麼做？」說「我不知道」能協助你端正下一代領導者的行為，讓他們也能全心接納，並且坦蕩表示：「我不知道。」

糟糕的系統會打敗好人，屢試不爽。

愛德華茲・戴明（W. Edwards Deming）
教授與作者

4.3 — 籌劃實驗

職能壁壘 vs. 跨職能團隊

我們現在多半是以工業時代的思考模式為依據建立組織。在當時，你會蓋一間工廠來組裝產品，以汽車為例，你會把製造汽車的工作分解成不同的任務，建立一條組裝線，雇用工人不斷重複同一件任務。當你知道解決方案的時候，這種方式就能夠運作，因為你可以分析工作方法，更有效率的解決問題。現今的企業組織也是依照這套方法打造，這並不意外。我們會建立專案，分解成不同的任務，然後分派給不同職能的部門。如果你一直都知道問題與解決方法，那麼根據職能安排工作的方式就能夠有效運轉。

然而，我們從過去幾十年來的工作中了解到，真正知道解決方法的情形相當少見，尤其在軟體界。事情改變得太快，簡直是飛快。在過去，我們知道解決方法、狀況也不會改變，但是在現今的市場上，這種事愈來愈罕見。因此，以職能劃分工作的傳統組織模式，已經轉變為更敏捷的跨職能團隊組織模式。當你要測試新的商業構想時，速度和敏捷度最重要。跨職能團隊比依照職能劃分工作的團隊更能迅速調整。在許多組織中，全力投入的跨職能小型團隊，表現往往勝過依照職能劃分工作的大型專案團隊。

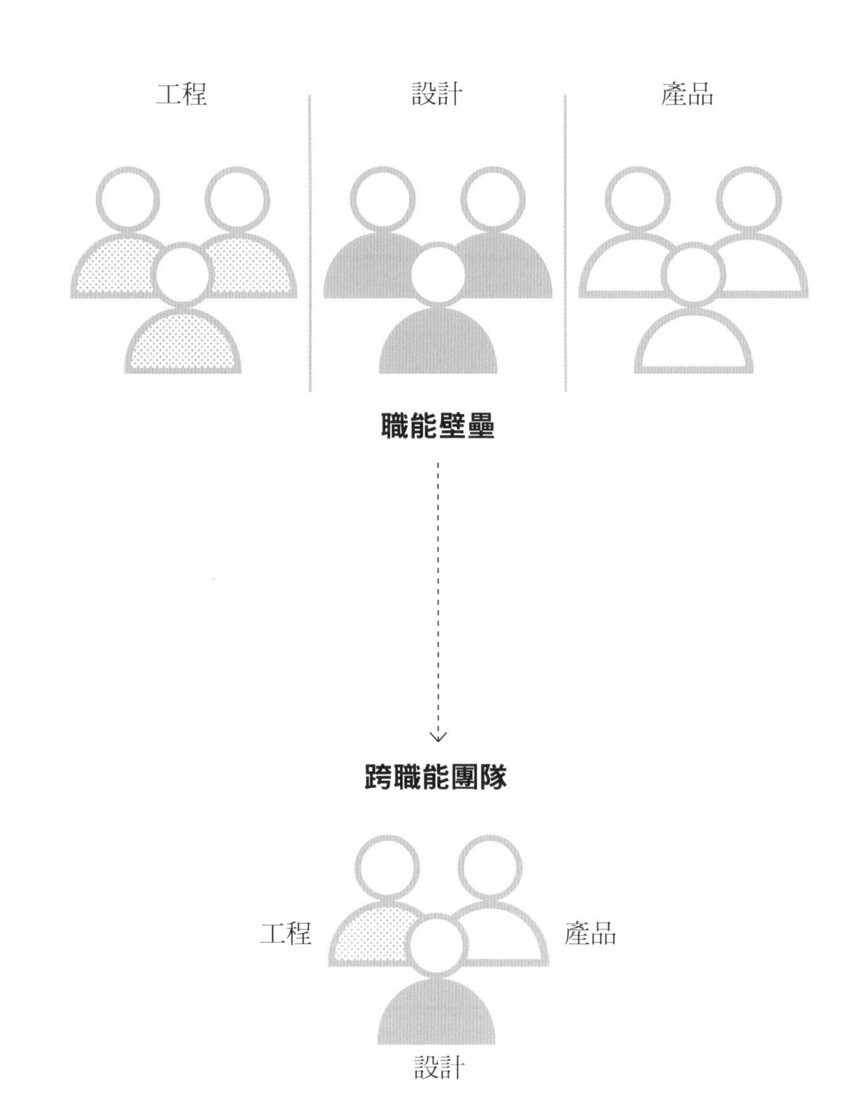

像創投家一樣思考

我們觀察到組織裡還有另一種過時的模式是，像以前一樣編列大筆年度預算，然後按照預算來辦事。這會嚴重限制組織的敏捷性，並且變相鼓勵糟糕的行為。例如，如果你的部門沒有花掉所有預算，隔年的年度預算很可能就會被砍掉，結果，預算沒有用在最有影響力的活動上，反而只是為了確保年終結算沒有剩餘的金額。年度資金也會限制你的「打擊次數」，這樣的制度暗示的是打一支全壘打沒有比較好，而是多次揮棒只求上壘比較好。在這個方面，企業組織可以向創投社群學習。不幸的是，組織對創新團隊的耐性不足，也不太願意給予團隊空間，如下圖所示。

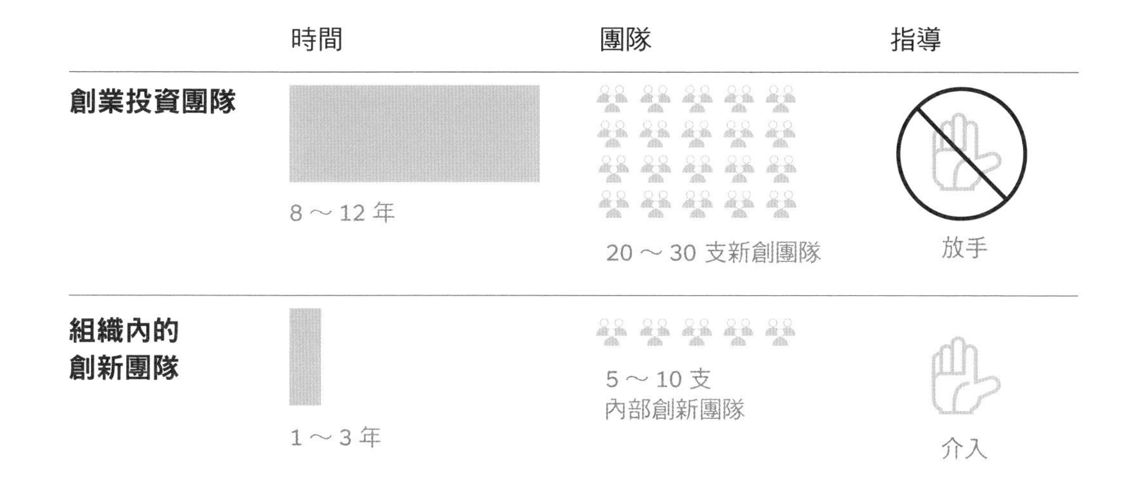

創新組合

指的是組織不編制年度預算，而是採用更像創投公司的運作方式，領導人可以分好幾次投入資金給一系列的商業構想，再針對成功的項目加碼資金。如此一來，打擊次數以及找到獨角獸的機會自然大幅增加，而不只是把資金押在 1、2 個大賭注上頭。

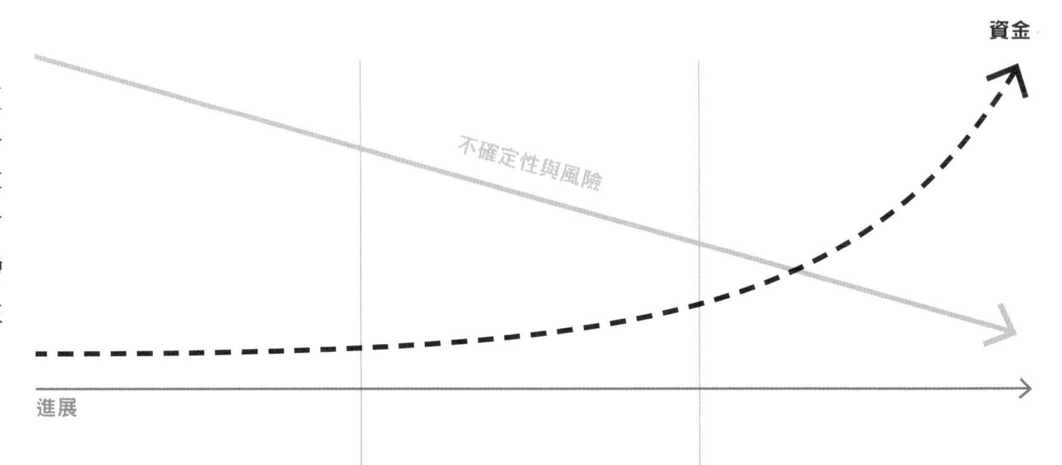

	種子	上市	成長
資金	不到 5 萬美元	5 萬～50 萬美元	50 萬美元以上
團隊規模	1～3 人	2～5 人	5 人以上
每位團隊成員的時間	20～40%	40～80%	100%
專案量	高	中	低
目標	顧客理解產品價值與背景並願意付款	證明有興趣，顯示能夠獲利	已證明的模式，有限度的規模
關鍵績效指標	• 市場規模 • 顧客證據 • 問題與解決方案的適配 • 機會高低	• 價值主張證據 • 財務證據 • 技術可行的證據	• 產品與市場的適配 • 獲取與留住顧客的證據 • 商業模式適配
實驗主題	50～80% 0～10% 10～30%	30～50% 10～40% 20～50%	10～30% 40～50% 20～50%

需求性
可行性
存續性

投資委員會

要採取創投業的方法進行募資，有另一個重要面向是設立小型投資委員會，成員包括推動流程的領導階層。這些組織內領導者必須握有預算決策權，因為他們將會協助團隊走過種子階段、推出產品直到成長。資金決策通常會在利害關係人檢討會議上決定（見第 80 頁）。我們建議每個月舉辦一次利害關係人檢討會議，但投資決策通常需要 3 ～ 6 個月才能決定，耗時會依事業型態而定。下列是建立投資委員會的幾項指南。

設計委員會

- **3 ～ 5 位成員：**委員會人數不要太多，才能迅速做決策、迅速行動。
- **外部成員：**考慮引進外部成員或是駐點創業家（entrepreneur in residence，簡稱 EIR），他們可以為委員會帶來嶄新的觀點。
- **決策權：**有權力給出許可與決策預算的人要納入委員會。
- **創業精神：**委員會成員不見得有創業經驗，但是他們必須願意挑戰現狀。如果保守的成員太多，會過早壓抑創新成長。

訂定工作同意書

委員會組成之後，在邀請開發團隊來報告他們的建議之前，先製作一份工作同意書，由委員會寫下規則並同意遵守，例如：

- **準時：**委員會成員都很忙，但是必須優先進行利害關係人檢討會議，否則團隊將無所適從，不知道提案是否重要。
- **在會議上做決策：**離開檢討會議時，團隊應該清楚知道是否可以繼續開發。散會前，委員會必須與團隊一起做出決策。
- **把固執己見的想法留在門外：**檢討會上可以提意見，但是要願意接受證據、改變意見。團隊會帶來他們做的實驗，以及下一步行動的建議，委員會的責任是聆聽，而不是要他們聽你說。

孕育環境

委員會有部分責任在於孕育團隊環境，我們在第 10 頁介紹過。

要是沒有你的協助，即使是跨職能、行為正確的團隊也無法永續發展。

身為委員會成員，你要再次檢視如何幫助團隊移開障礙，尤其是下列問題：

- 時間。
- 身兼多項工作。
- 資金。
- 支援。
- 資源取得。
- 方向。

After

word

結語

名詞解釋

行動　Action
根據測試結果與降低風險的商業構想而採取的下一個步驟；可能是做出周全的決策，決定放棄、轉向、疊代或是繼續測試。

相關性分類　Affinity Sorting
一項實作活動；用來整理構想與數據，並根據構想的關聯性，將構想分類到不同群組或主題。

預設　Assumption
某項主張或事實，我們相信它是真的、認為理所當然，然而並沒有證據背書。

預設圖　Assumptions Mapping
一項團隊活動，清楚寫下需求性、可行性、存續性的預設，然後做出決定。

商業模式　Business Model
組織創造、傳達與取得價值的基本原則。

B2B
企業對企業（business to business）；企業之間商品或服務的交換。

B2C
企業對消費者（business to consumer）；企業與消費者之間產品或服務的交換。

商業模式圖
Business Model Canvas
策略性的管理工具，用來設計、測試、建立與管理（有獲利並且可以規模化的）商業模式。

行動呼籲　Call to Action（CTA）
引發受試者做出某項行動；用在實驗中以測試一個或多個假設。

轉換　Conversion
顧客與你的廣告互動，然後採取對你的事業有價值的某項行動。

顧客滿意度　CSAT
CSAT 是 Customer Satisfaction 的縮寫。

顧客開發
Customer Development
史蒂夫・布蘭克（Steve Blank）發明的四步驟流程。持續和顧客與利害關係人測試某項商業模式的假設，以降低創業的風險與不確定性。

顧客獲益　Customer Gains
顧客擁有、期待、需要或夢想得到的成果和好處。

顧客洞見　Customer Insight
你對顧客的所有突破性了解，可協助你設計出更好的價值主張與商業模式。

顧客痛點　Customer Pains
顧客想要避免的壞結果、風險與障礙，主要是因為這些因素會讓他們無法做好該做的事。

顧客素描　Customer Profile
商業工具，包含價值主張圖的右半邊。你希望為目標客層（或利害關係人）創造價值，這項商業工具能將他們的任務、痛點與獲益視覺化。

每日立會　Daily Standup
源自敏捷開發方法，每天舉行簡短的組織內部會議，目的是要團隊成員了解專案的現狀。

（使用者）需求性　Desirability
顧客想要你的產品或是服務嗎？證明你的價值主張應對的是顧客需要的解決方案。

異地辦公團隊　Distributed Team
團隊成員分散在不同地理位置；遠距團隊。

圓點投票法　Dot Voting
參與者用圓點或是貼紙貼在偏好的選項旁，使用的圓點貼紙有數量限制。（又稱為圓點民主〔dotmocracy〕或是複選投票法）

環境圖　Environment Map
洞燭機先的策略工具，針對價值主張與商業模式的設計與管理勾勒出脈絡。

民族誌研究　Ethnography
研究人們的日常生活與實作活動。

證據　Evidence
從實驗或是田野調查匯集來的數據。證明或反駁某項（商業）假設、顧客洞見或是價值主張、商業模式與信念。

實驗　Experiment
驗證或反駁某項價值主張或是商業模式假設，並且產出證據的流程。這套流程可以降低商業構想的風險與不確定性。

（技術）可行性　Feasibility
你能建立產品或服務嗎？具備資源與基礎資源來打造你的產品或服務。

擬真度　Fidelity
某個原型複製產品或服務的準確程度；原型的細節與功能運作的程度。

價值適配　Fit
價值地圖中的元素，符合目標客層的任務、痛點與獲益，而且有相當多顧客運用你的價值主張來滿足這些任務、痛點與獲益。

獲益引擎　Gain Creator
描述產品或服務如何創造獲益，協助顧客做好工作，取得他們需要、期待、渴望或夢想的成果與好處。

假設　Hypothesis
從策略、商業模式或價值主張而來的信念；商業構想要部分或完整運作，這項信念就必須是真的，但是它還沒有得到證實。

疊代方法　Iterative Approach
重複某個循環的過程，每一次重複都是為了更逼近發現結果。

發想　Ideation
在群組活動中產生與溝通構想的過程。

要完成的任務　Jobs to Be Done
顧客需要、想要或是渴望在工作與生活中做到的事。

關鍵績效指標
KPIs（Key Performance Indicators）
可測量到的價值，顯示你為了成功而設下的目標的達成效率。

精實創業　Lean Startup
艾瑞克・萊斯（Eric Ries）發明的一套方法，指的是根據顧客發展的過程，透過不斷建立、測試與學習，減少產品開發時的浪費與不確定性。

學習卡　Learning Card
從研究與實驗當中取得洞見的策略學習工具。

測量指標　Metrics
用於追蹤與評估的量化測量方法。

最小可行產品
Minimum Viable Product（MVP）
為了驗證一項或多項假設而特別設計的價值主張模型。

痛點解方　Pain Relievers
描述某項產品或服務如何解除顧客不想要的壞結果、風險與障礙。

產品與服務　Products and Services
用來表現價值主張的事物，打比方來說，就是顧客可以在商店櫥窗中看到的東西。

進度板　Progress Board
策略管理工具，用來管理、監控商業模式與價值主張的設計過程，並且追蹤達成成功價值主張與商業模式的進展。

製作產品原型（低／高擬真度）
Prototyping（Low/High Fidelity）
建立快速、便宜、粗略研究模型的實作練習，用來學習另一種價值主張與商業模型的需求性、可行性與存續性。

獨立工作者　Solopreneur
自己建立事業的人。

利害關係人　Stakeholder
擁有合法利益（legitimate interest），可以影響你的事業或是被你的事業影響的人。

團隊圖　Team Map
由史提伐諾・馬斯楚齊亞科莫（Stefano Mastrogiacomo）創建的視覺工具，可增進團隊成員齊心合作，達成更有效率的會議與對話。

測試卡　Test Card
一項策略測試工具；用來設計與建立研究與實驗。

時間箱　Time Box
完成工作的時間限制，取自敏捷開發方法。

驗證　Validate
確認某項假設合理、有根據或是理由正當。

價值地圖　Value Map
商業工具，包含價值主張圖的左半邊。清楚展示產品與服務如何藉由解除痛點、創造獲益進而創造價值。

價值主張　Value Proposition
描述顧客可以從你的產品與服務中預期得到的好處。

價值主張圖
Value Proposition Canvas
策略管理工具，用來設計、測試、建造與管理產品與服務。可以完全和商業模式圖整合。

價值主張設計
Value Proposition Design
設計、測試、建立與管理價值主張的過程與完整生命週期。

（商業）存續性　Viability
我們能夠從產品或服務中獲利嗎？證明你的產品或服務的營收超過成本。

作者謝辭

如果沒有妻子伊莉莎白（Elizabeth）的愛與支持，我不可能創作出這本書。多年來，她都是我心中最堅定的那股力量，在一路走來的旅程上不斷給我鼓勵。寫作的過程中，我們的孩子也表現優異，給我許多愛與時間讓我能專注工作。所以，我要對凱瑟琳（Catherine）、依莎貝拉（Isabella）和詹姆斯（James）說：「謝謝你們為我打氣；身為父親，有你們這麼棒的孩子是我的幸運。」

我要感謝共同作者亞歷山大・奧斯瓦爾德（Alex Osterwalder）。他為這本書提供絕佳的指導與洞見，能有他一起走過這段充滿企圖心的旅程是我的榮幸。我也要謝謝亞倫・史密斯（Alan Smith）與整個 Strategyzer 團隊，他們投入大量時間和許多個週末，製作出這麼有設計質感的書。

本書是以我們站在巨人的肩膀上的觀點來寫作，獻給多年來所有曾經或多或少影響我的思考的人。因為有你們，才會有這本書。你們是如此勇敢，願意將思想展現、分享給大家。

我還要感謝所有持續實行這些構想的人：艾瑞克・萊斯（Eric Ries）、史蒂夫・布蘭克（Steve Blank）、傑夫・高賽孚（Jeff Gothelf）、喬許・賽登（Josh Seiden）、吉夫・康斯坦伯（Giff Constable）、珍妮絲・費瑟（Janice Fraser）、傑森・費瑟（Jason Fraser）、艾許・摩亞（Ash Maurya）、蘿拉・克蘭（Laura Klein）、克麗絲汀娜・華達克（Christina Wodtke）、布蘭特・古柏（Brant Cooper）、派翠克・弗拉斯高維茲（Patrick Vlaskovits）、凱特・羅特（Kate Rutter）、譚德宜・維奇（Tendayi Viki）、巴瑞・歐萊禮（Barry O'Reilly）、梅麗莎・派瑞（Melissa Perri）、傑夫・派頓（Jeff Patton）、山姆・麥可費（Sam McAfee）、德瑞莎・多瑞斯（Teresa Torres）、馬提・卡根（Marty Cagan）、西恩・艾利斯（Sean Ellis）、崔斯坦・克洛莫（Tristan Kromer）、湯姆・路伊（Tom Looy）與肯特・貝克（Kent Beck）。

寫作一本書就像是一大段瀑布式開發流程，但我們在疊代的過程中，盡力測試了內容。感謝所有在初期協助校對並且提供回饋意見的人，你們的洞見提供許多幫助，形塑這本書成為它現在的樣子。

——大衛・布蘭德（David J. Bland）
寫於 2019 年

共同作者謝辭

我要特別感謝史蒂夫·布蘭克（Steve Blank），他是當代創業思想大師，也是我的好朋友與導師。要是沒有史蒂夫的顧客發展流程、他建立的完整精實創業運動基礎，以及他的鼓勵，我的書仍然停滯不前，就像現代版本的商業計畫書：概念很棒，但是沒有以事實為依據。史蒂夫在「走出辦公室」與顧客測試構想方面的思想與經驗，已經成為我的思想基礎。本書許多構想都來自我們與史蒂夫的長時間對話內容，在他那座美麗的牧場上。

——亞歷山大·奧斯瓦爾德（Alex Osterwalder）
寫於 2019 年

作者

大衛・布蘭德　David J. Bland

創業家、顧問、演講者

顧問、作家與創業家，現居舊金山灣區。於2015年創立Precoil，協助企業運用精實創業方法、設計思考與商業模式創新，尋找產品與市場適配；更深耕全球協助企業驗證新產品與服務。加入顧問領域前，從事科技新創企業規模化工作長達十年以上。致力持續回饋新創社群，在矽谷數家新創加速器進行教學。

@ davidjbland
precoil.com

共同作者

亞歷山大・奧斯瓦爾德
Alex Osterwalder

創業家、演講者、企業思想家

2015年榮獲Thinker50策略獎項，是世界排名第七的企業思想家；Thinker50受到《金融時報》(*Financial Times*)譽為「管理思考領域的奧斯卡獎」。

他經常在財星500大企業擔任主講人，並且在世界頂尖大學擔任客座講師，如華頓商學院、史丹佛、柏克萊、西班牙IESE商學院、麻省理工學院、阿布都拉國王科技大學(KAUST)與瑞士洛桑管理學院(IMD)。頻繁與業界領頭公司資深高階主管共事，如拜耳(Bayer)、博世(Bosch)、戈爾(WL Gore)，以及與財星500大企業，如萬事達卡(Mastercard)，合作進行策略與創新的專案。

@AlexOsterwalder
strategyzer.com/blog

首席設計師

亞倫・史密斯　Alan Smith

創業家、探險家、設計師

運用好奇心與創意提問，並且將答案轉化為簡潔、視覺化的務實工具。相信正確的工具能給人信心，以遠大的志向為目標，創建有意義的大事。

與本書作者亞歷山大・奧斯瓦爾德共同創立Strategyzer，領導卓越的產品團隊；Strategyzer的書籍、工具與服務皆獲得全球各大企業採用。

strategyzer.com

首席設計師

翠西・帕帕達科斯　Trish Papadakos

設計師、攝影師、創作者

倫敦中央聖馬丁學院（Central Saint Martins）設計碩士、多倫多大學約克薛若登（York Sheridan）聯合學程設計學士。

在母校教授設計課程、與幾家獲獎代理公司合作，並且推展過好幾項事業計畫；本書是她第四次與 Strategyzer 團隊合作。

@trishpapadakos

設計協力

克里斯・懷特
Chris White

美術編輯

亞倫與崔西十分感謝克里斯，在本書付梓前大力協助，使這項專案成功。

插畫

歐文・帕默瑞
Owen Pomery

敘事插畫

深深感謝歐文的耐心，以及願意來回反覆溝通正確的構想。

owenpomery.com

圖示設計

b Farias

圖稿貢獻

團隊、燈泡、濫用報告、熱水瓶、可見物、工具、望遠鏡、勾選方塊、骷髏骨、目的地、紙條、儀表板、讚、文件板夾、圓餅圖、化學課本、位置圖釘、獎座與畢業帽圖示皆是由Noun Project的b Farias設計。

thenounproject.com/bfarias

Strategyzer 運用最佳科技與教練指導，協助您面對轉型及成長挑戰。

請到 Strategyzer.com 進一步了解我們能為您做什麼。

轉型

創造改變

在 Strategyzer 雲端學院課程工具箱建立技能。

為顧客、構想測試與你的事業建立價值，並且打造你的深度實驗工具箱。

成長

創造成長

系統化、規模化
你的成長力。

成長策略、創新準備評估、創新漏斗設計、衝刺週期與測量指標。

財經企管 BCB719

商業構想變現

Testing Business Ideas: A Field Guide for Rapid Experimentation

作者 ── 大衛・布蘭德　David J. Bland、
亞歷山大・奧斯瓦爾德　Alex Osterwalder
譯者 ── 周怡伶

總編輯 ── 吳佩穎
書系主編 ── 蘇鵬元
責任編輯 ── 王映茹
封面設計 ── 鄒佳幗

出版人 ── 遠見天下文化出版股份有限公司
創辦人 ── 高希均、王力行
遠見・天下文化 事業群榮譽董事長 ── 高希均
遠見・天下文化 事業群董事長 ── 王力行
天下文化社長 ── 林天來
國際事務開發部兼版權中心總監 ── 潘欣
法律顧問 ── 理律法律事務所陳長文律師
著作權顧問 ── 魏啟翔律師
社址 ── 臺北市 104 松江路 93 巷 1 號
讀者服務專線 ── 02-2662-0012｜傳真 ── 02-2662-0007；02-2662-0009
電子郵件信箱 ── cwpc@cwgv.com.tw
直接郵撥帳號 ── 1326703-6 號　遠見天下文化出版股份有限公司

電腦排版 ── bear 工作室
製版廠 ── 東豪印刷事業有限公司
印刷廠 ── 鴻源彩藝印刷有限公司
裝訂廠 ── 聿成裝訂股份有限公司
登記證 ── 局版台業字第 2517 號
總經銷 ── 大和書報圖書股份有限公司｜電話 ── 02-8990-2588
出版日期 ── 2021 年 1 月 29 日第一版第 1 次印行
2023 年 11 月 13 日第一版第 3 次印行

定價 ── 799 元
ISBN ── 978-986-525-036-2
書號 ── BCB719
天下文化官網 ── bookzone.cwgv.com.tw

國家圖書館出版品預行編目（CIP）資料

商業構想變現／大衛・布蘭德（David J. Bland）、亞歷山大・奧斯瓦爾德（Alex Osterwalder）著；周怡伶譯 . -- 第一版 . -- 臺北市：遠見天下文化，2021.01
352 面；24×19 公分 . --（財經企管；BCB721）

譯自：Testing Business Ideas: A Field Guide for Rapid Experimentation

ISBN 978-986-525-036-2（平裝）

1. 創業 2. 策略規劃 3. 消費者研究

494.1　　109022346

天下文化

BELIEVE IN READING